吴量 / 著

量子网络的构建与应用

Construction and Application of Quantum Network

化学工业出版社
·北京·

内容简介

本书主要围绕量子网络的构建与应用展开。全书共5章：绪论、紫外光场及单组分压缩态光场、两组分和三组分偏振纠缠态光场、光电探测器设计理论分析、利用连续变量偏振纠缠态实现量子网络中确定性的纠缠分发。首先实现了纠缠态的制备，分别利用两个和三个非简并光学参量放大器得到两组分偏振纠缠态光场和连续变量三组分偏振纠缠态光场，利用电磁感应透明效应建立了三个原子系综间的量子纠缠；其次利用高信噪比自举光电探测器实现光场压缩度的有效提升；最终利用连续变量偏振纠缠态实现量子网络中确定性的纠缠分发，为构建实用化量子网络提供了一种可行方案。

本书可以作为高等院校原子分子物理、量子通信、量子存储等相关领域师生的参考用书，也可供从事相关工作的科研与技术人员参考。

图书在版编目（CIP）数据

量子网络的构建与应用 / 吴量著. -- 北京 : 化学工业出版社, 2024. 10. -- ISBN 978-7-122-46179-7

Ⅰ. 0413

中国国家版本馆 CIP 数据核字第 2024KM2598 号

责任编辑：金林茹　严春晖　　　　装帧设计：刘丽华

责任校对：边　涛

出版发行：化学工业出版社

(北京市东城区青年湖南街13号　邮政编码100011)

印　　装：北京七彩京通数码快印有限公司

710mm×1000mm　1/16　印张 9½　字数 176 千字

2024年11月北京第1版第1次印刷

购书咨询：010-64518888　　　　售后服务：010-64518899

网　　址：http://www.cip.com.cn

凡购买本书，如有缺损质量问题，本社销售中心负责调换。

定　　价：98.00元

前言

当前量子网络已成为量子信息领域的热门课题，通常一个实用化的量子网络包括由光纤等构成的量子信息传输通道以及由原子系综、离子系统等构成的量子节点。光场是量子信息传输的理想载体，是实现量子节点间信息传递的基础，要构造一个真正的量子网络，首先需要制备能与量子节点相互作用的非经典态光场。由 Stokes 算符描述的偏振压缩态以及偏振纠缠态光场可以方便地和原子自旋算符对应，且其测量方式简单，是构造量子网络的理想信息载体之一。量子中继是延伸量子信息网络的有效手段，而高效稳定的量子存储是实现量子中继的基础。本书首先进行与铷原子 D1 线相匹配的连续变量非经典光场的制备研究，为开展光与原子相互作用研究提供必需的量子资源；利用电磁感应透明效应执行非经典光场的量子存储，建立了三个铷原子系综之间的量子纠缠，并在三个独立的量子通道中完成纠缠检测。其次分析了整个系统中存在的不稳定因素，对影响 PDH 锁定技术稳定性的因素进行了详细研究，并提出利用自举放大技术，可极大地降低探测器的噪声，并有效提高探测器的信噪比。最后利用连续变量多组分偏振纠缠开展量子网络中确定性的纠缠分发方案研究，为下一步开展实用化量子网络研究提供了可行性参考。

本书的主要内容如下：

① 建立了外腔倍频系统，用 1W 的基频光泵浦，获得了功率为 380mW、波长为 398nm 的紫外激光，并利用热辐射扩散模型量化了热效应的作用。获得的紫外激光为非经典光场产生提供了泵浦源。

② 利用 398nm 紫外光场泵浦两个非简并光学参量放大器（DOPA）得到两束波长为 795nm 的正交振幅压缩态光场，经分束器和偏振棱镜线性变换，对入射光场的位相进行控制，分别得到与铷原子 D1 线对应的偏振压缩态光场和两组分偏振纠缠态光场。

③ 利用三个 DOPA 分别产生两束正交振幅压缩态光场和一束正交位相压缩态光场。将三束压缩态光场及三束相干态光场在特别设计的分束器网络上耦合，制备了连续变量三组分偏振纠缠态光场。利用电磁感应透明效应实现了三组分纠缠态光场在三个彼此距离 2.6m 的铷原子系综中的存储，建立了三个原子系综间的量子纠缠。之后，又研究了被存储纠缠到三个光学通道的受控释放，通过对释放光场的纠缠检测，证实了纠缠存储。

④ 定量分析了光电二极管大的结电容对探测器噪声的影响，提出了利用自举放大技术，可极大地降低探测器的噪声，并有效提高探测器的信噪比的方案。设计了放大电路，理论计算其噪声模型，重点关注影响高频噪声的元件参数，根据计算的元件参数，评估了每种电路的特点与不足，最终确定了跨阻抗放大电路的设计方法。基于以上理论研究，成功研制出了一种由跨阻抗放大器（TIA）电路和两级自举放大器电路组合的高信噪比低噪声光电探测器。

⑤ 开展了采用非简并光学参量放大器系统和分束器网络制备四组分 Greenberger-Horne-Zeilinger-like（GHZ-like）偏振纠缠态和四组分类 Cluster 偏振纠缠态的原理研究，提出了四组分偏振纠缠判据。基于提出的四组分偏振纠缠判据，开展了利用连续变量四组分类 GHZ 偏振纠缠态和四组分类 Cluster 偏振纠缠态在长距离通信光纤中进行四用户间确定性纠缠分发的研究。

本书是笔者在光学探测、信息网络构建、量子信息存储领域研究成果的总结，研究内容受到国家自然科学基金委：基于介电常数近零材料的亚波长薄膜非线性光源项目（62135008）和山西工程科技职业大学的资助，在此表示感谢。同时，感谢李少华、柴婷、王晓丽在本书结构制定、数据整理、编写等方面提供的帮助。

限于笔者水平，书中难免有疏漏和不足之处，恳请读者和各位专家批评指正。

吴 量
山西工程科技职业大学

目录

第1章 绪论

1.1 光场的量子化

当光照射到物体上时，其能量不再像波动理论描述的那样呈现出一种连续的分布，而是由一些不连续的分支组成，这些不连续的、最小的能量单元就是光子，或称为光量子[1]。当光场频率越来越高时，光子的能量会呈现出相应的增长趋势，其与光场的频率成正比例关系，它的能量可以表示为$E=hv$。

1.1.1 电磁场的量子化

电磁场的量化是通过引入产生算符$\hat{a}^{\dagger}$和湮灭算符$\hat{a}$来实现的。单模电磁场的哈密顿量可以表示为[2]：

$$\boldsymbol{H}=h\omega\left(\hat{a}^{\dagger}\hat{a}+\frac{1}{2}\right) \tag{1.1}$$

产生和湮灭算符满足对易关系：$[\hat{a},\hat{a}^{\dagger}]=1$，式中，$h$为普朗克常量，$\omega$为光子的圆频率。也可以用产生和湮灭算符表示电磁场[3]，其表达式为：

$$E_{\boldsymbol{K}}(\boldsymbol{r},t)=E_0\left[\hat{a}\mathrm{e}^{-\mathrm{i}(\omega t-\boldsymbol{K}\cdot\boldsymbol{r})}+\hat{a}^{\dagger}\mathrm{e}^{\mathrm{i}(\omega t-\boldsymbol{K}\cdot\boldsymbol{r})}\right] \tag{1.2}$$

式中，$\boldsymbol{r}$为空间位置；E_0为电磁场的振幅。光场的能量本征态为$|n\rangle$，湮灭算符$\hat{a}$作用在本征态上时会产生另一个本征态[4]，且本征值会比原来少一个$h\omega$，满足关系式$\hat{a}|n\rangle=\sqrt{n}|n-1\rangle$。而产生算符$\hat{a}^{\dagger}$与湮灭算符$\hat{a}$相反，由它产生的另一个本征态的本征值会比原来多一个$h\omega$。系统的能量最小值为$E_0=h\omega/2$，对应的本征态也是真空态，为$|0\rangle$。因此能量本征值的哈密顿量表示为[5]：

$$\boldsymbol{H}=h\omega\left(n+\frac{1}{2}\right) \tag{1.3}$$

1.1.2 海森堡不确定性原理

对于两个不对易的可观测量，当同时被测量时，测量的精确度会受到限制。

海森堡不确定性原理[6] 给出了两个非对易厄米算符 p 和 q 之间的关系，即 $\Delta p \Delta q \geqslant \hbar/2$。假设正交算符的对易关系满足[7]：

$$[X_1, X_2] = 2\mathrm{i} \tag{1.4}$$

且有 $|\langle [X_1, X_2] \rangle| = 2$，则海森堡不确定性原理也可以表示为：

$$\Delta X_1 \Delta X_2 \geqslant 1 \tag{1.5}$$

由此可以看出，不可能同时测量正交振幅和正交位相。

1.1.3 光场量子噪声

关于量子噪声的理解，大概有以下几种说法。首先，是与光量子化相关联的一种说法，可以理解为海森堡测不准关系或者是用于描述光场的算符的特性的结果[8]，但是这种模型非常抽象。其次，量子噪声可以被看作是一种光的探测过程，即光电探测器产生的电子流随机分布的结果，这一说法非常盛行，但有一定的误导性，因为探测器作为固定的量，在实验过程中是没有变化的，所以解释不了非线性光学过程对量子噪声的影响[9,10]。最后一种说法是将经典波、拍频、调制的概念进行扩展，这些概念已经被用来描述噪声谱中离散成分的起源，因此可以将探测到的任何噪声理解为拍频的结果[11,12]。更通俗地讲，我们可以将其看作雨打在屋顶发出的“沙沙”声，虽然单位时间内的光子数量是恒定的，但是，在一个被量化的光场中，存在一种由光的粒子性决定的随机量子起伏[2]，被称为量子噪声。

在对光场进行检测时，光信号被转换成光电流，对应的量子起伏转换为与之相对应的光电流噪声[13]。对于一束功率为 p、频率为 ω 的相干光而言，当经过带宽为 B、量子效率为 η 的光电检测器后，其量子起伏所转化的光电流噪声为[14]：

$$i = \sqrt{2B\frac{p}{\eta\omega}\eta e^2} \tag{1.6}$$

由此可以看出，量子噪声功率将随入射光功率的减小与信号功率处在同一量级上，此时很难对信号进行精确测量。然而，在量子信息领域，要想利用压缩态、纠缠态等实现量子离物传态、引力波探测器等，就必须提高探测系统的信噪比。因此，如何解决量子噪声给信号传输和测量带来的影响，成为现在量子光学实验关注的重点。

1.2 非线性光学基础

1.2.1 测不准原理

在宏观世界，可以准确地去测量一个物体的各个参数，而在量子领域，则需遵守量子测不准原理。在量子力学中，力学量 $\hat{A}$ 和 $\hat{B}$ 的方差可以表示为：

$$\langle\Delta(\hat{A})^2\rangle=\langle(\hat{A}-\langle\hat{A}\rangle)^2\rangle=\langle\hat{A}^2\rangle-\langle\hat{A}\rangle^2$$

$$\langle\Delta(\hat{B})^2\rangle=\langle(\hat{B}-\langle\hat{B}\rangle)^2\rangle=\langle\hat{B}^2\rangle-\langle\hat{B}\rangle^2 \tag{1.7}$$

如果力学量算符 $\hat{A}$ 和 $\hat{B}$ 满足对易关系：$[\hat{A},\hat{B}]=C$，且 C 不为零，则这两个观测量没有共同的本征值，两者的方差满足不确定关系：

$$\langle\Delta(\hat{A})^2\rangle\langle\Delta(\hat{B})^2\rangle\geqslant\frac{1}{4}|\langle[\hat{A},\hat{B}]\rangle|^2 \tag{1.8}$$

由海森堡不确定性关系可知，当两个力学量不对易时，这两个力学量不能够同时被测量。

1.2.2 线性化算符

在量子力学中，我们常用哈密顿量来计算各参数的平均值和方差。20 世纪 80 年代初，Yurke 等人给出了一个涉及线性算符的方法。利用该方法，可以将光场的湮灭算符写为：

$$\hat{a}(t)=\alpha+\delta\hat{a}(t) \tag{1.9}$$

式中，α 表示经典振幅的平均值；$\delta\hat{a}(t)$ 是湮灭算符随时间变化的起伏部分。起伏部分的平均值为$\langle\delta\hat{a}(t)\rangle=0$，则其光子数为：

$$\begin{aligned}\hat{n}&=\hat{a}^\dagger(t)\hat{a}(t)\\&=[\alpha^*+\delta\hat{a}^\dagger(t)][\alpha+\delta\hat{a}(t)]\\&=|\alpha|^2+\alpha\delta\hat{a}^\dagger(t)+\alpha\delta\hat{a}(t)+\delta\hat{a}^\dagger(t)\delta\hat{a}(t)\end{aligned} \tag{1.10}$$

假设起伏部分远小于经典稳态部分，即满足：$|\delta\hat{a}(t)|\ll|\alpha|$，可以忽略高阶项而只保留一阶项。因此，光子数最终为：$\hat{n}=\alpha^2+\alpha\delta\hat{X}_a(t)$。式中，$\delta\hat{X}_a(t)=\delta\hat{a}(t)+\delta\hat{a}^\dagger(t)$，为正交振幅分量的起伏。

量子光学问题可以通过线性算符与经典电磁场进行比较并直接对其进行解释，因此，量子噪声可以通过这种电磁场的边带表象来解释[15]。图 1.1 为量子边带表象的概念性示意图。除了量子算符之外，大多数经典量都对应于这种量子力学量，它们之间的区别在于：在量子力学中，物理量可以用算符表示，并且它们的顺序非常重要[16]。

因为存在量子起伏，所以光场包含量子噪声所带来的边带，如图 1.2 所示。

1.2.3 二次谐波产生过程

二次谐波产生是一种典型的非线性光学过程，也是量子光学研究中用到的最

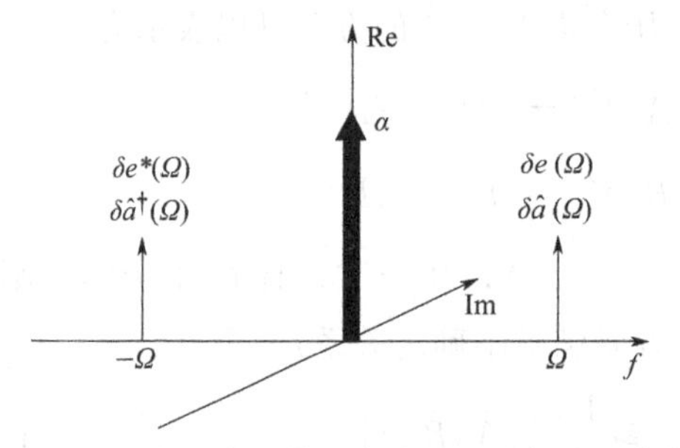

图 1.1 量子和经典边带对应关系电磁场的边带模型

Ω 代表一个特殊的探测效率；δe 和 δe^* 表示经典电磁场的正负边带；$\delta \hat{a}$ 和 $\delta \hat{a}^\dagger$ 表示量子场的湮灭算符和产生算符

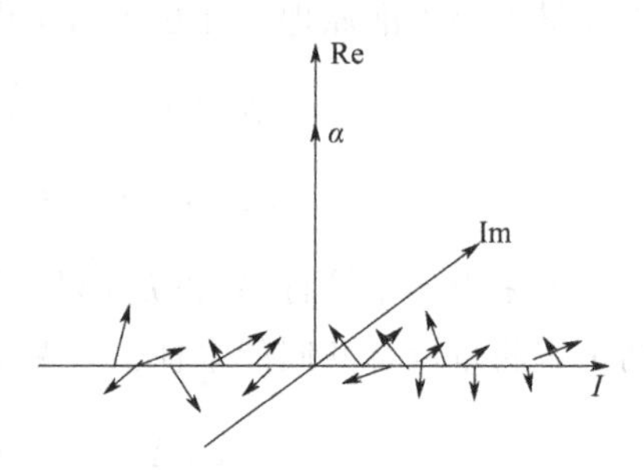

图 1.2 量子噪声的边带

基本最重要的一门技术，其应用面非常广泛。1961 年，密歇根大学的 Franken 等人首先实现了由红宝石激光产生二次谐波[17]，他们所使用的倍频晶体为石英晶体；Giordmaine 等人于 1962 年提出了相位匹配技术，使二次谐波的产生效率有了很大的提高[18]。国内外很多小组对二次谐波的产生和应用进行了相关研究。1962 年，哈佛大学的 Armstrong 对晶体中二次、三次谐波产生的机理进行了详细分析[19]；1981 年，美国的 Craxton 等人利用 KDP 晶体级联实现了对 Nd: glass 激光高效率的三倍频研究[20]；1998 年，Yusuke Tamaki 等人分别利用 KDP、LBO、CLBO 晶体对他们在超短脉冲条件下的倍频特性进行了研究[21]。随着非线性晶体材料的进步，人们利用多种倍频晶体实现了高效率二次谐波的生成，二次谐波已成为激光频率转换的重要手段之一，例如，法国的 Varoquaux 等人在 2007 年通过 PPLN 晶体采用单次穿过的方式得到与铷原子对应的 780nm 冷却激光[22]；2011 年，德国的 Ast 等人利用外腔倍频技术，采用 PPKTP 晶体作为非线性介质生成了倍频效率达到 95%的二次谐波[23]；2015 年，山西大学郑耀辉等人分别利用驻波腔与环形腔实现了 398nm 激光制备[24]。2016 年，山西大学张天才小组利用 PPKTP 晶体实现了倍频效率为 67% 的 426nm 激光制备[25]。

二次谐波是和频过程的一种特殊情况，满足能量守恒，二次谐波发生时两个频率为 ω 的光子被湮灭，继而产生一个频率为 2ω 的光子。

二次谐波较为简单的模型为理想均匀平面波沿其波矢方向通过非线性介质：

$$P(2\omega)=2\varepsilon_0 d_{eff}(2\omega;\omega,\omega)E^2(\omega) \tag{1.11}$$

式中，ε_0 为真空介电常数；$d_{eff}(2\omega;\omega,\omega)$ 为有效倍频系数；$E(\omega)$ 为平面波的振幅，则二次谐波的耦合波方程可写为：

$$\frac{\partial E(2\omega)}{\partial z}=\frac{2\mathrm{i}\omega^2}{k_{2\omega}c}d_{eff}E^2(\omega,z)\mathrm{e}^{\mathrm{i}\Delta k_z}$$

$$\frac{\partial E(\omega)}{\partial z}=\frac{\mathrm{i}\omega^2}{k_\omega c}d_{eff}E(2\omega,z)E^*(\omega,z)\mathrm{e}^{-\mathrm{i}\Delta k_z} \tag{1.12}$$

式中，$\Delta k_z=k_{2\omega}-2k_\omega=\frac{4\pi}{\lambda_\omega}(n_{2\omega}-n_\omega)$为由于介质色散导致的相位失配，$n$为介质的折射率，在以下边界条件下，对式(1.12)求解：

$$E(\omega,z)\big|_{z=0}=E(\omega,0)$$
$$E(2\omega,z)\big|_{z=0}=0 \tag{1.13}$$

当$\Delta k_z=0$时，即在完全相位匹配条件下有：

$$E(2\omega,z)=E_0(\omega,0)\tanh\left(\frac{z}{l_{SH}}\right) \tag{1.14}$$

式中，l_{SH}为二次谐波产生速率特征长度，当z很小时，$\tanh\left(\frac{z}{l_{SH}}\right)\approx\frac{z}{l_{SH}}$，即$E(2\omega,z)=E_0(\omega,0)\frac{z}{l_{SH}}$，即二次谐波振幅随$z$的增大而增大，其增大速率由$l_{SH}$表征。当$\Delta k_z\neq 0$，即不满足完全相位匹配时，在小信号近似条件下，有：

$$E(2\omega,z)=E_0(\omega,0)\frac{\sin(\Delta k_z/2)}{\Delta k_z l_{SH}/2} \tag{1.15}$$

此时二次谐波振幅在最大值$\frac{2E_0(\omega,0)}{\Delta k l_{SH}}$与0之间来回变动，周期为$\frac{4\pi}{\Delta k}$，当$\Delta k$增大时，最大二次谐波的最大振幅减小。

1.2.4 光学参量放大

二阶非线性过程中，两个频率较低的光子转换为频率较高的光子称为频率上转换。反之，当一个频率较高的光子转换为两个频率较低的光子称为频率下转换，频率下转换有以下两种情况：如果只有一个高频光子参与转换，称为光学参量振荡（optical parametric oscillator），此时若产生的两个低频光子频率简并，则为简并光学参量振荡器（degenerate optical parameter oscillator），反之称为非简并光学放大器（non-degenerate optical parameter oscillator）。若下转换过程还有一束频率与下转换光场相同的信号光场参与，则根据下转换光场的简并与否分为简并光学参量放大器（degenerate optical parameter amplifier）和非简并光学参量放大器（non-degenerate optical parameter amplifier）。利用光学参量过程可以方便地对压缩态光场以及纠缠态光场进行制备[19]，非线性过程中根据使用非线性介质的相位匹配方式可以将参量作用分为Ⅰ类参量作用和Ⅱ类参量作用。对于Ⅰ类参量作用，负单轴晶体将两个e光光子转变为一个倍频的o光光子，正单轴晶体将两个o光光子转化为一个倍频的e光光子。对于Ⅱ类参量作用，负单轴晶体将o光和e光两种线偏振光子变为倍频的e光光子，正单轴晶体则将其变为一个倍频的 o 光光子。

这里对Ⅰ类简并光学参量放大过程的相关理论做详细介绍。光学参量放大过程中系统的哈密顿量可写为以下形式[26,27]：

$$\begin{aligned}\boldsymbol{H}=&\hbar\omega_0\hat{a}_0^{\dagger}\hat{a}_0+\hbar\omega_s\hat{a}_s^{\dagger}\hat{a}_s+\hbar\omega_i\hat{a}_i^{\dagger}\hat{a}_i\\&+\frac{1}{2}\mathrm{i}\hbar\kappa(\hat{a}_s^{\dagger}\hat{a}_i^{\dagger}\hat{a}_0-\hat{a}_s\hat{a}_i\hat{a}_0^{\dagger})\\&+\mathrm{i}\hbar(E_0\hat{a}_0^{\dagger}\mathrm{e}^{-\mathrm{i}\omega_0 t}+E_s\hat{a}_s^{\dagger}\mathrm{e}^{-\mathrm{i}\omega_s t}+E_i\hat{a}_i^{\dagger}\mathrm{e}^{-\mathrm{i}\omega_i t}+h.c.)\\&+(\hat{a}_0\Gamma_0^{\dagger}+\hat{a}_0^{\dagger}\Gamma_0)+(\hat{a}_s\Gamma_s^{\dagger}+\hat{a}_s^{\dagger}\Gamma_s+\hat{a}_i\Gamma_i^{\dagger}+\hat{a}_i^{\dagger}\Gamma_i)\end{aligned}\tag{1.16}$$

式中，$\hat{a}_0$、$\hat{a}_s$、$\hat{a}_i$ 和 $\hat{a}_0^{\dagger}$、$\hat{a}_s^{\dagger}$、$\hat{a}_i^{\dagger}$ 分别为抽运光场、信号光场、闲置光场的湮灭算符和产生算符；ω_0、ω_s、ω_i 分别为三束光场的角频率；κ 为三个模式相互作用的耦合常数，其与非线性介质的二阶极化率成正比；Γ 为由腔损耗所决定的热浴算符。式(1.16) 中各行分别表示腔内各模独立的哈密顿量，三个模式相互作用哈密顿量，各注入光场对总哈密顿量的影响，以及各模式由热库场作用。

由系统的哈密顿量可得到腔内各模式的朗之万方程：

$$\begin{aligned}&\hat{a}_0(t)=-\mathrm{i}\omega_0\hat{a}_0(t)-\gamma_0\hat{a}_0(t)-\kappa\hat{a}_s\hat{a}_i^{\dagger}+\hat{a}_0^{in}(t)\\&\hat{a}_s(t)=-\mathrm{i}\omega_s\hat{a}_s(t)-\gamma_s\hat{a}_s(t)-\kappa\hat{a}_0\hat{a}_i^{\dagger}+\hat{a}_s^{in}(t)\\&\hat{a}_i(t)=-\mathrm{i}\omega_i\hat{a}_i(t)-\gamma_i\hat{a}_i(t)-\kappa\hat{a}_0\hat{a}_s^{\dagger}+\hat{a}_i^{in}(t)\end{aligned}\tag{1.17}$$

式中，γ_0、γ_s、γ_i 分别为各模式在腔内的总损耗速率；$\hat{a}_s^{in}(t)$、$\hat{a}_0^{in}(t)$、$\hat{a}_i^{in}(t)$ 为输入的信号场、抽运场以及闲置场，如图 1.3 所示，简并情况下信号场和闲置场简化为 $\hat{a}_1$。

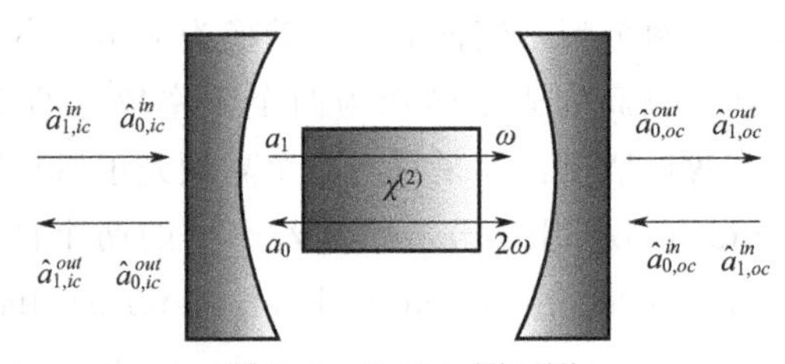

图 1.3 DOPA 原理图

当系统失谐为零时，信号场、抽运场在腔内共振，则此时腔内各场运动方程为：

$$\begin{aligned}&\hat{a}_1(t)=-\gamma\hat{a}_1(t)+\kappa\hat{a}_1^{\dagger}\hat{a}_0(t)+\sqrt{2\gamma_{ic}}\hat{a}_{1,ic}^{in}(t)+\sqrt{2\gamma_l}\hat{\nu}_l+\sqrt{2\gamma_{oc}}\hat{a}_{1,oc}^{in}(t)\\&\hat{a}_0(t)=-\gamma\hat{a}_0(t)-\frac{\kappa}{2}\hat{a}_1^2(t)+\sqrt{2\gamma_{ic,sh}}\hat{a}_{0,ic}^{in}(t)+\sqrt{2\gamma_{l,sh}}\hat{\nu}_{l,sh}+\sqrt{2\gamma_{oc}}\hat{a}_{0,oc}^{in}(t)\end{aligned}\tag{1.18}$$

则腔的输入、输出方程为[28]：

$$\hat{a}_{1,ic}^{in}(t)=\sqrt{2\gamma_{ic}}\hat{a}_1(t)-\hat{a}_{1,ic}^{in}(t)$$
$$\hat{a}_{1,oc}^{out}(t)=\sqrt{2\gamma_{oc}}\hat{a}_1(t)-\hat{a}_{1,oc}^{in}(t)$$
$$\hat{a}_{0,ic}^{in}(t)=\sqrt{2\gamma_{ic,sh}}\hat{a}_0(t)-\hat{a}_{0,ic}^{in}(t)$$
$$\hat{a}_{0,oc}^{out}(t)=\sqrt{2\gamma_{oc,sh}}\hat{a}_0(t)-\hat{a}_{0,oc}^{in}(t) \tag{1.19}$$

式中，$\hat{a}$、$\hat{a}^\dagger$ 为基频光场在内腔的湮灭、产生算符；$\hat{a}_{1,ic}^{in}$、$\hat{a}_{1,oc}^{in}$ 为从输入、输出镜注入基频场湮灭算符；$\hat{a}_0$、$\hat{a}_0^\dagger$ 为抽运场湮灭、产生算符；$\hat{a}_{0,ic}^{out}$、$\hat{a}_{0,oc}^{out}$ 为谐波场在输入、输出镜的输出场；γ、γ_{sh} 为基频光、谐波的损耗；$\gamma_{ic,sh}$、γ_{ic} 为输入镜对基频场、谐波场的损耗；$\gamma_{l,sh}$、γ_l 为基频场、谐波场的内腔损耗；$\gamma_{oc,sh}$、γ_{oc} 为谐波场、基频场在输出镜上的损耗；$\hat{\nu}$ 为引入的真空噪声。

抽运场在实验中可认为其功率不变，即 $\hat{a}_0(t)=0$，则由式(1.18) 得：

$$\hat{a}_0(t)=\frac{\kappa}{2\gamma_{sh}}\hat{a}_1^2(t)+\frac{1}{\gamma_{sh}}\hat{a}_{0m}(t) \tag{1.20}$$

式中，$\hat{a}_{0m}(t)$ 为谐波腔总谐波注入，其表达式为：

$$\hat{a}_{0m}(t)=\sqrt{2\gamma_{ic,sh}}\hat{a}_{0,ic}^{in}(t)+\sqrt{2\gamma_{ic,sh}}\nu_{l,sh}(t)+\sqrt{2\gamma_{ic,sh}}\hat{a}_{0,oc}^{in}(t) \tag{1.21}$$

将式(1.21) 代入式(1.18)，则有：

$$\hat{a}_1(t)=-\gamma\hat{a}_1(t)-\frac{\kappa}{2\gamma_{sh}}\hat{a}_1^\dagger(t)\hat{a}_1^2(t)+\frac{\kappa}{\gamma_{sh}}\hat{a}_1^\dagger(t)\hat{a}_{0,ic}(t)+\hat{a}_{1,in}(t) \tag{1.22}$$

$\hat{a}_{1,ic}(t)$ 为谐波腔基波注入：

$$\hat{a}_{1,ic}(t)=\sqrt{2\gamma_{ic}}\hat{a}_{1,ic}^{in}(t)+\sqrt{2\gamma_l}\delta\nu+\sqrt{2\gamma_{oc}}\hat{a}_{1,oc}^{in}(t) \tag{1.23}$$

由于在实验中没有从输出耦合镜注入光场，故认为是真空场。从输入镜注入的基频光场双次穿过晶体，则 $\gamma_{sh}=\gamma_{ic,sh}$。令 $\mu=\frac{\kappa^2}{2\gamma_{sh}}$，由式(1.22) 以及期望值 $\langle\hat{a}_1(t)\rangle=a_1(t)$，$\langle\hat{a}_1^\dagger(t)\rangle=a_1^*(t)$，$\langle\hat{a}_0(t)\rangle=a_0(t)$，我们可得到内腔量子起伏朗之万方程：

$$\delta\hat{a}_1(t)=-\left(\gamma+\frac{\kappa}{\gamma_{sh}}a^*a\right)\delta\hat{a}_1(t)+\frac{\kappa}{\gamma_{sh}}\left(a_{0,ic}-\frac{\kappa}{2}a_1^2\right)\delta\hat{a}_1^\dagger(t)$$
$$+\frac{\kappa}{\gamma_{sh}}a^*\delta\hat{a}_{0,ic}(t)+\delta\hat{a}_{1,ic}(t) \tag{1.24}$$

通过上式分析参量过程中的量子特性，还能得到内腔模平均值方程：

$$a_1=-\mu a_1^3(t)+\left[2\sqrt{\mu}a_{0,ic}^{in}(t)-\gamma\right]a_1(t)+\sqrt{2\gamma_{ic}}a_{1,ic}^{in}(t) \tag{1.25}$$

通过上式可以分析抽运场和信号场间相对位相的经典特性。

1.3 量子态光场

半个世纪以来，随着量子光学的不断发展，人们实现了很多类型非经典量子态光场的制备。1963 年，Glauber 首先提出了光场量子化的相关理论[29]，并且给出了相干态光场的量子描述。光场量子态的强度、振幅以及位相等一些特性测量都受到量子噪声的限制，这个限制称为量子散粒噪声极限（QNL）。

1.3.1 量子态

（1）正交压缩态光场

起初人们在实验上首先实现了对正交压缩态光场的制备。20 世纪 70 年代，Stoler 等人提出了正交压缩态的概念[30,31]，随后贝尔实验室的 Slusher 等人于 1985 年首次在实验上利用四波混频的方法观察到了 0.7dB 的正交压缩[32]。次年，美国的 Kimble 小组利用光学参量过程也得到了正交压缩态光场[33]，从此参量下转换成为制备非经典光场最有效的方式，并被应用于量子灵敏测量等领域[34,35]。1998 年，德国康斯坦茨大学利用半整块腔制备 6.2dB 的 1064nm 压缩态光场[36]。2008 年，德国马克斯-普朗克研究所突破了 10dB 压缩大关[13]，两年之后又将这个指标提高到了 12.7dB[37]。2012 年，澳大利亚国立大学制备得到了 11.6dB 的低频压缩[38]。2016 年 9 月，德国马普所制备得到了 15dB 的 1064nm 压缩态光场[39]。山西大学光电所也在正交压缩态领域做了很多研究，著者所在小组于 1998 年制备得到了 3.7dB 的正交位相压缩和 7dB 的强度差压缩[40]。2008 年，张宽收小组实现了 1560nm 通信波段 2.4dB 的压缩制备[41]；2016 年，王军民小组实现了 5.6dB 的 795nm 真空压缩制备[42]，此外著者所在小组从 2012 年开始非经典光源小型化样机的研制工作，研制出 7.7dB 的 1064nm 压缩光源样机。值得一提的是，这台压缩光源样机已经可以稳定运转 1h 以上。在前面系列工作的基础上，山西大学郑耀辉等人于近几年测得了 12.6dB 的压缩态光场。

量子光学理论中，通常用湮灭、产生算符 $\hat{a}$、$\hat{a}^{\dagger}$ 来描述光场。设某时刻，有以下定义的电磁场被束缚在体积为 V 的腔内，其角频率为 ω：

$$E(t)=E_0(\hat{a}\mathrm{e}^{-\mathrm{i}\omega t}+\hat{a}^{\dagger}\mathrm{e}^{\mathrm{i}\omega t}) \tag{1.26}$$

式中，$E_0=\left(\frac{h\omega}{2V}\right)^{\frac{1}{2}}$ 为初始时刻的电磁场；$[\hat{a},\hat{a}^{\dagger}]=1$。

定义连续变量正交振幅和位相分量算符为 $\hat{X}$、$\hat{Y}$，它们的对易关系为 $[\hat{X},\hat{Y}]=2\mathrm{i}$，式中，$\hat{X}=\hat{a}+\hat{a}^{\dagger}$，$\hat{Y}=-\mathrm{i}(\hat{a}-\hat{a}^{\dagger})$，则式(1.26) 可写为：

$$E(t)=E_0[\hat{X}\cos(\omega t)+\hat{Y}\sin(\omega t)] \tag{1.27}$$

量子力学的基本原理之一——测不准原理告诉我们，任何一对共轭量同时测量时其量子噪声必须满足：

$$\langle\Delta^2\hat{A}\rangle\langle\Delta^2\hat{B}\rangle\geqslant\frac{1}{4}|[\hat{A},\hat{B}]|^2 \tag{1.28}$$

式中，$\langle\Delta^2\hat{A}\rangle=\langle\hat{A}^2\rangle-\langle\hat{A}\rangle^2$，表示物理量 $\hat{A}$ 的起伏。上式说明，如果一对共轭量对易关系不为零，则不能同时被精确测量。当 $\langle\Delta^2\hat{A}\rangle=\langle\Delta^2\hat{B}\rangle=\frac{1}{2}|[\hat{A},\hat{B}]|^2$ 时，此时为量子噪声极限，如果某一分量的值低于这个极限，就称之为压缩态。

由式(1.28)，$\hat{X}$，$\hat{Y}$ 的量子起伏满足：

$$\langle\Delta^2\hat{X}\rangle\langle\Delta^2\hat{Y}\rangle\geqslant 1 \tag{1.29}$$

因此，当 $\langle\Delta^2\hat{X}\rangle\langle\Delta^2\hat{Y}\rangle=1$ 时，对应于真空态或相干态，若 $\langle\Delta^2\hat{X}\rangle<1$ 或 $\langle\Delta^2\hat{Y}\rangle<1$，称为正交压缩态。

(2) 正交纠缠态光场

量子通信和量子计算领域所用到的最重要的量子资源就是纠缠态光场。利用量子纠缠，可以实现经典手段所不能实现的快速量子并行计算以及无条件绝对安全的量子通信。1935 年，Einstein、Podolsky 和 Rosen 三人提出了 EPR（Einstein-Podolsky-Rosen）佯谬[43]，同年薛定谔提出了“猫态”，纠缠态这个概念首次进入人们的眼帘，最初是为质疑量子力学理论的自洽性而提出量子纠缠概念。根据观测量的本征值是分离还是连续，纠缠态可以分为分离变量和连续变量[44,45]。在连续变量领域，1992 年，美国的 Kimble 小组首次采用光学参量下转换的方法制备得到了 EPR 纠缠态[26]；2002 年，笔者所在课题组也实现了两组分正交纠缠的制备[46]；2010 年，笔者所在课题组通过在光路中加模式清洁器和提高锁定稳定性的方式，制备得到了 6dB 的 EPR 纠缠态光场[47]；2012 年，笔者所在课题组利用级联纠缠的方法将两组分 EPR 纠缠态光场的纠缠度提高到了 8.1dB[48]；2015 年，笔者所在课题组利用楔角 KTP 晶体又将纠缠度提高到了 8.4dB[49]。目前人们不仅提高了正交纠缠的纠缠度，也实现了可以与量子网络对接的多组分正交纠缠态光场的制备[50,51]。利用量子纠缠可实现量子计算、量子离物传态、量子密钥分发、量子密集编码等研究[52-54]。

如果两粒子是可分的，则它们可写为直积的形式：

$$|\varphi\rangle=C_1|0_1 0_2\rangle+C_2|0_1 1_2\rangle=|0_1\rangle\otimes(C_1|0_2\rangle+C_2|1_2\rangle) \tag{1.30}$$

1、2 分别表示两个粒子，如果两粒子是不可分的，则称它们为纠缠态，不能表示为两粒子的直积的形式：

$$|\varphi\rangle=C_1|0_1 0_2\rangle+C_2|0_1 1_2\rangle=C_1|1_1\rangle|0_2\rangle+C_2|0_1\rangle|1_2\rangle \tag{1.31}$$

对于纠缠态光场，其子系统间存在量子关联，所以对其中一个子系统进行测量会影响其他子系统的测量结果。两组分连续变量的贝尔态可以写为：

$$|\psi(\alpha,\beta)\rangle=\frac{1}{\sqrt{\pi}}\int \mathrm{d}x\,\mathrm{e}^{2\mathrm{i}x\beta}|x\rangle|x-\alpha\rangle \tag{1.32}$$

其基矢正交完备如下式所示：

$$\langle\psi(\alpha,\beta) \mid \psi(\alpha',\beta')\rangle=\delta(\alpha-\alpha')\delta(\beta-\beta')$$
$$\iint \mathrm{d}\alpha\,\mathrm{d}\beta\,|\psi(\alpha,\beta)\rangle\langle\psi(\alpha,\beta)|=1 \tag{1.33}$$

2000 年，段路明等人给出了两组分纠缠不可分判据，如下式所示：

$$I(\hat{X},\hat{Y})=\frac{\Delta_{A\pm B}^2\hat{X}+\Delta_{A\pm B}^2\hat{Y}}{2|[\delta\hat{X},\delta\hat{Y}]|}<1 \tag{1.34}$$

即 A、B 两束光场的正交振幅 $\hat{X}$ 和正交位相分量 $\hat{Y}$ 关联噪声满足式(1.34)时，就证明其为两组分纠正交缠态光场。

(3) 偏振压缩态光场

目前，光场与原子之间的相互作用已经成为量子信息的一个研究热点。由于光场的偏振分量和原子的自旋分量均用斯托克斯（Stokes）基矢描述，便于直接相互作用，并且偏振态光场的测量比较简单，不需要本地强振荡光场，因而偏振态光场在量子存储以及量子信息网络中有着重要应用前景。

在经典光学领域，由光的波动理论可知光矢量在 x-y 平面内的分量 E_x、E_y 满足以下关系：

$$E_x=a_1\cos(\omega t-\boldsymbol{k}\cdot\boldsymbol{r}+\theta_1),E_y=a_2\cos(\omega t-\boldsymbol{k}\cdot\boldsymbol{r}+\theta_2)$$

式中，$\boldsymbol{k}=\frac{2\pi}{\lambda}\boldsymbol{s}$ 为波矢，$\boldsymbol{s}$ 为光传播方向的单位矢量；$\boldsymbol{r}$ 为观测点的矢径；θ_1 和 θ_2 为 E_x、E_y 的初始位相。E_x、E_y 构成一个椭圆方程：

$$\left(\frac{E_x}{a_1}\right)^2+\left(\frac{E_y}{a_2}\right)^2-2\frac{E_x}{a_1}\times\frac{E_y}{a_2}\cos\theta=\sin^2\theta \tag{1.35}$$

满足该方程的光称为椭圆偏振光。式中，$2a_1$、$2a_2$ 为椭圆内接长方形的长和宽；$\theta=\theta_1-\theta_2$ 为相对位相差，当 $\theta=n\pi$ 时，n 为整数，为线偏光；当 $\theta=\frac{n\pi}{2}$时，为圆偏振光，其中 n 为正整数时为右旋圆偏光，当 n 为负整数时为左旋圆偏光。

Stokes 提出用 Stokes 参量 S_0、S_1、S_2、S_3 来描述光场的偏振状态[55]，表达式如下：

$$S_0=a_1^2+a_2^2,S_1=a_1^2-a_2^2,S_2=2a_1a_2\cos\theta,S_3=2a_1a_2\sin\theta \tag{1.36}$$

它们满足 $S_0^2=S_1^2+S_2^2+S_3^2$，称为庞加莱球，如图 1.4 所示。

则椭圆的方位角 ψ 和椭圆的半轴比 η 可写为：

$$\psi=\frac{1}{2}\arctan(S_2/S_1),\eta=\frac{1}{2}\arctan\frac{S_3}{\sqrt{S_1^2+S_2^2}}$$

即 Stokes 参量可决定椭圆偏振光所有特征。

我们可用庞加莱球面上的一点来表示光场的偏振状态，例如当 $\eta=0$、$\theta=0$ 时，此时为赤道上一点，表示水平线偏光；当 $\eta=0$、$\theta=\pi/2$ 时，为赤道上一点，表示竖直线偏光；南极和北极点分别为左右旋偏振光；其他位置的点则表示椭圆偏振光。

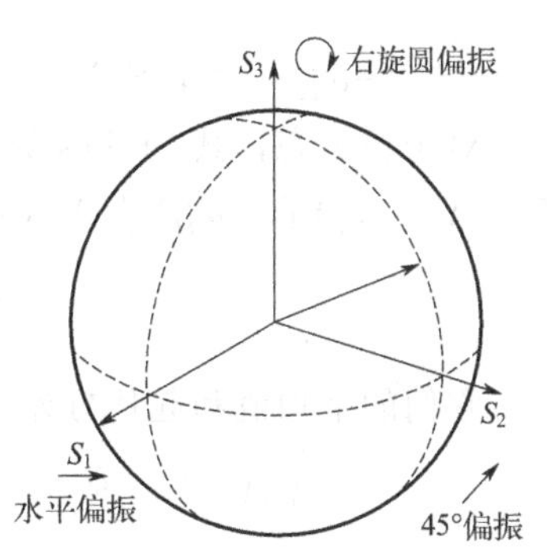

图 1.4 经典光学庞加莱球示意图

在量子光学领域，常用算符来表示力学量，通常，用 Stokes 算符 $\hat{S}_0$、$\hat{S}_1$、$\hat{S}_2$、$\hat{S}_3$ 来描述光场的偏振态，光场连续变量的 Stokes 分量是正交分量在 Stokes 基矢上的投影，它们可由水平和竖直偏振模的产生、湮灭算符定义，如式(1.37) 所示：

$$\hat{S}_0=\hat{a}_V^\dagger\hat{a}_V+\hat{a}_H^\dagger\hat{a}_H$$
$$\hat{S}_1=\hat{a}_H^\dagger\hat{a}_H-\hat{a}_V^\dagger\hat{a}_V$$
$$\hat{S}_2=\hat{a}_H^\dagger\hat{a}_V\mathrm{e}^{\mathrm{i}\theta}+\hat{a}_V^\dagger\hat{a}_H\mathrm{e}^{-\mathrm{i}\theta}$$
$$\hat{S}_3=\hat{a}_V^\dagger\hat{a}_H\mathrm{e}^{-\mathrm{i}\theta}-\hat{a}_H^\dagger\hat{a}_V\mathrm{e}^{\mathrm{i}\theta} \tag{1.37}$$

式中，$\hat{a}_H$，$\hat{a}_V$ 和 $\hat{a}_H^\dagger$，$\hat{a}_V^\dagger$ 为水平、竖直线偏模的产生和湮灭算符；θ 为它们的位相差。它们满足如下关系：

$$\hat{S}_1^2+\hat{S}_2^2+\hat{S}_3^2=\hat{S}_0^2+2\hat{S}_0 \tag{1.38}$$

构成量子态的庞加莱球如图 1.5 所示。

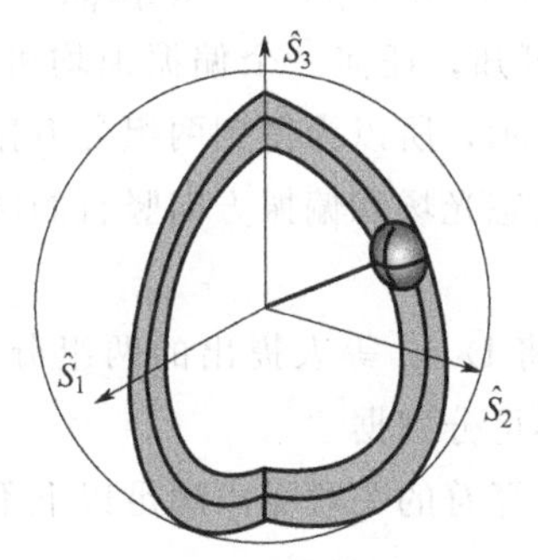

图 1.5 量子光学庞加莱球示意图

由产生、湮灭算符的对易关系 $[\hat{a}_k,\hat{a}_j]=\delta_{k,j}(k,j\in\{H,V\})$，可知 Stokes 算符满足以下对易关系：

$$[\hat{S}_1,\hat{S}_2]=2\mathrm{i}\hat{S}_3,[\hat{S}_2,\hat{S}_3]=2\mathrm{i}\hat{S}_1,[\hat{S}_3,\hat{S}_1]=2\mathrm{i}\hat{S}_2 \tag{1.39}$$

显然它们不能同时被精确测量。它们的平均值为：

$$\langle\hat{S}_0\rangle=\hat{a}_H^2+\hat{a}_V^2,\langle\hat{S}_1\rangle=\hat{a}_H^2-\hat{a}_V^2,\langle\hat{S}_2\rangle=2\hat{a}_H\hat{a}_V\cos\theta,\langle\hat{S}_3\rangle=2\hat{a}_H\hat{a}_V\sin\theta$$

对于相干态，其 Stokes 算符的量子起伏 V 可以写为：

$$V_0=V_1=a_V^2V_V^++a_H^2V_H^+,V_2(\theta)=(a_V^2V_H^++a_H^2V_V^+)\cos^2\theta+(a_V^2V_H^-+a_H^2V_V^-)\sin^2\theta$$

$$V_3(\theta)=V_2\left(\theta-\frac{\pi}{2}\right)$$

它们的平均值和起伏方差满足下列海森堡不确定性关系：

$$V_1V_2\geqslant|\langle\hat{S}_3\rangle|^2,V_2V_3\geqslant|\langle\hat{S}_1\rangle|^2,V_1V_3\geqslant|\langle\hat{S}_2\rangle|^2 \tag{1.40}$$

Stokes 参量的基础量子涨落为 $|\langle\hat{S}_j\rangle|$，$j=1$，2，3。所以基于式(1.40)，当 $V_i<|\langle\hat{S}_j\rangle|$ 时，称其被压缩，一般称为偏振压缩[56]。

(4) 偏振纠缠态光场

由前面的介绍可知，光场的偏振分量可以方便地和原子的自旋分量对应，便于实现它们之间的相互作用，此外偏振纠缠态光场的测量系统也比较简单，光场的偏振分量的测量只需旋转不同波片的角度，这有助于量子信息网络结构的简化。光场的连续变量偏振分量是光场的正交分量在斯托克斯基矢的投影，由前一部分可知四个斯托克斯分量 $\hat{S}_0$、$\hat{S}_1$、$\hat{S}_2$、$\hat{S}_3$ 定义为：

$$\begin{aligned}\hat{S}_0&=\hat{a}_V^\dagger\hat{a}_V+\hat{a}_H^\dagger\hat{a}_H\\ \hat{S}_1&=\hat{a}_H^\dagger\hat{a}_H-\hat{a}_V^\dagger\hat{a}_V\\ \hat{S}_2&=\hat{a}_H^\dagger\hat{a}_V\mathrm{e}^{\mathrm{i}\theta}+\hat{a}_V^\dagger\hat{a}_H\mathrm{e}^{-\mathrm{i}\theta}\\ \hat{S}_3&=\hat{a}_V^\dagger\hat{a}_H\mathrm{e}^{-\mathrm{i}\theta}-\hat{a}_H^\dagger\hat{a}_V\mathrm{e}^{\mathrm{i}\theta}\end{aligned} \tag{1.41}$$

由 Stokes 算符的定义可知，任何一个偏振模均可用一个水平和一个竖直偏振模以及它们间的位相差表示，所以为得到两组分偏振纠缠态光场，可以将偏振方向水平的两组分正交纠缠态光场和偏振方向竖直的两束强相干光场在两个偏振分束棱镜上进行耦合。

2002 年，Lam 研究组将 Duan 等人提出的两组分正交纠缠态不可分判据推广到了两组分偏振纠缠的不可分判据[57]。

如果归一化的斯托克斯算符的关联噪声满足以下不等式：

$$I(\hat{S}_i,\hat{S}_j)=(\Delta_{x\pm y}^2\hat{S}_i+\Delta_{x\pm y}^2\hat{S}_j)/(2|[\delta\hat{S}_i,\delta\hat{S}_j]|)<1(i,j=1,2,3) \tag{1.42}$$

那么该光场就被称为偏振纠缠态光场。偏振纠缠态光场可以利用 50/50 分束耦合两束偏振压缩态光场得到，也可以将正交纠缠态光场的每一束和偏振垂直的明亮相干态光场在偏振分束棱镜上耦合得到。目前在实验上已实现了三组分偏振纠缠的制备[58]，利用多组分正交纠缠，可将其拓展到更多组分偏振纠缠的制备，为下一步实现量子网络的构建提供了可能。

1.3.2 相干态

1963年，Glauber等人为场向量构造一系列相关函数，并讨论关于它们的某些假设，致力给出相干态的定义[29]。

相干态是湮灭算符 $\hat{a}$ 的本征态：

$$\hat{a}|\alpha\rangle=\alpha|\alpha\rangle \tag{1.43}$$

相干态也是一种平移真空态，满足：$|\alpha\rangle=\hat{D}(\alpha)|0\rangle$。湮灭算符的本征值是复数，可表示为：$\alpha=|\alpha|\mathrm{e}^{\mathrm{i}\varphi}=r\mathrm{e}^{\mathrm{i}\varphi}$。式中，$\hat{D}(\alpha)$ 是平移算符，其表达式为：$\hat{D}(\alpha)=\mathrm{e}^{\alpha\hat{a}^{\dagger}-\alpha^{*}\hat{a}}$。当平移算符 $\hat{D}(\alpha)$ 作用于湮灭算符 $\hat{a}$ 和产生算符 $\hat{a}^{\dagger}$ 时，可表示为：

$$\begin{gathered}\hat{D}^{+}(\alpha)\hat{a}^{\dagger}\hat{D}(\alpha)=\hat{a}^{\dagger}+\alpha^{*}\\ \hat{D}^{+}(\alpha)\hat{a}\hat{D}(\alpha)=\hat{a}+\alpha\end{gathered} \tag{1.44}$$

在Fock态中，相干态可表示为：

$$|\alpha\rangle=\mathrm{e}^{-\frac{1}{2}|\alpha|^{2}}\sum_{n}\frac{\alpha^{n}}{\sqrt{n!}}|\hat{n}\rangle \tag{1.45}$$

相干态具有完备性的性质，即满足：

$$\frac{1}{\pi}\iint\mathrm{d}^{2}\alpha|\alpha\rangle\langle\alpha|=1 \tag{1.46}$$

相干态光子数分布属于泊松分布，即满足：

$$P(n)=\mathrm{e}^{-|\alpha|^{2}}\frac{|\alpha|^{2n}}{n!}=\mathrm{e}^{-\bar{n}}\frac{\bar{n}^{n}}{n!} \tag{1.47}$$

在量子光学理论中，光场的正交分量由产生算符 $\hat{a}^{\dagger}$ 和湮灭算符 $\hat{a}$ 表示，如式(1.48)所示：

$$\begin{gathered}\hat{X}_{i}=\frac{1}{2}(\hat{a}+\hat{a}^{\dagger})\\ \hat{Y}_{i}=\frac{1}{2}(\hat{a}-\hat{a}^{\dagger})\end{gathered} \tag{1.48}$$

$[\hat{X}_{i},\hat{Y}_{i}]=\frac{\mathrm{i}}{2}$，由不确定关系 $\Delta\hat{X}_{i}\Delta\hat{Y}_{i}\geqslant\frac{1}{4}$ 可知，当相干态光场的正交振幅被准确测量时，则正交位相就不能被测量。换句话说，即两者不能够被同时测量。其不确定度1/4则被称为散粒噪声极限（shot noise limit，SNL）。在相空间下，$\alpha=\langle\hat{X}_{i}\rangle+\mathrm{i}\langle\hat{Y}_{i}\rangle$，相干态的正交分量的方差和散粒噪声极限分别为：$\Delta\hat{X}_{i}=\Delta\hat{Y}_{i}=\frac{1}{2}$ 和 $\Delta\hat{X}_{i}\Delta\hat{Y}_{i}=\frac{1}{4}$。

1.3.3 压缩态

压缩态作为一种特殊的量子态，具有两个正交分量中一个标准方差小于量子噪声极限的特性[59]。作为重要的量子资源，压缩光源的理论和实验研究越来越成为人们关注的热点。目前，运用光学手段获得了压缩态以及 EPR 纠缠态等一系列量子态光场，这些量子态光场都具有独特的性质，在连续变量量子光学实验中发挥着重要作用。

近年来，随着信息技术的飞速发展，量子网络以其绝对安全性、高效性等优点而备受瞩目，而非经典光场则是构建量子网络的关键。其中压缩态由于具有独特的性质，在许多重要的领域得到了广泛应用。比如，在量子通信方面，连续变量压缩态光场是实现连续变量量子纠缠态光场[60,61]的重要方式，这种技术可以用在量子存储[62,63]、量子密集编码[64]、量子通信[65]等前沿科学研究领域中，可以大大提高量子通信的利用效率；将压缩态光场注入到长臂激光干涉仪，可以降低系统散粒噪声的引入，从而提高引力波探测的灵敏度[66-68]，继而实现高精度的量子测量；同时，利用双模压缩态光场还可以获得超越经典极限的量子成像[69-71]等。

压缩态和真空态是最小不确定态，其正交分量的方差满足海森堡不确定性关系。当某一正交分量的方差低于量子噪声极限 [$V(\hat{Y})<SNL$ 或 $V(\hat{X})>SNL$] 时，该光场就称为压缩态光场。由于压缩态光场量子噪声低于散粒噪声基准，因此可以应用于量子光学诸多领域。

在量子光学中，光子数算符可以表示为 $\hat{n}=\hat{a}^{\dagger}\hat{a}$，式中，$\hat{a}^{\dagger}$ 被称为产生算符，$\hat{a}$ 被称为湮灭算符，两者满足 $[\hat{a},\hat{a}^{\dagger}]=1$。哈密顿量算符为：$\hat{\boldsymbol{H}}=\hbar\omega\left(\hat{a}^{\dagger}\hat{a}+\frac{1}{2}\right)$。由对易关系 $[\hat{n},\hat{\boldsymbol{H}}]=0$，可知二者有共同的本征态 $|\hat{n}\rangle$。其本征方程可写为 $\hat{n}|\hat{n}\rangle=n|n\rangle$，式中，$n=0，1，2，\cdots$，是光场的光子占据数目。这两个算符的本征方程可以表示为：

$$\hat{a}^{\dagger}|n\rangle=\sqrt{n+1}\,|n+1\rangle$$
$$\hat{a}|n\rangle=\sqrt{n}\,|n-1\rangle \tag{1.49}$$

当 $n=0$ 时，为真空态。Fock 态可由真空态表示为：$|\hat{n}\rangle=\frac{(\hat{a}^{\dagger})^{n}}{\sqrt{n!}}|0\rangle$。

(1) 压缩真空态

压缩算符 $\hat{S}(\xi)$ 作用于真空态上可得到一个压缩真空态，其表达式为 $|\xi\rangle=\hat{S}(\xi)|0\rangle$，压缩算符 $\hat{S}(\xi)$ 的表达式为 $\hat{S}(\xi)=\mathrm{e}^{\frac{1}{2}(\xi^{*}\hat{a}^{2}-\xi\hat{a}^{\dagger 2})}$。式中压缩参量

$\xi = re^{i\theta}$；r 为压缩振幅，其取值范围为 $0 \leqslant r \leqslant \infty$，表示压缩的强度；$\theta$ 为压缩角，取值范围为 $0 \leqslant \theta \leqslant 2\pi$，表示压缩的角度。

在 Fock 态中，压缩真空态为：

$$|\xi\rangle = \sum_m c_{2m} |2m\rangle (m = 0, 1, 2, \cdots) \tag{1.50}$$

式中，$c_{2m} = \dfrac{1}{\sqrt{\cosh r}}(-1)^m \left(\dfrac{1}{2} e^{i\theta} \tanh r\right)^m \dfrac{\sqrt{(2m)!}}{m!}$

压缩算符具有厄密共轭性，满足：

$$\hat{S}^{\dagger}(\xi) = \hat{S}^{-1}(\xi) = \hat{S}(-\xi) \tag{1.51}$$

压缩算符作用于湮灭算符时，可表示为：

$$\hat{S}^{\dagger}(\xi)\hat{a}\hat{S}(\xi) = \hat{a}\cosh r - \hat{a}^{\dagger} e^{i\theta} \sinh r \tag{1.52}$$

压缩算符作用于产生算符时，可表示为：

$$\hat{S}^{\dagger}(\xi)\hat{a}^{\dagger}\hat{S}(\xi) = \hat{a}^{\dagger}\cosh r - \hat{a}^{\dagger} e^{-i\theta} \sinh r \tag{1.53}$$

压缩真空态的方差为：

$$V(n) = \langle n^2 \rangle - \langle n \rangle^2 = 2\sinh^2 r \cosh^2 r = 2\langle n \rangle (1 + \langle n \rangle) \tag{1.54}$$

由上式可知压缩真空态属于超泊松分布。其正交分量的方差分别为：

$$V(\hat{X}_i) = \frac{1}{4}[(2\sinh^2 r + 1) - 2\cos\theta \cosh r \sinh r]$$

$$V(\hat{Y}_i) = \frac{1}{4}[(2\sinh^2 r + 1) + 2\cos\theta \cosh r \sinh r] \tag{1.55}$$

当压缩角度 $\theta = 0$ 时，有：

$$V(\hat{X}_i) = \frac{1}{4} e^{-2r} < \frac{1}{4}$$

$$V(\hat{Y}_i) = \frac{1}{4} e^{2r} > \frac{1}{4} \tag{1.56}$$

当压缩角度 $\theta = \pi$ 时，有：

$$V(\hat{X}_i) = \frac{1}{4} e^{2r} > \frac{1}{4}$$

$$V(\hat{Y}_i) = \frac{1}{4} e^{-2r} < \frac{1}{4} \tag{1.57}$$

由式(1.56) 和式(1.57) 可知，当压缩角度为 0 时，输出场为正交振幅真空压缩态，此时的正交相位分量处于反压缩状态。当压缩角度为 π 时，输出场为正交相位真空压缩态，此时的正交振幅分量处于反压缩状态。压缩参量越大，说明对应的压缩态量子噪声的涨落就越小，而压缩度就越高。

对于一般正交分量，表达式为：

$$\hat{Z}_1=\hat{X}_i\cos\frac{\theta}{2}+\hat{Y}_i\sin\frac{\theta}{2}$$

$$\hat{Z}_2=-\hat{X}_i\sin\frac{\theta}{2}+\hat{Y}_i\cos\frac{\theta}{2} \tag{1.58}$$

正交分量的方差为：

$$V(\hat{Z}_1)=\frac{1}{4}e^{-2r}<\frac{1}{4}$$

$$V(\hat{Z}_2)=\frac{1}{4}e^{2r}>\frac{1}{4} \tag{1.59}$$

式中，$\theta/2$ 为相空间对应的压缩方向，正交振幅分量 $\hat{Z}_1$ 被压缩。

(2) 平移压缩真空态

平移压缩真空态满足下式：

$$D(\alpha)|\xi\rangle=D(\alpha)S(\xi)|0\rangle=|\alpha,\xi\rangle \tag{1.60}$$

当 $\alpha=0$ 时：

$$|0,\xi\rangle=D(0)S(\xi)|0\rangle=S(\xi)|0\rangle=|\xi\rangle \tag{1.61}$$

属于压缩真空态。

当 $\xi=0$ 时：

$$|\alpha,0\rangle=D(\alpha)S(0)|0\rangle=D(\alpha)|0\rangle=|\alpha\rangle \tag{1.62}$$

属于相干态。

平移压缩真空态的平均光子数为：

$$\langle n\rangle=\langle\alpha,\xi|\hat{a}^{\dagger}\hat{a}|\alpha,\xi\rangle=|\alpha|^2+\sinh^2 r \tag{1.63}$$

由上式可以看出，平移压缩真空态的平均光子数为相干态与压缩真空态的平均光子数之和。

平移压缩真空态的正交分量为：

$$Y_1=\frac{1}{2}(\hat{a}e^{-i\frac{\theta}{2}}+\hat{a}^{\dagger}e^{i\frac{\theta}{2}})$$

$$Y_2=\frac{1}{2i}(\hat{a}e^{-i\frac{\theta}{2}}-\hat{a}^{\dagger}e^{i\frac{\theta}{2}}) \tag{1.64}$$

其方差为：

$$V(Y_1)=\frac{1}{4}e^{-2r}<\frac{1}{4}$$

$$V(Y_2)=\frac{1}{4}e^{2r}>\frac{1}{4} \tag{1.65}$$

此态称为正交振幅压缩态，而正交位相分量处于反压缩状态。

(3) 压缩相干态

压缩相干态可表示为：

$$|S(\xi)|\beta\rangle = S(\xi)D(\beta)|0\rangle = D(\alpha)S(\xi)|0\rangle \tag{1.66}$$

接下来，我们讨论压缩态的制备。压缩态可通过参量下转换、四波混频过程、共振荧光等获得。对于参量下转换过程，根据判断是否有信号光的注入，可分为光学参量振荡器（OPO）和光学参量放大器（OPA），又可因输出场是否简并来细分，分为简并/非简并光学参量振荡器（DOPO/NOPO）和简并/非简并光学参量放大器（DOPA/NOPA）[72]。目前为止，在实验中已经通过各种方式制备出了压缩态。1985 年，Slusher 等人在实验上首次通过四波混频过程实现了压缩光的制备[32]。1986 年，吴令安获得了低于散粒噪声基准 50%的压缩态光场[33]。2016 年，山西大学王军民小组得了 795nm 波段 5.6dB 的真空压缩[73]。同年，Vahlbruch 等人制备了 15dB 的真空压缩态光场，且将其应用于校准光电探测量子效率中[39]。

频率简并情况下的哈密顿量可写为：

$$\boldsymbol{H} = \hbar\omega\hat{a}^\dagger\hat{a} + \hbar\omega_p\hat{b}^\dagger\hat{b} + \mathrm{i}\hbar\chi^{(2)}[\hat{a}^2\hat{b}^\dagger - (\hat{a}^\dagger)^2\hat{b}] \tag{1.67}$$

式中，$\hbar\omega\hat{a}^\dagger\hat{a}$ 为信号光；ω 为信号光的角频率；$\hbar\omega_p\hat{b}^\dagger\hat{b}$ 为泵浦光；ω_p 为泵浦光的角频率；$\chi^{(2)}$ 为二阶非线性过程极化率。令 $b=\beta \mathrm{e}^{-\mathrm{i}\omega_p t}$，则哈密顿量可写为：

$$\boldsymbol{H} = \hbar\omega\hat{a}^\dagger\hat{a} + \mathrm{i}\hbar[\eta^* \mathrm{e}^{\mathrm{i}\omega_p t}\hat{a}^2 - \eta \mathrm{e}^{-\mathrm{i}\omega_p t}(\hat{a}^\dagger)^2] \tag{1.68}$$

式中，$\eta=\chi^{(2)}\beta$，β 是泵浦光的振幅。在相互作用绘景中，时间演化算符表示为：

$$U(t) = \mathrm{e}^{-\frac{\mathrm{i}}{\hbar}\boldsymbol{H}_1 t} \tag{1.69}$$

式中，$\boldsymbol{H}_1$ 为相互作用绘景中的哈密顿量。

随时间变化的量子态 $|\Psi(t)\rangle$ 为：

$$|\Psi(t)\rangle = U(t)|\Psi(0)\rangle \tag{1.70}$$

$|\Psi(0)\rangle$ 为 $t=0$ 时的量子态。假设压缩算符 $\xi=2t\chi^{(2)}\beta$，$U(t)=S(\xi)$，则有：

$$|\Psi(t)\rangle = U(t)|0\rangle = S(\xi)|0\rangle = |\xi\rangle \tag{1.71}$$

当 $\omega_p=2\omega$ 时，哈密顿量为：

$$\boldsymbol{H}_1 = \mathrm{i}\hbar[\eta^*\hat{a}^2\mathrm{e}^{\mathrm{i}\phi} - \eta(\hat{a}^\dagger)^2\mathrm{e}^{-\mathrm{i}\phi}] \tag{1.72}$$

式中，ϕ 是输入的信号光与泵浦光的相对位相差。由方程：

$$\frac{\mathrm{d}}{\mathrm{d}t}\hat{a}(t) = -\frac{\mathrm{i}}{\hbar}[\hat{a}(t), \boldsymbol{H}_1] \tag{1.73}$$

我们可以求出在 t 时刻输出场 $\hat{a}(t)$ 为：

$$\hat{a}(t) = \hat{a}^{(0)}\cosh r + (\hat{a}^{(0)})^\dagger \mathrm{e}^{\mathrm{i}\phi}\sinh r \tag{1.74}$$

式中，$r=\eta t$，代表压缩参量。在NOPA腔内，当这两个输入光场之间的相对位相差为0（即$\phi=0$）时，处于参量放大状态；而当这两个输入光场反向（即满足$\phi=\pi$）时，处于参量反放大状态。由上式我们可以求出压缩态的正交分量的方差为：

$$\Delta\hat{X}_a(t)=\mathrm{e}^{\pm 2r}$$

$$\Delta\hat{Y}_a(t)=\mathrm{e}^{\mp 2r} \tag{1.75}$$

由式(1.75)可知，当$\phi=0$时，光场的正交振幅分量处于反压缩状态，而正交位相分量处于压缩状态。因此可以制备出正交位相压缩态光场。而当$\phi=\pi$时，则情况相反。此时的光场的正交位相分量处于反压缩状态，而正交振幅分量处于压缩状态，所以可以制备出正交振幅压缩态光场。

在相互作用场景中，令$\omega_p=2\omega$，哈密顿量为：

$$\boldsymbol{H}_1=\mathrm{i}\hbar[\eta^*(\hat{a}_1^{(0)})^\dagger(\hat{a}_2^{(0)})^\dagger\mathrm{e}^{\mathrm{i}\phi}-\eta\hat{a}_1^{(0)}\hat{a}_2^{(0)}\mathrm{e}^{-\mathrm{i}\phi}] \tag{1.76}$$

同简并参量上转换过程，可以求出在t时刻输出场的表达式分别为：

$$\hat{a}_1(t)=\hat{a}_1^{(0)}\cosh r+(\hat{a}_2^{(0)})^\dagger\mathrm{e}^{\mathrm{i}\phi}\sinh r$$

$$\hat{a}_2(t)=\hat{a}_2^{(0)}\cosh r+(\hat{a}_1^{(0)})^\dagger\mathrm{e}^{\mathrm{i}\phi}\sin r \tag{1.77}$$

同样，当信号光与泵浦光之间的相对位相差为$0(\phi=0)$时，输出场处于参量放大状态，当信号光与泵浦光反向（$\phi=\pi$）时，输出场处于参量反放大状态。由上式可以求出压缩态的正交分量的方差为：

$$\Delta\left\{\frac{1}{\sqrt{2}}[\hat{X}_{a1}(t)\mp\hat{X}_{a2}(t)]\right\}=\mathrm{e}^{-2r}$$

$$\Delta\left\{\frac{1}{\sqrt{2}}[\hat{Y}_{a1}(t)\pm\hat{Y}_{a2}(t)]\right\}=\mathrm{e}^{-2r}$$

$$\Delta\left\{\frac{1}{\sqrt{2}}[\hat{X}_{a1}(t)\pm\hat{X}_{a2}(t)]\right\}=\mathrm{e}^{2r}$$

$$\Delta\left\{\frac{1}{\sqrt{2}}[\hat{Y}_{a1}(t)\mp\hat{Y}_{a2}(t)]\right\}=\mathrm{e}^{2r} \tag{1.78}$$

由式(1.78)可知，当信号光与泵浦光同向时，正交振幅之差的方差小于1，则光场$\frac{1}{\sqrt{2}}[\hat{a}_1(t)-\hat{a}_2(t)]$为正交振幅压缩态光场；正交位相之和的方差小于1，则光场$\frac{1}{\sqrt{2}}[\hat{a}_1(t)+\hat{a}_2(t)]$为正交位相压缩态光场。当信号光与泵浦光反向时，正交振幅之和的方差小于1，则光场$\frac{1}{\sqrt{2}}[\hat{a}_1(t)+\hat{a}_2(t)]$为正交振幅压缩态光场；正交位相之差小于1，则光场$\frac{1}{\sqrt{2}}[\hat{a}_1(t)-\hat{a}_2(t)]$为正交位相压缩态光场。

(4) 偏振压缩态

由于偏振态光场的测量无需本地强振荡光场，并且它与原子自旋均使用 Stokes 算符描述，这有利于其与原子自旋态直接相互作用，是构建量子网络的重要量子资源。

在量子力学中，Stokes 算符 $\hat{S}_0$、$\hat{S}_1$、$\hat{S}_2$ 和 $\hat{S}_3$ 通常被用来描述光的偏振状态，$\hat{S}_0$ 表示光场的强度，而 $\hat{S}_1$ 表示光场的水平偏振分量，$\hat{S}_2$ 表示光场的对角线偏振分量，$\hat{S}_3$ 表示光场的右旋圆偏振分量[74]，其量子起伏可以映射到原子自旋波起伏上，Stokes 算符可以用水平和垂直偏振模的产生算符 $\hat{a}^{\dagger}_{H(V)}$ 和湮灭算符 $\hat{a}_{H(V)}$ 表示，如下式所示：

$$
\begin{aligned}
\hat{S}_0 &= \hat{a}^{\dagger}_V\hat{a}_V + \hat{a}^{\dagger}_H\hat{a}_H = \hat{n}_H + \hat{n}_V \\
\hat{S}_1 &= \hat{a}^{\dagger}_H\hat{a}_H - \hat{a}^{\dagger}_V\hat{a}_V = \hat{n}_H - \hat{n}_V \\
\hat{S}_2 &= \hat{a}^{\dagger}_H\hat{a}_V e^{i\varphi} + \hat{a}^{\dagger}_V\hat{a}_H e^{-i\varphi} \\
\hat{S}_3 &= i\hat{a}^{\dagger}_V\hat{a}_H e^{-i\varphi} - i\hat{a}^{\dagger}_H\hat{a}_V e^{i\varphi}
\end{aligned} \tag{1.79}
$$

式中，a_V 为水平偏振光的振幅；a_H 为竖直偏振光的振幅；φ 表示水平 H 偏振模和竖直 V 偏振模之间的相对位相。由对易关系 $[\hat{a}_i,\hat{a}^{\dagger}_j]=\delta_{ij}$，可以得到 Stokes 算符满足：

$$[\hat{S}_1,\hat{S}_2]=2i\hat{S}_3,[\hat{S}_2,\hat{S}_3]=2i\hat{S}_1,[\hat{S}_3,\hat{S}_1]=2i\hat{S}_2 \tag{1.80}$$

由式(1.80) 可知，当 Stokes 算符之间的对易关系不为 0 时，它们就不能够同时被精确地测量出来。Stokes 算符的平均值分别为：

$$\langle\hat{S}_0\rangle=\alpha_H^2+\alpha_V^2,\langle\hat{S}_1\rangle=\alpha_H^2-\alpha_V^2,\langle\hat{S}_2\rangle=2\alpha_H\alpha_V\cos\varphi,\langle\hat{S}_3\rangle=2\alpha_H\alpha_V\sin\varphi \tag{1.81}$$

而 Stokes 算符的量子涨落可以写成[56,74]：

$$
\begin{aligned}
V_0 = V_1 &= \alpha_V^2\delta^2\hat{X}_V + \alpha_H^2\delta^2\hat{X}_H \\
V_2(\varphi) = V_3\left(\varphi+\frac{\pi}{2}\right) &= \cos^2\varphi(\alpha_V^2\delta^2\hat{X}_V+\alpha_H^2\delta^2\hat{X}_H)+\sin^2\varphi(\alpha_V^2\delta^2\hat{Y}_V+\alpha_H^2\delta^2\hat{Y}_H)
\end{aligned} \tag{1.82}
$$

式中，$\hat{X}_{V(H)}$ 和 $\hat{Y}_{V(H)}$ 分别是水平（竖直）偏振光的正交振幅和正交相位分量。由算符的线性化理论，即 $\hat{S}_j=\langle\hat{S}_j\rangle+\delta\hat{S}_j\,(j=0,1,2,3)$ 可知，它们的平均值和方差满足以下海森堡不确定性关系：

$$V_1V_2\geqslant|\langle\hat{S}_3\rangle|,V_2V_3\geqslant|\langle\hat{S}_1\rangle|,V_1V_3\geqslant|\langle\hat{S}_2\rangle| \tag{1.83}$$

当 $V_i<|\langle\hat{S}_j\rangle|\,(i,j=0,1,2,3)$ 时，称为偏振压缩态。

在量子光学中，光场可以用湮灭算符 $\hat{a}$ 来表示[75]。湮灭算符 $\hat{a}$ 不具有厄米性质，不能被测量，而光场的正交振幅分量和正交位相分量是厄米算符[76]，因此可以被测量。此时，引入算符 $X(\theta)$ 表示压缩态，可表示为：

$$X(\theta)=\frac{1}{2}(\hat{a}\mathrm{e}^{-\mathrm{i}\theta}+\hat{a}^{\dagger}\mathrm{e}^{\mathrm{i}\theta}) \tag{1.84}$$

$X(\theta)$ 对应不同的正交分量，即 $\theta=0$ 时，有 $X_1=X(0)$ 相对应，表示正交振幅分量；$\theta=\pi/2$ 时，有 $X_1=X(\pi/2)$ 相对应，表示正交位相分量。

因此，量子化光场 $\hat{a}$ 的正交振幅分量 $\hat{X}_i$ 和正交位相分量 $\hat{Y}_i$ 可分别定义为[77]：

$$\hat{X}_1=\frac{1}{2}(\hat{a}+\hat{a}^{\dagger}) \tag{1.85}$$

$$\hat{Y}_1=\frac{1}{2\mathrm{i}}(\hat{a}-\hat{a}^{\dagger}) \tag{1.86}$$

式中，$\hat{a}$ 与 $\hat{a}^{\dagger}$ 分别为光场的湮灭与产生算符，而真空态和相干态的噪声起伏满足 $V(\hat{X}_1)=V(\hat{Y}_1)=1/4$。值得注意的是，虽然真空态的平均光子数为 0，但其正交振幅分量 $\hat{X}_i$ 与正交位相分量 $\hat{Y}_i$ 仍然存在量子涨落[78]。

在产生和测量连续变量压缩态光场时，因产生和检测过程中的光损耗，会导致可被检测到的压缩度与理论计算结果存在较大的偏差。因此，当只考虑损耗产生的影响时，实际测得的压缩度与量子噪声方差之间的关系表达为[79,80]：

$$V_{sqz-m}=\eta V_{sqz-in}+(1-\eta) \tag{1.87}$$

式中，V_{sqz-in} 为实际产生的压缩光场的噪声方差；η 为探测效率；$1-\eta$ 为损耗，其值主要取决于 OPA 腔的逃逸效率、信号光的传输效率、平衡零拍探测器中光电二极管的量子效率以及本底光与信号光的干涉效率[81]。其次，实际测得的压缩度与正交分量相位抖动之间的关系表达为[63]

$$V_{sqz-m'}=V_{sqz-in}\cos^2\theta+V_{asqz-in}\sin^2\theta \tag{1.88}$$

式中，$V_{sqz-m'}$ 为实际中测量到的压缩光场的噪声方差；$V_{asqz-in}$ 为产生的反压缩噪声方差；θ 为相位抖动，它会引起压缩角偏转，使压缩光转换到反压缩上，从而限制压缩态光场压缩度的提高。因此，不仅要确保电路中 OPO 腔的参数、每个元件镀膜的参数和质量来减小系统的损耗，还需要尽量提高空间模式匹配效率和 PDH 锁定回路的锁定稳定性来提升光场压缩度。

1.3.4 压缩态的主要检测方法

光场量子态的检测方法有很多，其中最主要的有直接探测、平衡零拍探测以及贝尔态探测。现对三种方式进行简单介绍。

(1) 直接探测

直接探测技术将信号光直接打到探测器的光敏面上[82]，使光信号转化为光电流。如图 1.6 所示，它的结构简单，而且非常实用，但是只响应入射光的强度，系统也只能解调出与光强度有关的信息。

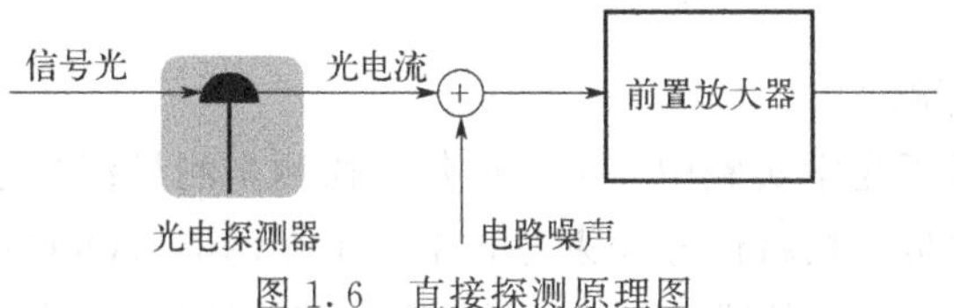

图 1.6 直接探测原理图

(2) 平衡零拍探测

在量子态的检测中，平衡零拍探测是最常用的一种检测方式，可以用来探测振幅起伏和相位起伏。其原理如图 1.7 所示。

两束光 $\hat{a}$ 和 $\hat{b}$ 通过 50/50 的分束器干涉后分成相等的 $\hat{c}$ 和 $\hat{d}$，$\hat{c}$ 和 $\hat{d}$ 可以表示成：

$$\hat{c}=\frac{1}{\sqrt{2}}\hat{a}+\frac{1}{\sqrt{2}}\hat{b} \tag{1.89}$$

$$\hat{d}=-\frac{1}{\sqrt{2}}\hat{a}+\frac{1}{\sqrt{2}}\hat{b} \tag{1.90}$$

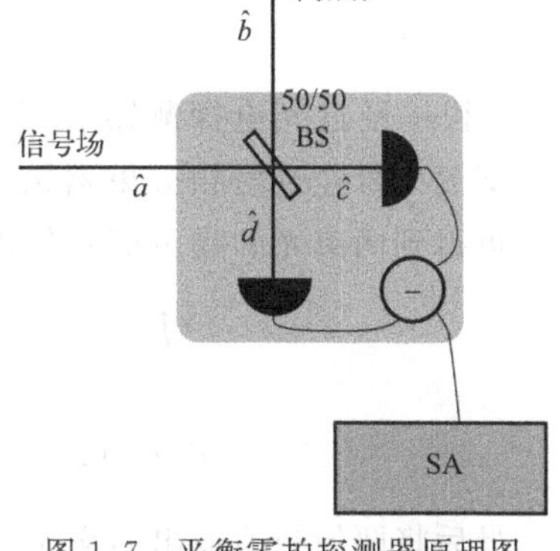

图 1.7 平衡零拍探测器原理图

由于实际光束的强度存在一定起伏的，因此 $\hat{a}$ 和 $\hat{b}$ 可以表示为：

$$\hat{a}=\alpha+\delta\hat{a} \tag{1.91}$$

$$\hat{b}=\beta+\delta\hat{b} \tag{1.92}$$

其中，α 和 β 分别为输入本振场 $\hat{a}$ 和信号场 $\hat{b}$ 的平均值，则探测器测得的光强度 $\hat{c}$ 和 $\hat{d}$ 为：

$$\hat{c}^{\dagger}\hat{c}=\frac{1}{2}(\hat{a}^{\dagger}+\hat{b}^{\dagger})(\hat{a}+\hat{b}) \tag{1.93}$$

$$\hat{d}^{\dagger}\hat{d}=\frac{1}{2}(-\hat{a}^{\dagger}+\hat{b}^{\dagger})(-\hat{a}+\hat{b}) \tag{1.94}$$

由于涉理论可知，两束光 $\hat{a}$ 和 $\hat{b}$ 的相对相位 θ 会影响 $\hat{c}$ 和 $\hat{d}$ 的强度，因此将其转化为复数形式有：

$$\hat{c}^{\dagger}\hat{c}=\frac{1}{2}[\alpha\delta\hat{X}_a+\beta\delta\hat{X}_b+\alpha(\delta\hat{b}e^{i\theta}+\delta\hat{b}^{\dagger}e^{-i\theta})+\beta(\delta\hat{a}^{\dagger}e^{i\theta}+\delta\hat{a}e^{-i\theta})] \tag{1.95}$$

$$\hat{d}^{\dagger}\hat{d}=\frac{1}{2}[\alpha\delta\hat{X}_a+\beta\delta\hat{X}_b-\alpha(\delta\hat{b}e^{i\theta}+\delta\hat{b}^{\dagger}e^{-i\theta})-\beta(\delta\hat{a}^{\dagger}e^{i\theta}+\delta\hat{a}e^{-i\theta})] \tag{1.96}$$

则探测器探测到的电流差为：

$$\hat{I}_+=\alpha\delta\hat{X}_a+\beta\delta\hat{X}_b \tag{1.97}$$

$$\hat{I}_-=\alpha(\delta\hat{b}e^{i\theta}+\delta\hat{b}^{\dagger}e^{-i\theta})+\beta(\delta\hat{a}^{\dagger}e^{i\theta}+\delta\hat{a}e^{-i\theta}) \tag{1.98}$$

平衡零拍探测需要电流的差值，且 $\beta \gg \alpha$。因此，在忽略交流信号的差的第一项以后，通过控制本振场光与信号光的相对位相就可以得到正交分量的噪声谱[83]。

(3) 贝尔态探测

在连续变量量子光学实验中，常用贝尔态探测来测量纠缠态光场。它的原理如图 1.8 所示，它是直接将信号光束与光学参量振荡器（OPO）分离，通过一个不含本底振荡光的对半分频器来测量量子噪声，其信号光束比较弱，光功率通常在 50μW 左右。EPR 光束经过 50/50 分束器后得到光场 $\hat{c}$ 和 $\hat{d}$，则 $\hat{c}$ 和 $\hat{d}$ 表示为：

$$\hat{c}=\frac{1}{\sqrt{2}}(\hat{a}+\hat{b}) \tag{1.99}$$

$$\hat{d}=\frac{1}{\sqrt{2}}(\hat{a}-\hat{b}) \tag{1.100}$$

$\hat{c}$ 和 $\hat{d}$ 经过光电探测器 p1 和 p2 后，直流信号被用来锁定两束光的相对位相，交流信号经过射频分束器被分成相等的两部分，再通过加减法器相加和相减，可得到两束光的噪声信号公式

$$\delta^2 \hat{I}_+(\Omega)=\frac{\alpha^2}{2}\{\delta^2[\hat{X}_a(\Omega)+\hat{X}_b(\Omega)]\} \tag{1.101}$$

$$\delta^2 \hat{I}_-(\Omega)=\frac{\alpha^2}{2}\{\delta^2[\hat{Y}_a(\Omega)-\hat{Y}_b(\Omega)]\} \tag{1.102}$$

最后将两加减器输出的交流分量接入频谱分析仪，可得到两束光的正交振幅差噪声以及正交位相和噪声。

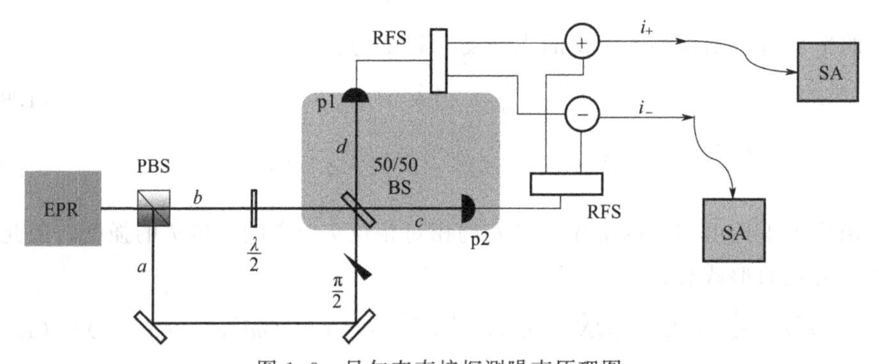

图 1.8 贝尔态直接探测噪声原理图

1.4 PDH 锁定技术

在连续变量量子光学实验中，经常需要把激光器和谐振腔相互锁定，例如将

光腔锁定在固定频率的激光器上，用来测量腔长的微小变化[84]。在进行压缩态的产生实验时，需要用到激光的频率作为基准，对光学腔体进行长期稳定、高精度锁定。20 世纪 80 年代，Pound 等人将微波的稳频技术引进到光频波段[85]，用来稳定激光频率和相位。此后，随着技术的不断精进，PDH 锁定技术使用越来越广泛，它是激光物理学、光谱学以及电子学相融合的产物，在连续变量量子光学实验中发挥着重要作用。

PDH 锁定技术利用谐振腔的共振频率作为参考频率标准，实现对激光频率的锁定。其核心原理是：通过相位调制技术，在激光频率的两侧各产生一个边频带[86]，将谐振腔的反射光信号与调制信号进行对比，并对其进行滤波放大，从而得到激光频率偏离谐振腔频率的误差信号[87]，之后，再利用该误差信号去驱动反馈控制系统，对激光器的某一参数进行调整，从而使激光器的频率稳定在光学谐振腔的谐振频率上[88]。同样，也可以利用单频激光器的频率来锁定外部谐振腔的腔长。在压缩态光场的产生实验中，一般采用激光的频率作为锁定谐振腔的参考标准。这里使用的 OPA 的带宽在 10MHz 左右，后续实验将使用频率范围为 2～10MHz 的压缩态光场。在腔带宽附近，由于边带信号不能有效地转换为强度信号，因此在实际的实验操作时，选择 15MHz 作为调制频率，此时调制信号对压缩程度影响较小，探测器噪声较小。其原理如图 1.9 所示。

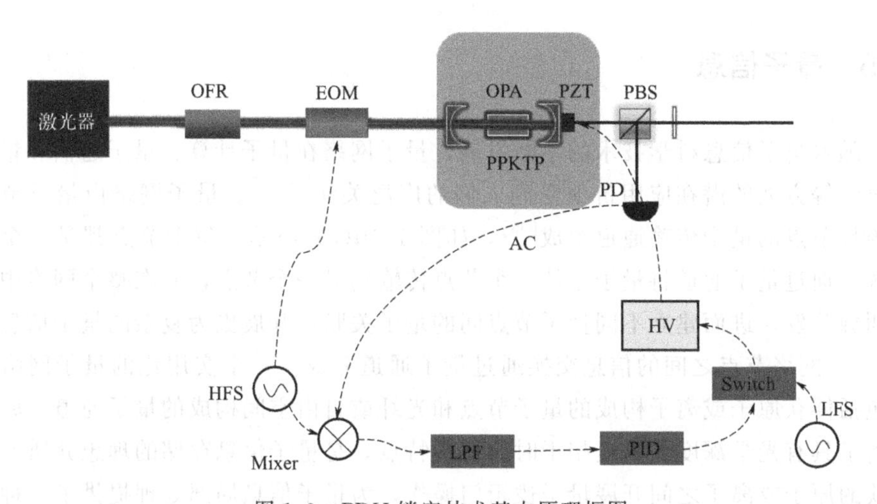

图 1.9　PDH 锁定技术基本原理框图

OFR—光隔离器；EOM—电光调制器；PZT—压电陶瓷；PBS—偏振分束棱镜；PD—光电探测器；HV—高压放大器；LFS—低频扫描信号源；PID—比例-积分-微分反馈控制器；LPF—低通滤波器；Mixer—混频器；HFS—高频信号源

一束激光经过 EOM 电光调制器进行相位调制，调制器的信号由高频信号源（HFS）提供。调制后的光场进入光学腔，并从腔中透射出，输出光场经过高反镜后的透射部分被光电探测器（PD）所接收，然后用于PDH的锁定，反射部分则通过平衡零拍探测器进行光场正交分量的测量。压电陶瓷（PZT）用来控制光学腔的腔长，该压电陶瓷（PZT）由低频扫描信号源（LFS）提供扫描信号或者由PID提供锁定信号，再经高压放大器（HV）驱动进行扫描或者锁定[89]。当扫描腔长时，可通过光电探测器PD获得腔的模式。利用光电探测器（PD）探测到的交流信号（AC）与高频信号进行混频，通过低通滤波器（LPF）后得到误差信号，最后利用PID控制将该误差信号处理后加载到压电陶瓷上，从而实现谐振腔的锁定。

为了提高PDH锁定技术的锁定精度和稳定性，就必须提高光电探测器对微弱信号的提取作用。然而，由于带宽以及噪声的限制，会导致现有的探测器探测系统的信噪比对信号的提取作用表现得并不突出，从而影响OPA腔长和种子光以及泵浦光之间相对位相的精确锁定，最后导致压缩态光场的压缩度无法提升。且受到集成芯片本身输入电压噪声以及输入电流噪声的影响，在对有用信号放大的过程中，探测器也会将噪声一起放大，这样就会使整个探测系统的性能下降。另外，光电检测器件大的结电容对探测器的噪声影响也比较大，也会极大影响系统的锁定稳定性。因此，研制一款提高PDH锁定精度和稳定性的高信噪比、低噪声的光电探测器显得尤为重要。

1.5 量子信息

随着量子信息科学技术的不断发展，量子网络在量子计算、量子通信和量子计量学等方面的潜在应用价值受到人们的广泛关注[90-94]。量子网络由量子节点和连接节点的量子传输通道组成[95]，如图1.10(a)所示。每个节点都是一个子系统，通过量子通道将量子态从一个节点传输到另一个节点，并在整个网络中进行纠缠分发，进而建立不同量子节点间的量子关联，开展更为复杂的量子信息操控[96]。网络节点之间的信息交换通过量子通道完成。一个实用化的量子网络通常包括俘获原子或离子构成的量子节点和光纤或自由空间构成的量子通道。原子和离子具有光学深度大、退相干时间长的特点，是量子信息存储的理想介质，在俘获的原子或离子之间开展量子逻辑门操作，为量子信息局部处理提供了一种可行的方案。量子比特可处在多个量子态的叠加态上，若这些量子态存在量子关联，则为开展高速的量子并行计算提供了重要基础。此外，在量子网络中，量子比特与外部环境的相互作用，会导致量子相干性减弱，即退相干[97]，因此，克服退相干是实现量子计算机的重要前提。

在量子网络中分配量子态所面临的主要问题是在单光子水平上实现对光和物质相互作用的相干控制。目前已提出多种在量子网络上分发量子信息的方案，如

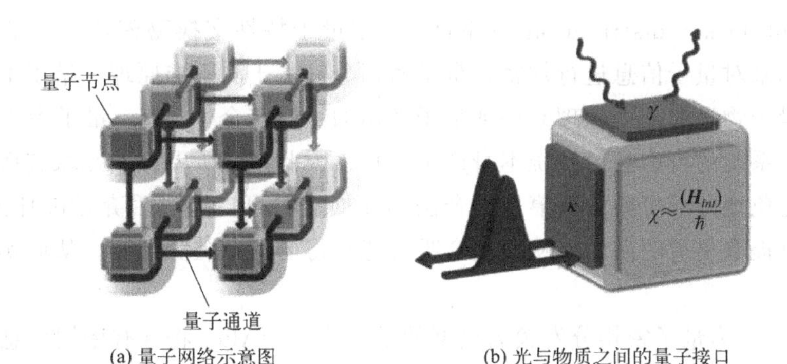

(a) 量子网络示意图　　(b) 光与物质之间的量子接口

图 1.10　量子网络与量子接口示意图

利用量子中继器[92,98]和包含原子系综的可扩展量子网络[99]。图 1.10(b) 为光与物质之间接口的示意图。该接口可用哈密顿量 $\boldsymbol{H}_{int}(t)$ 来描述，其表达式为 $\boldsymbol{H}_{int}(t)=\hbar\chi(t)$。式中，$\chi(t)$ 是内部材料系统与电磁场之间随时间演化的耦合强度。表征输入和输出通道带宽的速度 κ 应大于表征损耗的速率 γ，而这两个速率都应小于相干耦合的速率 χ。在量子接口和节点之间实现纠缠分发的物理系统如图 1.11 所示。在图 1.11 中，节点 A 处的单光子脉冲被相干分裂成两个纠缠分量，并传播到节点 B 和节点 C 中，然后通过量子态映射建立 B 节点和 C 节点间的量子纠缠，随后，在控制场的作用下使纠缠得到释放[96]。

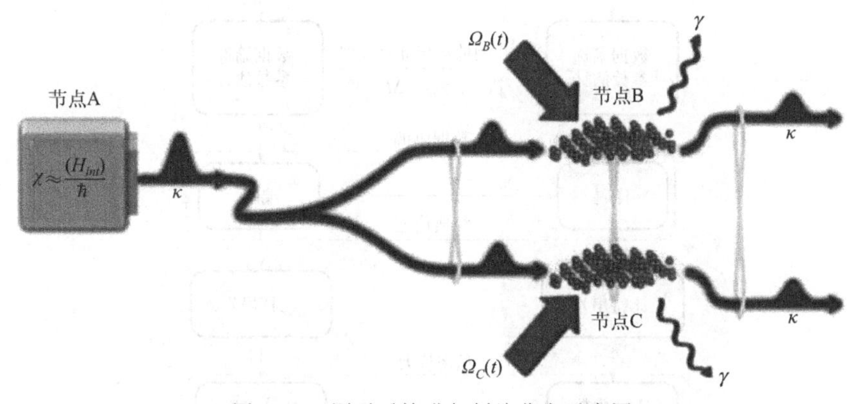

图 1.11　原子系综进行纠缠分发示意图

量子网络的发展已经取得了进展，相对于更为复杂的网络协议，目前的技术水平还需进一步提升，实现实用化的量子存储、局部量子信息处理、量子中继仍需进一步深入研究。

1.5.1　量子密钥分发

在量子网络的帮助下，量子密钥可以在不同户间实现安全共享。量子密钥分发（quantum key distribution，QKD）使用量子特性交换秘密信息，继而使用这些密钥来对量子信息进行加密，量子密钥分发基于测不准原理，量子不可克隆定理等量子物理的基本原理来保证量子密钥的绝对安全性[100]。量子力学中测量一个量子系统的行为会对系统本身产生干扰，因此，窃听者试图截取交换信息时将不可避免地留下可察觉的痕迹，合法的交换双方可以通过丢弃被破坏的信息，或者通过提取更短的密钥，从而使窃听者能获得的信息减少到零，从而实现安全通信。

图 1.12 为量子密钥分发较为典型的示意图。①Alice 将含有密钥信息的量子态调制到信息载体光场上，通过量子信道传送给 Bob。②Bob 随机切换测量机对量子态进行测量，双方得到一组关联的裸码。Bob 在经典通道公开测量基与部分数据，Alice 对数据进行筛选，对信道参数估计。③通信双方利用数据协调技术，进行数据纠错，从而共享一组完全一致的比特串。④最后通过私密放大技术对可能被 EVE 窃取的密钥信息进行剔除，最终使合法通信双方共享一组安全密钥。

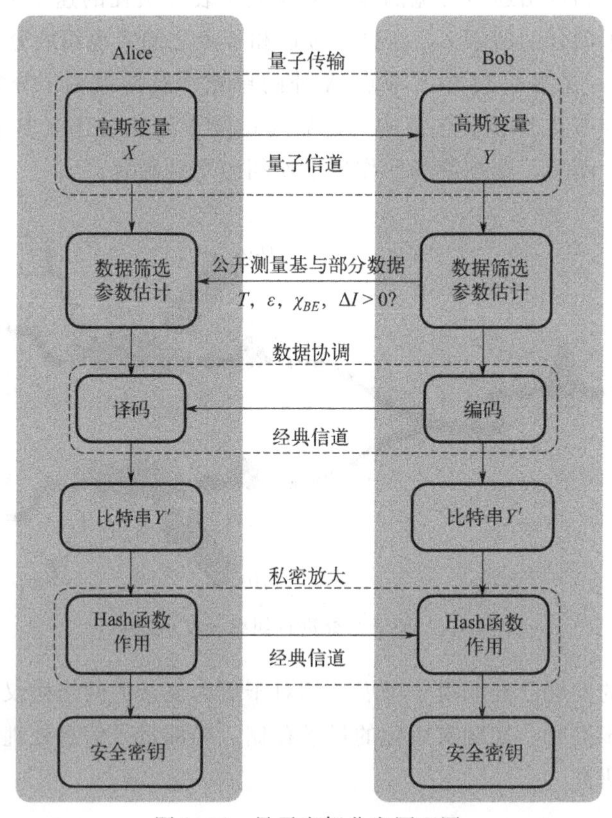

图 1.12　量子密钥分发原理图

根据编码所用物理量是分离谱还是连续谱，将量子密钥分发分为分离变量量子密钥分发和连续变量量子密钥分发。1984年，美国的Bennett和加拿大的Brassard首次提出了量子密钥分发协议，这也是目前使用比较广泛且其安全性在后来得到严格证明的离散变量密钥分发协议——BB84协议[101]，同年Bennett在实验上对其进行了验证，标志着量子密码学就此诞生，随后国内外许多小组开展了相关研究工作。而第一个基于量子纠缠的量子密钥分发协议是1991年由英国的Ekert提出的E91协议[53]。1992年，Bennett和Brassard在BB84协议的基础上进行了改进，提出了B92协议[91]，1993年，瑞士日内瓦大学的Gisin小组完成了偏振编码1.1km的量子密钥分发实验[102]，2002年，德国慕尼黑大学的Rarity小组实现了23.4km的自由空间量子密钥分发实验[103]。2004年，日本的Shields等人利用不等臂M-Z干涉仪和偏振结合技术在实验室内实现了122km的相位编码量子密钥分发，将之前相位编码方案的效率提高了一倍[104]。2005年，中国科学技术大学（中科大）郭光灿院士团队采用不等臂干涉仪在商用光纤中实现了125km的量子密钥分发实验[105]，2007年，中科大潘建伟院士团队实现了超过100km的量子密钥分发实验，利用诱骗态协议抵御光子数分离攻击[106]。随着量子密码学的飞速发展，人们还相继在理论和实验方面开展了对量子秘密共享、量子会议、量子身份认证、量子数字签名等的研究[44,107-109]。

同时人们也开展了连续变量量子密钥分发的相关研究工作，连续变量密钥分发探测技术较为成熟，系统较为简单。最初澳大利亚的Ralph等人于1999年首先提出了连续变量密钥分发概念[110]，此后人们分别利用连续变量相干态、压缩态以及纠缠态光场实现了量子密钥分发。2000年，Hillery等人利用连续变量压缩态作为信号载体实现了连续变量量子密钥分发方案[111]。2003年，法国Grosshans等人以高斯调制的连续变量相干态为载体实现了自由空间的量子密钥分发[112]。2007年，Lodewyck等人继续对其装置进行了改进，实现了25km传输距离的量子密钥分发，他们的安全密钥速率为2kbit/s[113]。2013年，山西大学李永民小组实现了通信距离为30km的全光纤连续变量量子密钥分发，安全密钥速率为1kbit/s[114,115]。2017年，他们小组利用高斯调制相干态光场实现了50km光纤量子密钥分发[116]。

相较于相干态光场，在同样的安全密钥速率下，利用纠缠态光场其传输距离可以提高几十到几百倍，在同样的传输距离下，其安全密钥速率比相干态光场更高。2000年，澳大利亚的Reid等人首次提出利用EPR纠缠光场作为信号载体进行连续变量量子密钥分发的方案[117]。2009年，笔者课题组利用无调制的EPR纠缠态作为载体实现了量子密钥分发，安全密钥速率达到了84kbit/s[118]。2015年，德国的Gehring等人利用调制EPR光场实现了具有组合安全性且和接收方设备无关的量子密钥分发[119]。

1.5.2 量子中继

目前，量子密钥分发已由实验室走向了实用化，世界上多个国家实现了远距离量子密钥分发，例如 BBN 科技实验室建造了 DARPA 量子网络[120]，基于量子密码学的 SECOQC 维也纳量子密钥分发网络[121]，我国于 2016 年发射的世界首颗量子卫星墨子号等。长距离的量子密钥分发对于国家安全有着重要战略意义，但长距离量子通信有其制约因素，其本质是连接量子节点间的量子通道对携带的量子信息的光场的衰减。光场传输速度快，不易受环境影响等特点，是量子信息的理想载体。但是不可忽视的是量子信道不论是光纤还是大气等，都对光场有吸收和散射等作用，例如光纤对量子信息有 e 指数衰减 $P=\mathrm{e}^{-0.02l}$，其中 P 为信息到达接收端的概率，这些衰减作用会导致量子信息在远距离传输后被淹没在噪声中，抑制了量子信息的远距离传输。为了解决这一问题，量子中继的概念被提出来[98]，其中心思想是使量子信道的指数衰减变为多项式衰减，其本身与量子密钥传输协议是独立的，只负责为两端通信成功分发一定保真度的纠缠光子对，然后通信方继续利用这组纠缠光子对进行密钥分发。

量子中继以纠缠交换和量子存储为基础，首先介绍纠缠交换的相关概念。纠缠交换最初是由 Zukowski 等人于 1993 年提出的[122]，假设最初有两对纠缠粒子 A、B 和 C、D，起初 A、B 之间，C、D 之间两两纠缠，通过对 B 和 C 进行贝尔态联合测量，量子态的坍缩使 A 和 D 之间建立纠缠，完成纠缠交换。

最初量子中继的方案是 Zoller 等人提出的[98]，其原理如图 1.13 所示。

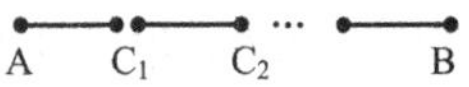

A C_1 C_2 … B

图 1.13 量子中继原理图

如图 1.13，A、B 之间的量子信道被分为 2^n 段，设其中每一段的信道衰减都非常小，在每一段距离内可以分配纠缠态并使其保真度能满足某一门限的要求。图 1.13 中每一个点代表一个量子存储节点。每一段的两个节点间分发纠缠对时，在两个节点进行量子存储，同时进行纠缠提纯。当相邻节点间建立纠缠后，使用纠缠交换使非相邻节点间也建立纠缠，直到建立 A、B 之间的量子纠缠。这就是量子中继的基本过程。量子中继的两个核心内容是纠缠交换和量子存储，下面详细介绍量子存储的相关概念。

1.5.3 量子存储

由前面的介绍我们知道要实现远距离的量子信息传递需要量子中继，而量子中继的基础就是量子存储，只有实现高效率、稳定的量子存储，才能实现量子网络的构建。一般来讲，量子存储的目的是实现量子态的写入和读出，一个实用化的量子存储器应可实现对单光子、连续变量相干态、连续变量相干态压缩态光场以及连续变量相干态纠缠态光场等的存储。量子存储最主要的应用有构建量子网络[95]，实现远距离量子通信[99]，实现基于量子逻辑门的量子计算[123]，以及实现量子精密测量[124]。

随着量子信息科学技术的进步，人们实现了多种形式的量子存储，衡量量子存储的指标主要有保真度、存储时间、存储效率以及存储容量和带宽等。保真度是量子存储的一个重要指标，它指存储释放量子态和存储前的量子态的重叠情况[125,126]，即若存储的保真度高于经典手段所能达到的最大保真度，那么就实现了量子传输或者量子存储。一般人们通过计算存储前后量子态的密度算符来估算量子存储的保真度。此外存储效率、存储时间等都是人们关心的指标，存储效率指存储后释放光场和存储前光场强度的比值，可通过光电探测器对光场强度进行累加计算。而存储时间指存储后释放光场与存储前光场的时间差，人们希望得到较长的存储时间，同时还要保证光场的噪声在存储过程中不被放大。存储容量指存储器存储量子不确定态的能力，高性能的量子存储器应该可以实现对高维度量子信息的存储[123]。存储带宽指一个存储器的频率和空间模式带宽。不同的存储介质可以实现不同波长光场的量子存储，例如铷原子和铯原子气体对应波长为795nm[127] 和 852nm 波段[128]，Nd：Y_2SiO_5 晶体对应 883nm 波段[129]。

量子存储常用的存储介质有单原子、离子系统、碱金属气体、掺杂晶体以及光力振子等，一般存储介质要求有光学厚度大，与光场有强的相互作用，相干时间长，可较长时间保存量子态，易于被局限于空间某处等特点。其中气态原子系综存储方法主要有：电磁感应透明效应（EIT）[130,131]、激光拉曼散射[132,133]、梯度回波[134,135]、法拉第效应[136,137] 等，固体介质常用的存储方法有原子频率梳[138]、光子回波[134,135] 以及频率非均匀展宽等[139,140]。下面具体介绍几种常用典型的存储方法。

（1）基于 EIT 效应的量子存储模型

最初，EIT 概念是由 Harris 等人在 1990 年提出来的[130]，他们利用原子相干性实现了无反转激光。典型的 EIT 效应可以用三能级系统演示，如图 1.14 所示。

图 1.14 为三能级 Λ 型原子系统，$|1\rangle$、$|3\rangle$为两个基态，$|2\rangle$为激发态，Γ_3为两个基态$|1\rangle$、$|3\rangle$间的退相干速率，非常小。弱信号光作用在基态$|1\rangle$和激发态$|2\rangle$ 之间，与其原子跃迁频率共振，原子会吸收探针光，并且被泵浦到激发态$|2\rangle$ 上，此时如果在基态$|3\rangle$ 和激发态$|2\rangle$ 间加一束与原子跃迁频率共振的强控制光，则两个跃迁通道会发生破坏性干涉，导致原子处于激发态$|2\rangle$ 上的概率为 0，原子被俘获在基态上，不会向高能级继续跃迁，形成所谓暗态。此时观测

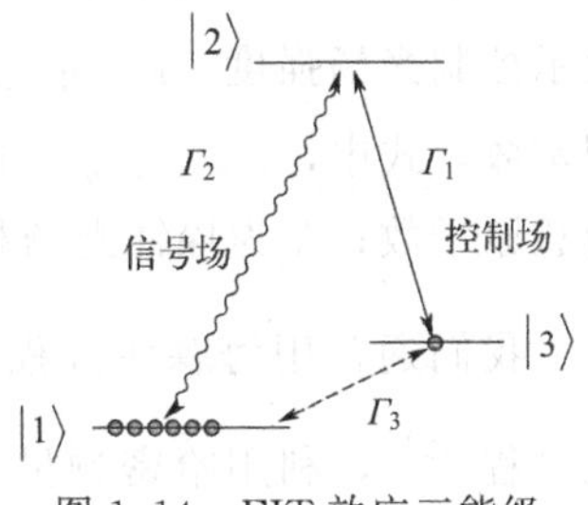

图 1.14　EIT 效应三能级原子系统

原子对信号光的吸收谱可以看到探针光在原子共振频率处透明（没有被吸收），这就是电磁感应透明现象（EIT）。

在强控制光作用下，利用EIT效应可实现信号光场与原子系综的相互映射。当注入强的控制光场时，信号光脉冲被减速和压缩，并且量子态被写入原子系综中，此时关闭控制光，信号光减速到0，量子态被映射到原子系综中，最后再打开控制光，此时原子又对信号光场透明，将原子中的信号光场释放出来。利用EIT效应可实现量子态在原子系综中的“读”和“写”。

信号光场可用湮灭算符表示，其正交振幅 $\hat{X}_{ap}$ 和位相分量 $\hat{P}_{ap}$ 可用湮灭算符 $\hat{a}_p$ 的实部和虚部表示，如式(1.103)所示：

$$\hat{X}_{ap}=\frac{1}{2}(\hat{a}_p+\hat{a}_p^{\dagger})$$

$$\hat{P}_{ap}=\frac{1}{2\mathrm{i}}(\hat{a}_p-\hat{a}_p^{\dagger}) \tag{1.103}$$

原子集合自旋波通常用Stokes分量描述，原子的正交振幅分量 $\hat{X}_s$ 和正交位相分量 $\hat{P}_s$ 可用原子集合自旋波算符 $\hat{S}$ 的实部和虚部的值表示，如式(1.104)所示：

$$\hat{X}_s=\hat{S}_y\Big/\sqrt{\langle\hat{S}_x\rangle}$$

$$\hat{P}_s=\hat{S}_z\Big/\sqrt{\langle\hat{S}_x\rangle} \tag{1.104}$$

利用EIT介质，光场的量子态可以在原子自旋波中实现存储和释放，即信号光量子态起伏可映射到原子的自旋波起伏上，原子的自旋波起伏也可以映射到光场的量子态起伏上。

信号光和原子系综相互作用的哈密顿量通常用光学分束器模型来描述，它可以表示为[141]：

$$\hat{\boldsymbol{H}}_{EIT}=\mathrm{i}\hbar\kappa A_C^*\hat{a}_p\hat{S}^+-\mathrm{i}\hbar\kappa A_C\hat{a}_p^{\dagger}\hat{S} \tag{1.105}$$

式中，$\hat{a}_p$ 为信号光场；$\hat{S}=(1/\sqrt{N_a})\sum_i|g\rangle_{i\,i}\langle m|$ 为原子集合自旋波，κ 为光与原子相互作用常数，由于 $\hat{a}_c^2\gg\hat{a}_p^2$，所以可把控制光看作经典光场；$A_C$ 表示控制光场强度。$\kappa=g_{eg}g_{em}^*\sqrt{N_a}/\Delta$，为信号光和原子集合自旋波的相互作用常数，式中，$g_{eg}$、$g_{em}^*$ 为探针光场和集合原子自旋波之间的耦合系数；N_a 为总原子数；Δ 为探针光场和原子能级的失谐量。

我们通常用海森堡方程 $\mathrm{i}\hbar\frac{\mathrm{d}}{\mathrm{d}t}\hat{O}(t)=[\hat{O}(t),\hat{\boldsymbol{H}}]$ 来描述力学量随时间的演化过程[127]，利用哈密顿量求解海森堡方程，可以得到原子集合自旋波正交振幅和位相分量 $\hat{X}_s^{out}$、$\hat{P}_s^{out}$ 以及释放光场的正交振幅位相分量 $\hat{X}_{ap}^{out}$、$\hat{P}_{ap}^{out}$ 的表

达式：

$$
\begin{aligned}
\hat{X}_s^{out} &= \hat{X}_{ap}^{in}\sin\chi + \hat{X}_s^{vac}\cos\chi = \sqrt{\eta_1}\,\hat{X}_{ap}^{in} + \sqrt{1-\eta_1}\,\hat{X}_s^{vac} \\
\hat{P}_s^{out} &= \hat{P}_{ap}^{in}\sin\chi + \hat{P}_s^{vac}\cos\chi = \sqrt{\eta_1}\,\hat{P}_{ap}^{in} + \sqrt{1-\eta_1}\,\hat{P}_s^{vac} \\
\hat{X}_{ap}^{out} &= -\hat{X}_s^{in}\sin\chi + \hat{X}_{ap}^{va}\cos\chi = -\sqrt{\eta_1}\,\hat{X}_s^{in} + \sqrt{1-\eta_1}\,\hat{X}_{ap}^{vac} \\
\hat{P}_{ap}^{out} &= -\hat{P}_s^{in}\sin\chi + \hat{P}_{ap}^{vac}\cos\chi = -\sqrt{\eta_1}\,\hat{P}_s^{in} + \sqrt{1-\eta_1}\,\hat{P}_{ap}^{vac}
\end{aligned} \tag{1.106}
$$

式中，χ 为光和原子相互作用参量，其依赖于相互作用常数 κ、控制光场强度 A_c，以及相互作用时间 τ；$\chi=\kappa A_C\tau$；$\hat{X}_{ap}^{in}$、$\hat{P}_{ap}^{in}$ 为注入信号光场的正交振幅和位相分量；$\hat{X}_s^{vac}$、$\hat{P}_s^{vac}$ 为由于信号光在原子系综映射效率而引入的真空噪声；$\eta_1=\sin\chi^2$ 为存储（释放）效率，所以总的存储释放效率为 η_1^2。

（2）基于拉曼散射的量子存储

原子拉曼双光子跃迁是拉曼存储的基础，控制光与原子失谐远大于激发态自然线宽，如图 1.15 所示，$|1\rangle$ 为基态，$|2\rangle$ 为激发态，$|3\rangle$ 为亚稳态，虚线为单光子失谐为 Δ 的虚能态，当打开控制光场时，介质被激发到虚能态上，如果此时注入信号光场且光场满足双光子共振条件时，信号光场会经过虚能态而最后回到亚稳态 $|3\rangle$，实现光子的存储，当再次打开控制光场时，得以再次建立虚能级，原子态直接转换为光子释放。实验中可增加控制光功率或者提高原子系综的光学厚度来加宽虚能态的带宽。利用拉曼过程可实现超短光脉冲的高速量子存储。

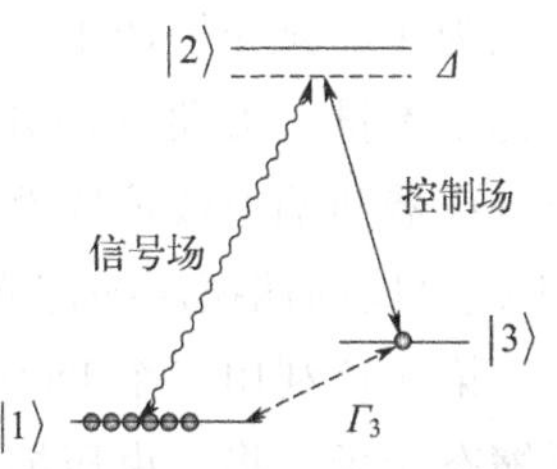

图 1.15　拉曼散射三能级系统示意图

（3）基于光子回波和梯度回波的量子存储

光子回波和梯度回波的原理类似，在一个非均匀展宽的二能级系统中，原子因为吸收光子而跃迁到激发态。如果在时刻 t 注入 π 脉冲的泵浦光场，则原子态会反向演化，在 $2t$ 时刻原子态会重相位化而辐射出一个光子。但这种方案的弊端是泵浦光脉冲会引入较大的自发辐射噪声。

总体来说，原子系综和单原子是量子存储常用的存储介质，其中原子系综又分为冷原子系综和热原子系综，冷原子系综通过激光冷却降低原子温度，进而减弱原子间的相互碰撞和原子扩散等来延长相干时间，具有存储效率高、保真度高、存储时间长的优点，但冷原子系统庞大，且存储带宽窄。热原子系统比较简单，实现存储的方案也很多，但不可忽视的一点是热原子运动引起的退相干现象较为明显。对于单原子，为了提高原子与光场的相互作用强度，一般将其置于高精度腔内，即利用 QED 实现量子态的存储，所以可根据自身实验目的和条件选取合适的存储方案。

1.6 本书主要内容及章节安排

本书主要进行与铷原子 D1 线相匹配的连续变量非经典光场的制备研究，利用电磁感应透明效应执行非经典光场的量子存储，建立三个铷原子系综之间的量子纠缠，并在三个独立的量子通道中完成纠缠检测；分析整个系统中存在的不稳定因素，对影响 PDH 锁定技术稳定性的因素进行详细研究，并提出利用自举放大技术极大降低探测器的噪声，有效提高探测器的信噪比；利用连续变量多组分偏振纠缠开展量子网络中确定性的纠缠分发研究方案。本书分为以下部分：

第 1 章首先介绍光场的量子化、非线性光学基础、量子态光场（包含量子态、相干态、四种压缩态以及压缩态的检测方法）等基础知识；其次基于前期的了解，介绍量子密钥分发、量子中继、量子存储的基本原理、实现方式以及国内外研究进展。

第 2 章首先建立外腔倍频系统，用 1W 的基频光泵浦，获得 380mW 的波长为 398nm 的紫外激光，并利用热辐射扩散模型量化热效应的作用，获得的紫外激光为非经典光场产生提供了泵浦源。其次利用 398nm 紫外光场泵浦两个非简并光学参量放大器（DOPA），得到两束波长为 795nm 的正交振幅压缩态光场，经分束器和偏振棱镜线性变换，通过对入射光场的位相控制，分别得到与铷原子 D1 线对应的偏振压缩态光场和两组分偏振纠缠态光场。

第 3 章利用三个 DOPA 分别产生两束正交振幅压缩态光场和一束正交位相压缩态光场。将三束压缩态光场及三束相干态光场在特别设计的分束器网络上耦合，第一次实验制备了连续变量三组分偏振纠缠态光场。利用电磁感应透明效应实现三组分纠缠态光场在三个彼此距离 2.6m 的铷原子系综中的存储，建立三个原子系综间的量子纠缠，实现三组分正交纠缠态光场在三个铷原子系综内的量子存储，并实现原子系综间的量子纠缠。

第 4 章定量分析光电二极管大的结电容对探测器噪声的影响，提出利用自举放大技术，可极大地降低探测器的噪声，并有效提高探测器的信噪比。设计几种合适的放大电路，分别理论计算其噪声模型，重点关注影响高频噪声的元件参数，根据计算的元件参数，评估每种电路的特点与不足，最终确定跨阻抗放大电路的设计方法。基于以上理论研究，成功研制出一种基于跨阻抗放大器（TIA）电路和两级自举放大器电路组合的高信噪比低噪声光电探测器。

第 5 章开展采用非简并光学参量放大器系统和分束器网络制备四组分 Greenberger-Horne-Zeilinger-like（GHZ-like）偏振纠缠态和四组分类 Cluster 偏振纠缠态的原理研究，提出四组分偏振纠缠判据。基于提出的四组分偏振纠缠判据，开展利用连续变量四组分类 GHZ 偏振纠缠态和四组分类 Cluster 偏振纠缠态在长距离通信光纤中进行四用户间的确定性纠缠分发的研究。

第2章

紫外光场及单组分压缩态光场

2.1 概述

随着原子、分子和光物理的发展，光与物质相互作用得到人们的广泛研究与关注。光是量子信息的载体，原子是量子信息储存的介质，光与原子之间量子态的相互传递成为量子领域的热门课题之一。其中，Rb原子是有效的量子存储介质之一，为了得到与铷原子D1线对应的非经典光场，可以对795nm红外激光进行二次谐波，将其作为光学参量放大器的泵浦光场，然后通过若干光学参量放大器以及50/50分束器得到795nm的纠缠态光场，继而利用Rb原子作为量子信息储存装置，开展光场量子态储存的研究。因此，795nm红外激光二次谐波的产生是制备与铷原子D1线对应的非经典光场的重要基础。

目前获得二次谐波输出的办法有两种：内腔倍频和外腔倍频，各有特点，其中内腔倍频技术的优点是其谐振腔内的激光功率密度较高，因而倍频效率较高。但缺点是激光产生过程与倍频过程可能会发生相互干扰。为了得到较稳定的倍频光场，1966年，Ashkin等人首先提出了外腔谐振倍频的相关概念[142]。其中心思想就是利用倍频晶体和光学谐振腔在激光谐振腔外建立一个独立的专门用来产生倍频光场的光学腔体，其优点是实现了倍频腔和激光谐振腔最大限度的分离，通过在光路中添加隔离器等，可保证二者互不干扰，这样，当激光器处于单纵模运行状态时，倍频腔也一定处于单纵模状态，即可让它们同时处于最佳工作状态。2006年，日本的Furusawa小组首先利用PPKTP晶体，在注入285mW的795nm光场后获得了105mW的398nm倍频紫外光场，倍频效率36.8%[143]；2007年，澳大利亚国立大学的Lam小组利用PPKTP晶体得到了50mW的398nm紫外光场[62]；2008年，西班牙的Predojević等人获得了45mW的398nm

倍频光场[144]。2013年，笔者课题组利用PPKTP晶体得到了118mW的398nm紫外激光[51]；2014年，山西大学王军民小组在低功率条件下利用PPKTP晶体作为非线性介质实现了398nm紫外激光制备，分别利用半整块腔和环形腔得到了32%和41%的倍频效率[145]，同年利用四镜环形腔实现了倍频效率为43%的紫外光场制备[146]。2015年，山西大学王军民小组利用外腔倍频实现了398nm光场58.1%的倍频效率[42]，此外近期笔者课题组利用外腔倍频技术得到了408mW的398nm激光[24]。

在实验中，拟进行795nm非经典光场制备，需要稳定且光束质量好的高功率倍频光场泵浦多个光学参量放大器。实验中基频光采用由钛宝石激光器输出的795nm单纵模连续光场，但由于钛宝石激光器中加入了标准具、双折射滤波片等限制线宽的元件，如果再加入倍频晶体，倍频晶体的双折射效应会对钛宝石激光器的稳定运行造成不利影响，因此采取外腔谐振倍频的方法进行二次谐波的产生。其中倍频腔采用四镜环形腔结构，倍频晶体选用PPKTP晶体，通过调节腔型与晶体控温炉温度，在注入627mW、795nm光场时获得了279mW、398nm倍频光场，倍频效率为44.5%，在注入1W的基频光时，可以得到380mW、398nm紫外光场。

2.2 398nm紫外激光的制备

2.2.1 基础理论分析

对于二次谐波过程这里不再赘述，以下会从倍频腔型设计以及倍频晶体选择出发介绍相关理论。

由于基频光单次通过晶体时倍频效率很低，所以，如图2.1所示，实验中采用环形腔结构来得到高效稳定的398nm倍频光。环形腔的特点主要有：可避免两个频率之间的相互干扰，保证了单一输出；结构灵活，方便调节和探测。

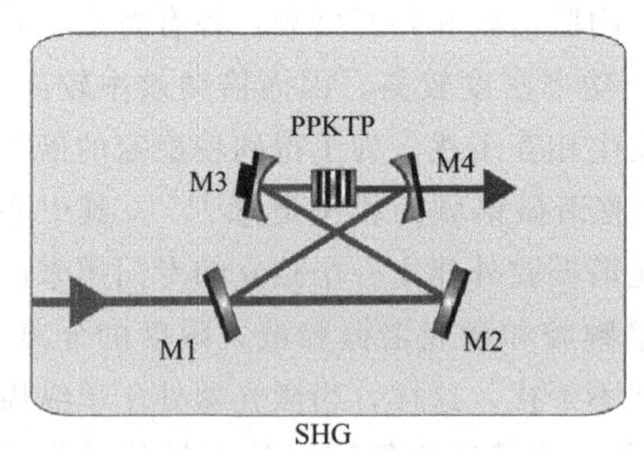

图2.1 倍频腔结构图

入射光经过共焦腔后，其增强因子为：

$$S=\frac{P_C}{P_1}=\frac{T}{[1-\sqrt{(1-T)(1-L)(1-\Gamma P_C)}]^2} \tag{2.1}$$

式中，P_1 与 P_C 分别为输入光场和腔内往返基频光场；T 为输入耦合因子；L 为腔内分布式部分往返被动损耗（不包括 T）；Γ 为所有的非线性损耗，可写为 $\Gamma = E_{NL} + \Gamma_{abs}$，其中第一项为弱转换效率（$E_{NL} < 2\%$），例如单次通过晶体时有 $P_2 = E_{NL} P_C^2$，P_{abs} 为晶体吸收的二次谐波能量，可写为 $P_{abs} = \Gamma_{abs} P_C^2$。

输入镜的最佳透射率为：

$$T_{opt} = \frac{L}{2} + \sqrt{\left(\frac{L}{2}\right)^2 + \Gamma P_1} \tag{2.2}$$

通常影响倍频效率的因素有：晶体的非线性转化效率 E_{NL}，腔内往返的线性损耗 L，以及晶体的热效应。

晶体的非线性转化效率 E_{NL} 由 Boyed 与 Kleinman 给出：

$$E_{NL} = \frac{4\omega^2 {d_{eff}}^2 L_c}{\varepsilon_0 c^3 \lambda_1 n_1 n_2} h(\alpha, \xi, \sigma) \exp[-(\alpha_1 + \alpha_2/2) L_c] \tag{2.3}$$

式中，$h(\alpha, \xi, \sigma) = \frac{1}{2\xi} \int_{-\xi/2}^{+\xi/2} \int \mathrm{d}\tau \mathrm{d}\tau' \frac{\exp[-\alpha(\tau + \tau' + \xi) - \mathrm{i}\sigma(\tau - \tau')]}{(1 + \mathrm{i}\tau)(1 - \mathrm{i}\tau')}$；$\alpha_1$ 和 α_2 分别为晶体对基频光场和倍频光场的线性吸收系数，$\alpha = (\alpha_1 - \alpha_2/2) Z_R$，$Z_R$ 为瑞利长度；$\xi = L_c / Z_R$ 为聚焦参数；$\sigma = \Delta k Z_R$ 为一化波矢失配，$\Delta k = k_2 - 2k_1 - 2\pi/\Lambda$，$\Lambda$ 为倍频晶体光栅周期。

从上式可以看出晶体的非线性转化效率是晶体的非线性系数 d_{eff}、晶体长度 L_c 以及腔内光束的腰斑大小 ω_0（瑞利长度 Z_R 与光束的腰斑大小 ω_0 密切相关，此处只列出影响晶体非线性转化效率的因素）等的函数。

为了降低腔内损耗，提高转化效率，主要方法是提高模式匹配效率，提高腔镜高反膜以及晶体表面增透膜的镀膜质量。同时，还需选取合适强度的基频光功率以及腔内腰斑 ω_0，太低的基频光功率和太大的腰斑难以得到足够功率的倍频光场，而太高的基频光场和太小的腰斑往往会导致热透镜效应以及双稳态效应，使倍频腔的倍频效率下降，锁定困难。

实际中，选择倍频晶体主要要考虑以下几个因素：①非线性系数要高；②没有走离效应；③自身损耗要小；④倍频光束质量好。目前实验中常用的非线性晶体有 $KNbO_3$、PPLN、LBO、BBO 以及 PPKTP 晶体。要实现 $KNbO_3$ 晶体在 795nm 波段的相位匹配，需在大于 100℃时才可达成，其控温技术比较繁杂，需要进行专门处理，$KNbO_3$ 晶体传播窗口为 400nm，所以用其产生 398nm 倍频光时会有严重的吸收，并且对于 398nm 波段，$KNbO_3$ 会出现走离效应，导致倍频光场光斑变为椭圆甚至产生高阶横模[147]。对于 PPLN 晶体，在倍频过程中有较强的光折变损伤，而 LBO、BBO 这两种晶体的非线性系数较低，$d_{eff} < 1$pm/V。经综合考虑选择 PPKTP 晶体，PPKTP 晶体有较高的非线性系数 $d_{eff} \approx 7 \sim 9$pm/V，

实验中使用的 PPKTP 晶体非线性系数 $d_{eff} \approx 9.5\text{pm/V}$[148]，它不会出现 BLLIIRA 现象[149]。此外，795nm 能满足 PPKTP 晶体的传播窗口，且其在室温下没有光折变损伤。另外，795nm 光场在 PPKTP 晶体中传播时的吸收损耗也很小，小于 1%/cm[150]，但不能忽视的是 PPKTP 晶体在 398nm 处有 $\alpha \approx 16\%$[151] 的吸收。综上所述，PPKTP 适合用作倍频晶体，用于产生 398nm 倍频光场。

2.2.2 实验装置搭建

实验装置如图 2.2 所示，实验采用太原山大宇光科技有限公司生产的全固化单波长输出 DPSS-FGVIIIB 单频输出激光器，输出功率为 20W、波长为 532nm 的绿光来泵浦相干公司生产的 MBR110 钛宝石激光器，得到 3.6W 的 795nm 光场，相比于半导体激光器，钛宝石激光器输出的单纵膜光场噪声较低。钛宝石激光器输出的 795nm 光场通过调制器加调制信号，通过隔离器后注入倍频腔，隔离器可以阻止反射光场对激光器稳定性造成影响。倍频腔为由两片曲率半径为 100mm 凹镜和两片平镜组成的四镜环形腔，腔长为 564mm 左右。采用弱聚焦方式避免热透镜效应导致的倍频效率下降，因此控制腰斑大小为 32μm，而理论最佳转换效率腰斑为 21μm。倍频腔输入耦合镜对 795nm 光场透射率为 13%，其余腔镜对 795nm 光场均高反，输出耦合镜对 398nm 光场增透，压电陶瓷安装于 M3 上，用于实现腔长扫描和锁定。1mm×2mm×10mm 的 PPKTP 晶体两端均镀有 795nm 和 398nm 光场的增透膜，晶体被放置在两凹镜中间的紫铜控温炉内，控温仪采用太原山大宇光科技有限公司生产的高精度温度控制仪，控温精度 0.01℃。用 PDH 边带锁频法来锁定腔长，使其与基频光场共振。利用双色镜将 398nm 光场和 795nm 光场分开后注入相干公司生产的 Field Mate 功率计中进行测量。

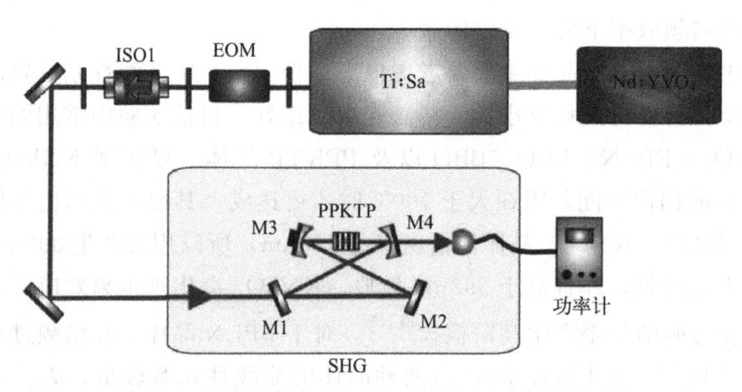

图 2.2 外腔倍频产生 398nm 紫外光场实验装置图

2.2.3 实验结果测量及分析

（1）实验结果测量

如图 2.3 所示，实验中，去除腔的输入镜，测量注入不同功率基频光场时，单次通过倍频晶体时晶体的非线性转化效率 E_{NL}，其值为 1.28%/W，与实验测量数据完美拟合。

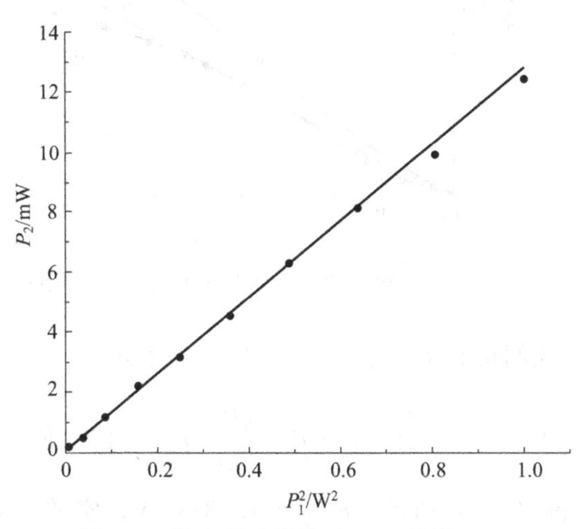

图 2.3　单次通过晶体时 E_{NL} 曲线

如图 2.4 所示为倍频效率图，当注入基频光场为 627mW 时，可以得到稳定输出倍频效率达到 44.5% 的 279mW 倍频光场，注入 1W 基频光场时得到 380mW、398nm 倍频光场。

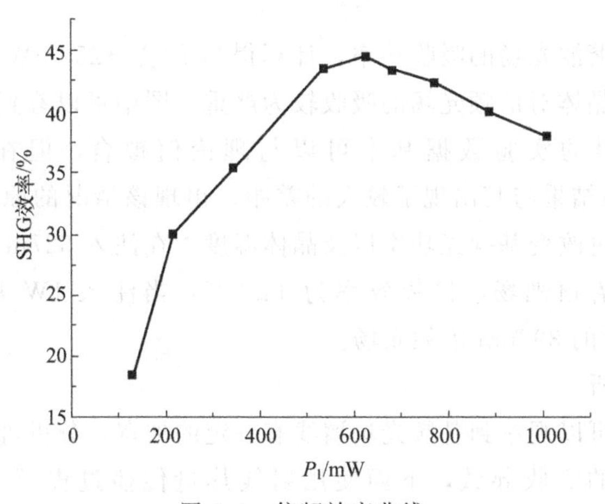

图 2.4　倍频效率曲线

图 2.5 为二次谐波产生随基频光场功率的变化图，图中▲曲线为不考虑晶体

吸收的理论倍频曲线，黑色曲线为考虑晶体对倍频光场吸收后的理论输出曲线，-■-曲线为实际测得的倍频曲线。

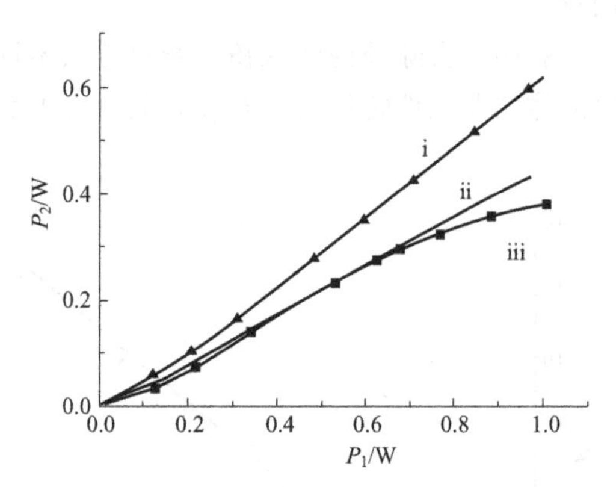

图 2.5　二次谐波产生随基频光场功率变化图

由式(2.1)，我们得到 P_1 与 P_2 满足以下关系式：

$$\sqrt{\eta}\left[2-\sqrt{1-T}\left(2-L-\Gamma\sqrt{\frac{\eta P_1}{E_{NL}}}\right)\right]^2-4T\sqrt{E_{NL}P_1}=0 \qquad (2.4)$$

由式(2.2) 得 $T_{opt}=13\%$，$E_{NL}=1.28\%/\mathrm{W}$，实验测得 $L=0.9\%$，$\eta=P_2/P_1$，得到理论上 P_1 与 P_2 的关系曲线，为图 2.5 中-▲-曲线，在实验中测得的数据为方形散点曲线。

通过式(2.1) ～式(2.3) 以及式(2.5)：

$$P_{2\omega}^{abs}=\alpha_{2\omega}\int_0^{L_C}P_{2\omega}(z)\mathrm{d}z^{[2,12]} \qquad (2.5)$$

得到晶体对二次谐波光场的吸收功率，计算得当 $P_{398}^{abs}\approx 250\mathrm{mW}$ 时，即在基频光场功率较高时，晶体对倍频光场的吸收较为严重。图中可以看到在基频光场小于650mW 时，测得的实验数据基本可以与理论值拟合，但在基频光场大于650mW 后，实验结果与其出现了较大的差距，出现该情况的原因会在后面进行分析。实验中通过改变基频光功率以及晶体温度，在注入 627mW 的基频光场时得到 279mW 的倍频光场，倍频效率为 44.5%，当注入 1W 基频光场时得到380mW 稳定输出的 398nm 倍频光场。

(2) 结果分析

在实验中，可以观察到基频光场谱线有一定的加宽，分析可能是晶体对基频光场和倍频光场的吸收导致，下面使用射线热量传播过程模型来量化热效应因素[152]。

假设 PPKTP 可等价为一个圆柱体，其半径为 PPKTP 晶体厚度的一半，$r_0=$

0.5mm。由基频光场吸收导致的热量变化可写为：

$$\Delta T \equiv T - T_0 = \Delta T_0 - \frac{1}{2}\rho r^2 \tag{2.6}$$

式中，T_0 为准相位匹配温度；r 为半径坐标。同样，ΔT_0 可表达为：

$$\Delta T_0 = \frac{\alpha_\omega P_c}{4\pi K_C}\left[0.57 + \ln\left(\frac{2r_0^2}{\omega_0^2}\right)\right] \equiv k\rho_c \tag{2.7}$$

热透镜焦距表达式可写为：

$$\frac{1}{f_{th}} = \frac{P_\omega^{abs}}{\pi\omega_0^2} \times \left(\frac{\mathrm{d}n_w/\mathrm{d}T}{K_C}\right) \tag{2.8}$$

式中，$P_{795}^{abs} = \alpha_{795} L_C P_c$，为总的基频光吸收功率，当 $P_1 = 1.34\mathrm{W}$，$\alpha_\omega \approx 0.3\%\mathrm{cm}^{-1}$，得到 $P_{795}^{abs} = 22.14\mathrm{mW}$；$\frac{\mathrm{d}n_\omega/\mathrm{d}T}{K_C} = \zeta$ 为 KTP 的热质量因子，$K_C = 3.3\mathrm{W/(m \cdot ℃)}$[153]，$\mathrm{d}n_\omega/\mathrm{d}T = 1.825 \times 10^{-5}\mathrm{K}^{-1}$，$n_{795} = 1.845$[154]，$\omega_0 = 32\mu\mathrm{m}$，$n_{398} = 1.966$。经计算 $\Delta T_0(795) = 0.21℃$，$f_{th}(795) = 26.3\mathrm{mm}$，很短的焦距意味着即使 PPKTP 晶体对基频光场吸收很弱，也会有明显热透镜效应。对于 398nm 的倍频光场，晶体对其吸收远大于 795nm（$\alpha_{795} \approx 0.3\%/\mathrm{cm}$，$\alpha_{398} \approx 16\%/\mathrm{cm}$），当注入 1.34W、795nm 光场时，经计算晶体吸收 250mW、398nm 光场，$\Delta T_{398} = 11.2℃$，所以 PPKTP 对 398nm 光场的吸收以及吸收导致晶体温度的升高，使相位失配，二者会导致二次谐波转化效率下降。另外一个重要原因如图 2.5 所示，当基频光场功率大于 $P_1 > 650\mathrm{mW}$ 时，倍频效率明显下降，此时发现 SHG 腔很难被锁稳，这可能是由双稳态效应引起的锁定不佳，会导致倍频效率出现较大的下降[155]。

因此，通过设计环形倍频腔，在注入 627mW、795nm 的光场时可得到了 279mW、398nm 的光场，倍频效率达到 44.5%，目前看来是较高的结果。在注入 1W、795nm 的光场时，可以得到 380mW、398nm 的光场，对倍频效率在 $P_{795} > 650\mathrm{mW}$ 时出现较明显下降进行分析，倍频效率下降由晶体对 398nm 光场的吸收和双稳态效应导致。

2.3 795nm 偏振压缩态光场的制备

压缩态光场是量子力学领域的一个重要概念，它是实现量子通信和量子测量的重要基础之一[45,156]。自 1985 年 Slusher 等人在实验上首先实现单模压缩态光场制备以来，人们对压缩态光场的量子特性做了很多研究[33,157-159]。例如利用正交压缩态和 M-Z 干涉仪可以实现对相移、偏振以及光谱等物理量低于散粒噪声基准的高灵敏测量[34,160,161]；利用压缩态光场注入干涉仪可以提高探测器的灵敏度，实现引力波的探测[162]；压缩态光场也是实现量子纠缠的重要基础[46]，并且已被应用于多种量子通信领域[44,52,54,108,111,163,164]；目前，量子网络成为一个热门研究方向[111]，原子介质因其自身特点可作为量子节点的理想介质之一[165]，基于原子介质的量子存储已在实验上得到实现[166]。

因此，在实验上制备与原子系综对应的非经典光场是非常重要的。碱金属原子例如铯原子或铷原子对应的压缩态光场已经在实验上得到制备[143,161]，进而可以帮助人们实现很多量子信息操控，例如非经典光谱学[156]、光与原子相互作用[167,168]、量子信息的存储与释放[166,168] 等。2002 年，Lam 小组给出了连续变量偏振压缩的物理概念，原子的自旋态在布洛赫球上用 Stokes 分量描述，光场的偏振分量在庞加莱球上用 Stokes 分量描述[169]，光场的偏振分量起伏可以投影到原子系综的自旋波起伏上，便于实现光与原子相互作用，使量子态在光场和原子系综之间传递。此外，平衡零拍探测中，在经过长距离的光纤传输后，压缩态或纠缠态光场与本地光场的相位起伏会变大，但是偏振态光场的测量方法可以克服这些不足，偏振态光场的测量方法比较简单，不需要本地强振荡光场，因此偏振态光场在远距离量子信息传递以及量子存储方面有重要应用价值。目前，国际上多个小组开展了对偏振压缩态光场的研究。2002 年，Lam 小组首先利用两个光学参量放大器，制备了两束正交振幅压缩态光场，随后在偏振分束棱镜上耦合，得到波长为 1064nm 的偏振压缩态光场[169]。其后，Gerd 小组利用不对称光纤 Sagnac 效应制备了波长为 1495nm 的偏振压缩态光场[56]，2014 年，他们小组利用偏振压缩态光场测量不需要本地振荡光场的特点，实现了偏振压缩态光场在自由空间 1.6km 的传输，并实现了其量子态的测量[170]。2003 年，Giacobino 小组利用高精度腔内的冷原子作为类 Kerr 介质，实现了波长为 852nm 的偏振压缩态光场的制备[171]。我们在实验中利用光学参量下转换实现了对应于铷原子的 795nm 偏振压缩态光场的制备。

2.3.1 偏振态光场的产生方法

由第 1 章偏振压缩的相关理论和概念，我们知道任何一个偏振模其量子起伏可以表示为两个偏振相互垂直的线偏模的量子起伏和相位差：

$$V_0=V_1=a_V^2V_V^+ +a_H^2V_H^+ ,V_2(\theta)=(a_V^2V_H^+ +a_H^2V_V^+)\cos^2\theta+(a_V^2V_H^- +a_H^2V_V^-)\sin^2\theta$$

$$V_3(\theta)=V_2\left(\theta-\frac{\pi}{2}\right) \tag{2.9}$$

它们的平均值和起伏方差满足下列海森堡不确定性关系：

$$V_1V_2\geqslant|\langle\hat{S}_3\rangle|^2,V_2V_3\geqslant|\langle\hat{S}_1\rangle|^2,V_1V_3\geqslant|\langle\hat{S}_2\rangle|^2 \tag{2.10}$$

Stokes 参量的基础量子涨落为 $|\langle\hat{S}_j\rangle|(j=1,2,3)$，所以当 $V_i<|\langle\hat{S}_j\rangle|$ 时，

就称其被压缩。

目前有以下几种产生偏振压缩的方法。

图 2.6 为相干态光场的庞加莱球，可以看到相干态光场的 Stokes 分量没有被压缩，各 Stoeks 分量量子起伏均为 1。

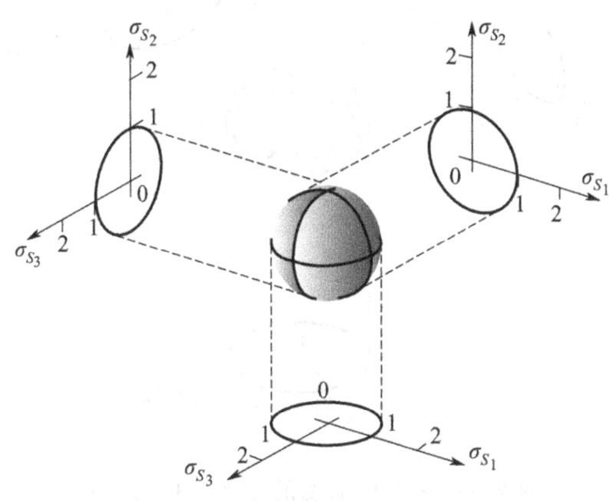

图 2.6　相干态光场的庞加莱球

① 竖直偏振光（V）是真空压缩态光场，而水平偏振光（H）是明亮的相干态光场，在偏振分束棱镜上进行耦合，相对位相差 θ 为 $\frac{\pi}{2}$ 时，如图 2.7 所示。

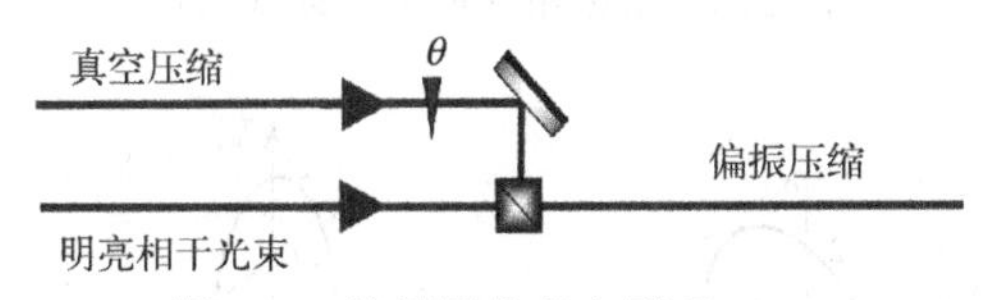

图 2.7　偏振压缩产生原理（一）

此时可以得到 $V_1<1$、$V_0<1$、$V_2=V_3=1$ 的偏振压缩态光场，即 $\hat{S}_3$ 正压缩，$\hat{S}_2$ 反压缩。如图 2.8 所示。

② 当竖直偏振光（V）是位相压缩态光场，而水平偏振光（H）也是位相压缩态光场，在偏振分束棱镜上进行耦合，相对位相差 θ 为 $\frac{\pi}{2}$ 时，如图 2.9 所示。

此时可以得到 $V_2<1$、$V_3>1$、$V_0=V_1=1$ 的偏振压缩态光场，即 $\hat{S}_2$ 正压缩，$\hat{S}_3$ 反压缩，如图 2.10 所示。

③ 当竖直偏振光（V）是振幅压缩态光场，而水平偏振光（H）也是振幅压缩态光场，在偏振分束棱镜上进行耦合，相对位相差 θ 为 $\frac{\pi}{2}$ 时，如图 2.11 所示。

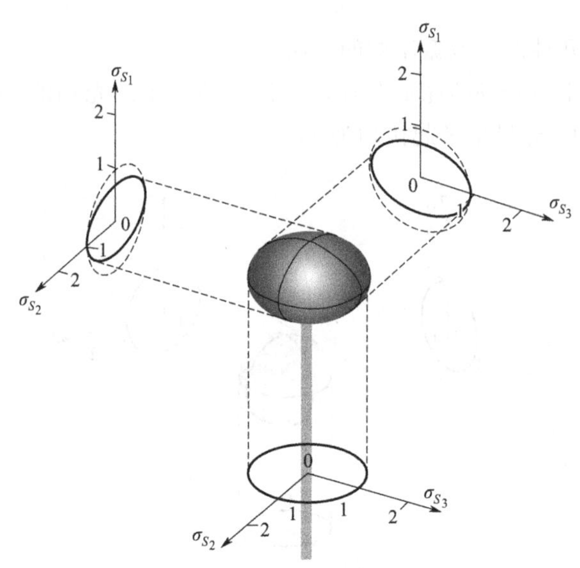

图 2.8 偏振压缩态的庞加莱球（一）

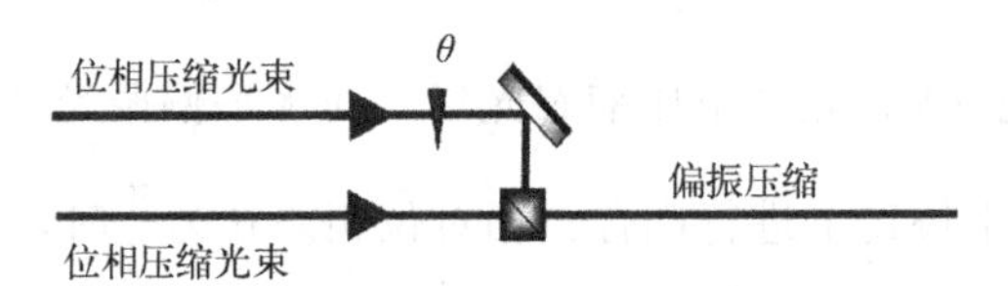

图 2.9 偏振压缩产生原理（二）

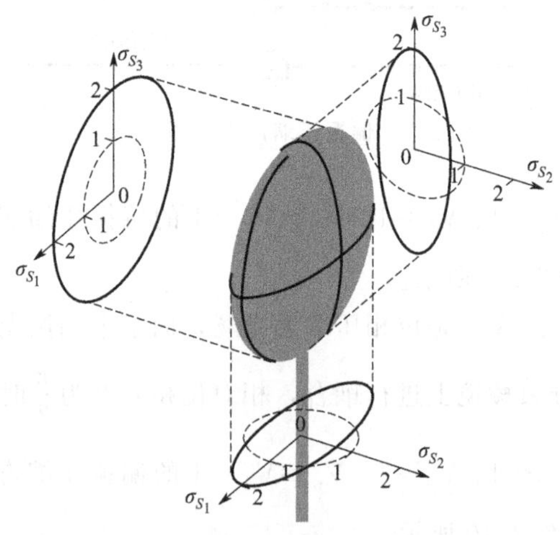

图 2.10 偏振压缩态的庞加莱球（二）

可以得到$V_0<1$、$V_1<1$、$V_3<1$、$V_2>1$的偏振压缩态光场，即$\hat{S}_0$、$\hat{S}_1$、$\hat{S}_3$正压缩，$\hat{S}_2$反压缩，如图 2.12 所示。

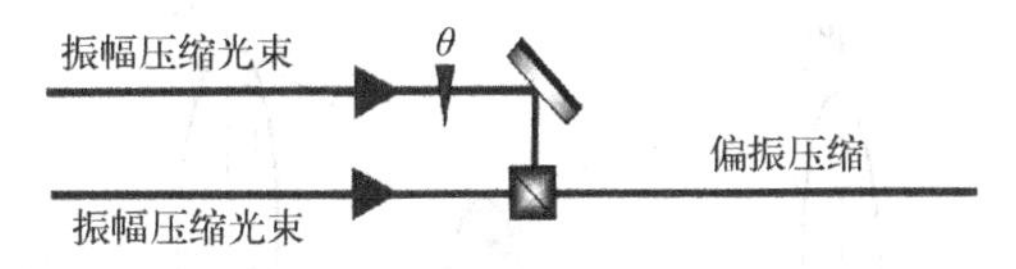

图 2.11　偏振压缩产生原理（三）

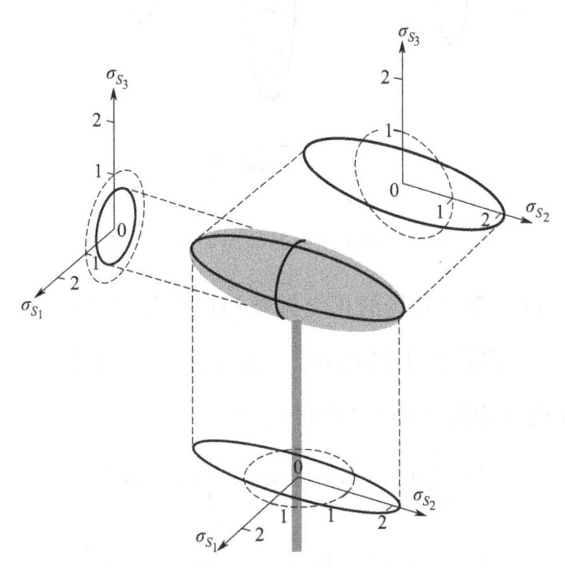

图 2.12　偏振压缩态的庞加莱球（三）

④ 在实验中利用两束振幅压缩态光场在偏振棱镜上进行耦合，控制 $\theta=0$，如图 2.13 所示。

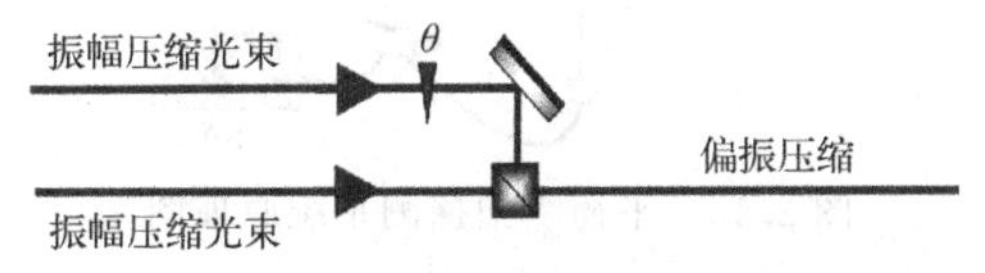

图 2.13　偏振压缩产生原理（四）

则由式(2.9) 知，此时有 $V_0<1$、$V_1<1$、$V_2<1$、$V_3>1$。如图 2.14 所示。

2.3.2　压缩态光场的测量

利用正交压缩态光场来制备偏振压缩态光场，首先需要对正交压缩态进行测量。

(1) 正交压缩的测量

测量正交压缩态光场需要对其振幅和位相分量的量子噪声进行测量[172]，所以在实验中通常对其进行场测量，被测光场与已知光场干涉，再利用平衡零拍系

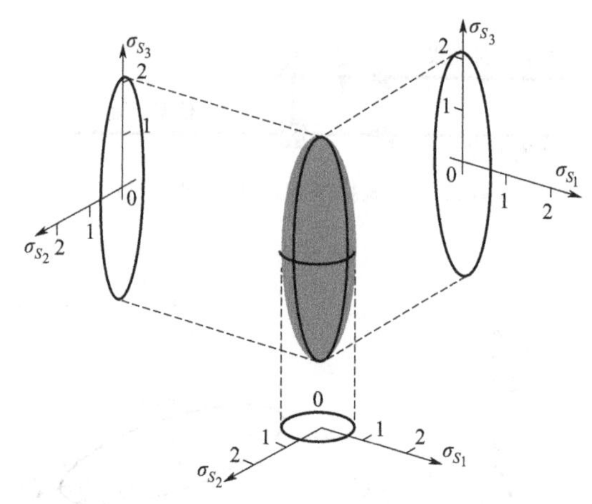

图 2.14 偏振压缩态的庞加莱球（四）

统测量干涉信号，可实现对光场的正交振幅和位相分量测量。

如图 2.15 所示，假设两束光场 $\hat{a}$、$\hat{b}$ 在 50/50 分束片上进行干涉，锁定其相对位相为 θ，则两束输出光场 $\hat{c}$、$\hat{d}$ 可写为：

$$\hat{c}=\frac{1}{\sqrt{2}}(\hat{a}+\hat{b}\mathrm{e}^{\mathrm{i}\theta}) \quad \hat{d}=\frac{1}{\sqrt{2}}(\hat{a}-\hat{b}\mathrm{e}^{\mathrm{i}\theta}) \tag{2.11}$$

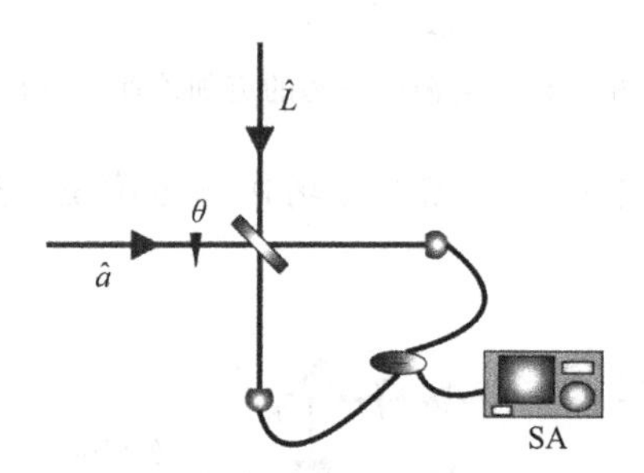

图 2.15 平衡零拍探测系统原理图

θ 为两束光场相位差，对光场算符 $\hat{a}$、$\hat{b}$ 线性化处理 $\hat{a}=\alpha+\delta\hat{a}$，$\hat{b}=\beta+\delta\hat{b}$，式中，$\alpha$、$\beta$ 为平均值；$\delta\hat{a}$、$\delta\hat{b}$ 为交流项。当 $\beta\gg\alpha$ 时，对 $\hat{c}$、$\hat{d}$ 的强度进行测量，两个光电管的光电流的和与差分别为：

$$\begin{aligned}
&\delta\hat{c}_0^{\dagger}\delta\hat{c}_0-\delta\hat{d}_0^{\dagger}\delta\hat{d}_0=\beta(\delta\hat{a}\,\mathrm{e}^0+\delta\hat{a}\,\mathrm{e}^0)=\beta\delta\hat{X}_b \\
&\delta\hat{c}_{\pi/2}^{\dagger}\delta\hat{c}_{\pi/2}-\delta\hat{d}_{\pi/2}^{\dagger}\delta\hat{d}_{\pi/2}=\beta(\delta\hat{a}\,\mathrm{e}^{\mathrm{i}\pi/2}+\delta\hat{a}\,\mathrm{e}^{-\mathrm{i}\pi/2})=\beta\delta\hat{Y}_a
\end{aligned} \tag{2.12}$$

利用减法器，控制位相差为 $\theta=0$ 时有 $\delta\hat{c}^{\dagger}\delta\hat{c}-\delta\hat{d}^{\dagger}\delta\hat{d}=\beta\delta\hat{X}_a$，实现对光场 $\hat{a}$ 的振幅分量测量；相对位相差为 $\theta=\frac{\pi}{2}$ 时有 $\delta\hat{c}^{\dagger}\delta\hat{c}-\delta\hat{d}^{\dagger}\delta\hat{d}=\beta\delta\hat{Y}_a$，实现对光场

$\hat{a}$ 的位相分量测量，挡住被测量光场时为量子散粒噪声基准 QNL。

(2) 偏振压缩态的测量

下面介绍光场 Stokes 分量的测量方法，Stokes 分量的测量不需要强本地光场，可以利用平衡零拍探测器、波片以及加减法器直接进行测量。

对于 $\hat{S}_0$、$\hat{S}_1$，由它们的定义：

$$\hat{S}_0=\hat{a}_V^{\dagger}\hat{a}_V+\hat{a}_H^{\dagger}\hat{a}_H=n_V+n_H \quad \hat{S}_1=\hat{a}_H^{\dagger}\hat{a}_H-\hat{a}_V^{\dagger}\hat{a}_V=n_H-n_V \tag{2.13}$$

可知 $\hat{S}_0$、$\hat{S}_1$ 分别表示光子数的和与差，所以在实验中分别可用偏振棱镜、加法器和减法器进行测量，如图 2.16 所示。

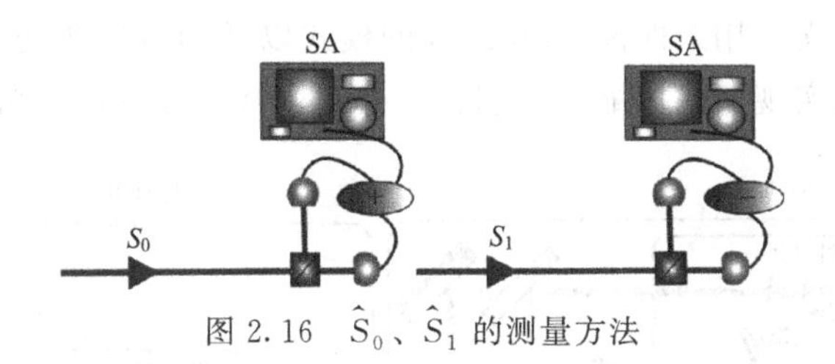

图 2.16 $\hat{S}_0$、$\hat{S}_1$ 的测量方法

对于 $\hat{S}_2$，$\hat{S}_2=\hat{a}_H^{\dagger}\hat{a}_V e^{i\theta}+\hat{a}_V^{\dagger}\hat{a}_H e^{-i\theta}$，首先对其进行基矢变换，令：

$$\hat{a}_V=\frac{1}{\sqrt{2}}(\hat{a}_x+\hat{a}_y) \quad \hat{a}_H=\frac{1}{\sqrt{2}}(\hat{a}_x-\hat{a}_y)$$

则有：

$$\hat{S}_2=\hat{a}_H^{\dagger}\hat{a}_V+\hat{a}_V^{\dagger}\hat{a}_H=\hat{a}_x^{\dagger}\hat{a}_x-\hat{a}^{\dagger}{}_y\hat{a}_y \tag{2.14}$$

转换为光子数差的形式，在实验中可添加$\frac{\lambda}{2}$波片并旋转 22.5°，将原基矢旋转 45°后进行测量，如图 2.17 所示。

同理，对于 $\hat{S}_3=\mathrm{i}\hat{a}_V^{\dagger}\hat{a}_H e^{-i\theta}-\mathrm{i}\hat{a}_H^{\dagger}\hat{a}_V e^{i\theta}$，令 $\hat{a}_V=\frac{1}{\sqrt{2}}(\hat{a}_x+\mathrm{i}\hat{a}_y)$，$\hat{a}_H=\frac{1}{\sqrt{2}}(\hat{a}_x-\mathrm{i}\hat{a}_y)$，则有 $\hat{S}_3=\mathrm{i}(\hat{a}^{\dagger}{}_V\hat{a}_H-\hat{a}_H^{\dagger}\hat{a}_V)=\hat{a}_y^{\dagger}a_y-\hat{a}_x^{\dagger}\hat{a}_x$，也转化为光子数之差的形式，在实验中分别加入$\frac{\lambda}{4}$波片和$\frac{\lambda}{2}$波片实现测量，如图 2.18 所示。

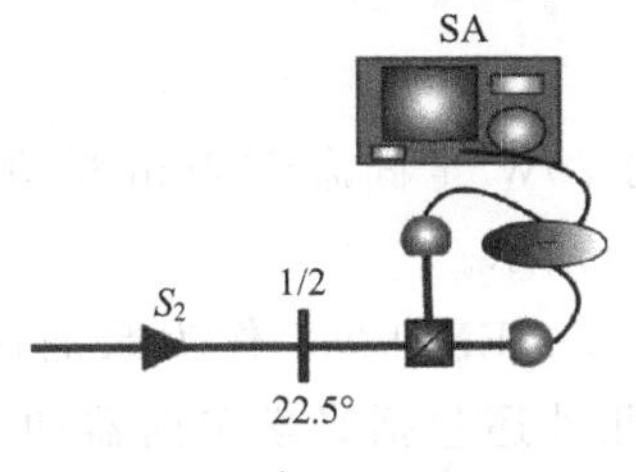

图 2.17 $\hat{S}_2$ 的测量方法

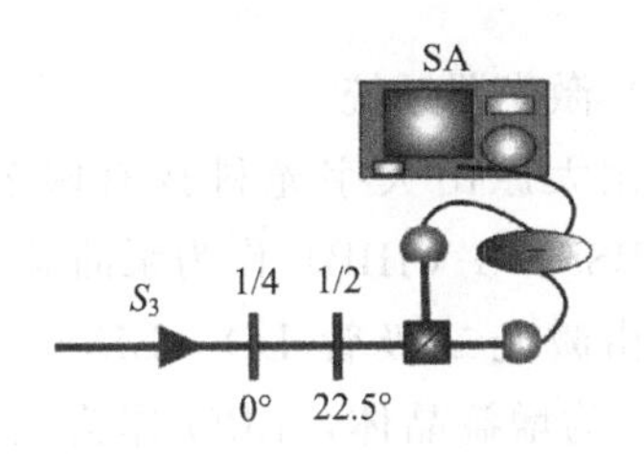

图 2.18 $\hat{S}_3$ 的测量方法

2.3.3 795nm 偏振压缩实验系统的搭建

如图 2.19 所示，为产生 795nm 偏振压缩态光场的实验装置图，由于要实现与原子系综的偏振压缩态光场制备，所以需在实验中使用波长可调谐的激光器，因此在实验中采用太原山大宇光科技有限公司生产的 20W 单频绿光激光器（DPSS FG-VIIIB）泵浦相干公司生产的钛宝石激光器（MBR-110）来产生 3.6W、795nm 红外光场。795nm 红外光场被分为几路，分别作为倍频腔的基频光、两个频率简并的 DOPA 腔的信号光。其中大约 300mW 光场注入倍频腔，得到 130mW 左右的紫光，分别泵浦两个 DOPA 腔；第二部分大约 4mW 作为两个 DOPA 的信号光，用来匹配 DOPA 腔的模式以及测量经典增益，并且用来锁定 DOPA 的腔长实现振幅压缩态的制备，并利用其实现偏振压缩态光场的制备。

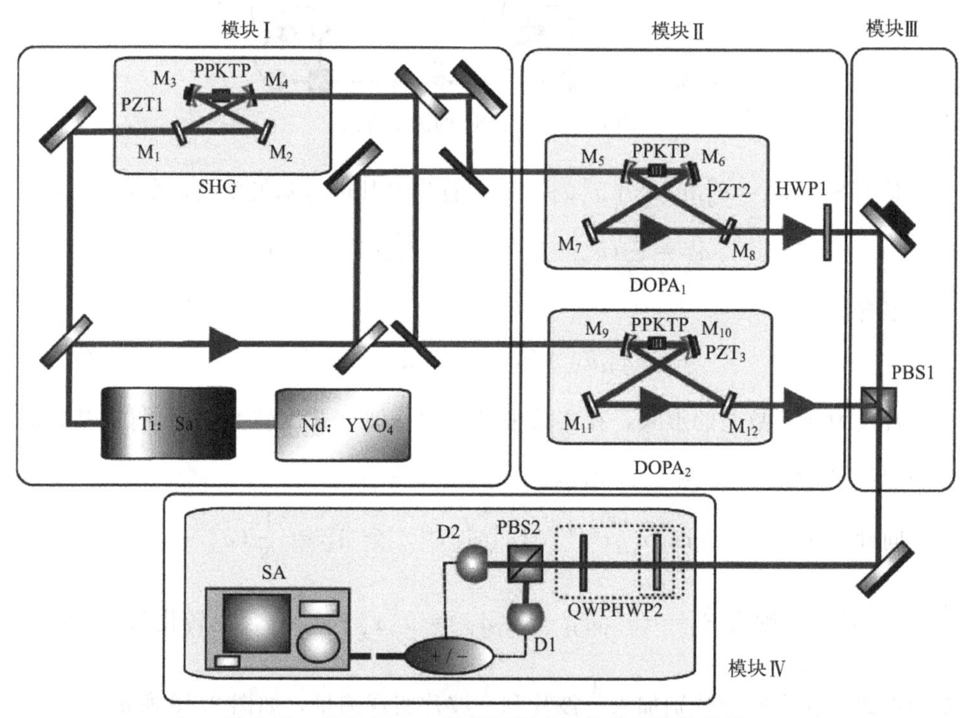

图 2.19 产生 795nm 偏振压缩态光场的实验装置图

（1）激光器系统

使用太原山大宇光科技有限公司生产的 20W 全固态 532nm 单频激光器（YG-DPSS FG-VIIIB）作为泵浦源，如图 2.20 所示。

它由激光二极管 LD（LIM060-F400-DL 808-EX1126）作为泵浦源，Nd：YV04 作为增益晶体，LBO 作为倍频晶体，此外还包括光学单向器和环形腔。

图 2.20　全固态 532nm 单频激光器

控制 LD 温度为 23℃时，其输出 60W、波长 808nm 的激光，并被耦合到增益晶体上，LBO 晶体放置于控温炉内（温度保持在 148.36℃），TGG 晶体和二分之一波片构成单向器，保证激光器单向输出。激光器光学腔采用四镜环形腔结构输出 20W、单频 532nm 的绿光，运转模式为单纵模，发散角小于 9mrad，光束质量（M^2）<1.20，长期功率稳定性小于±1%（3h），短期噪声小于 0.04%/ms，频率抖动小于 1.6MHz，线宽 2MHz，偏振度大于 100∶1，指向稳定性小于 2μrad/℃。

如图 2.21 所示，采用相干公司生产的连续可调谐钛宝石激光器，其调谐范围为 700～1030nm。采用四镜环形腔结构，分别由两块曲率半径为 100mm 的凹镜和两块平镜构成，利用 ϕ4×20mm 的钛宝石晶体作为激光晶体，两端均为布氏角切割，线宽为 75kHz，振幅噪声为 1.75%/ms，扫描宽度为 30GHz，扫描时间 5～4000s，同样为单纵模输出。

图 2.21　钛宝石激光器照片

(2) 简并光学参量放大器

DOPA 的结构如图 2.22 所示，实物图如图 2.23 所示。

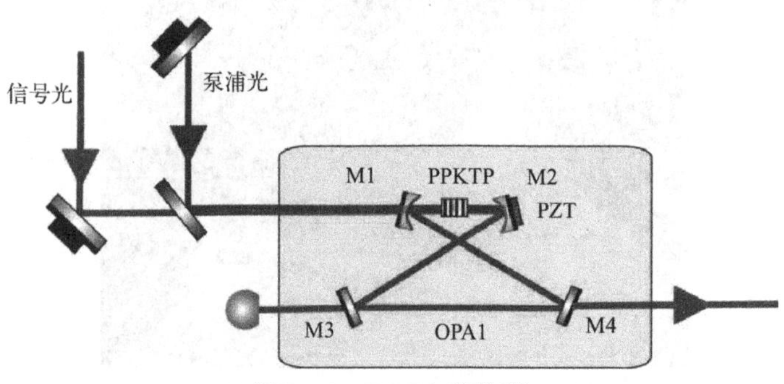

图 2.22 DOPA 结构图

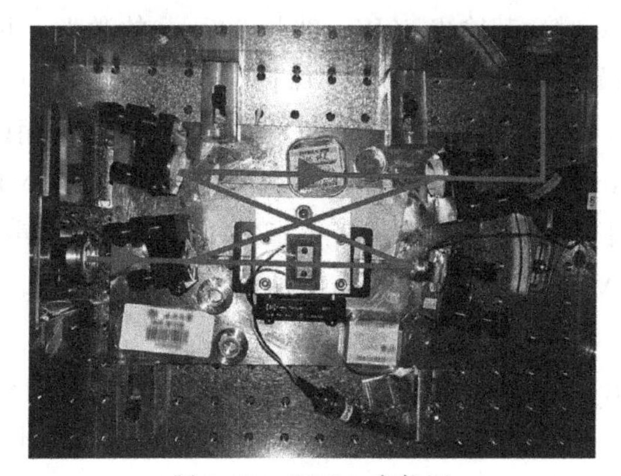

图 2.23 DOPA 实物图

DOPA 腔也采用四镜环形腔结构，腔长为 560mm，DOPA 由两个凹镜 M1、M2 和两个平镜 M3、M4 构成。其中 M1 为输入镜，信号光和泵浦光同时由此镜输入，M1 和 M2 曲率半径均为 100mm，M1 对 398nm 光场高透且对 795nm 光场高反，M2、M3 对 795nm 和 398nm 双高反，M2 上加有压电陶瓷，用于扫描和锁定腔长，M4 为输出镜，其对 795nm 光场透射率为 5%，对 398nm 高透。

利用 1mm×2mm×10mm 的周期极化一类准相位匹配 PPKTP 晶体作为非线性晶体，DOPA 腔的精细度为 110 左右，内腔损耗在 0.6%左右，阈值为 90mW，注入 40mW 泵浦光场时，有 4～5 倍经典增益，其工作在阈值以下，产生频率简并的正交压缩态光场。

DOPA 腔采用 PDH 锁腔方法实现其腔长的锁定，其腔内模式和锁腔误差信号曲线分别如图 2.24、图 2.25 所示。

图 2.25 为利用 PDH 锁频法得到的误差信号曲线，调制频率为 57MHz 左右。

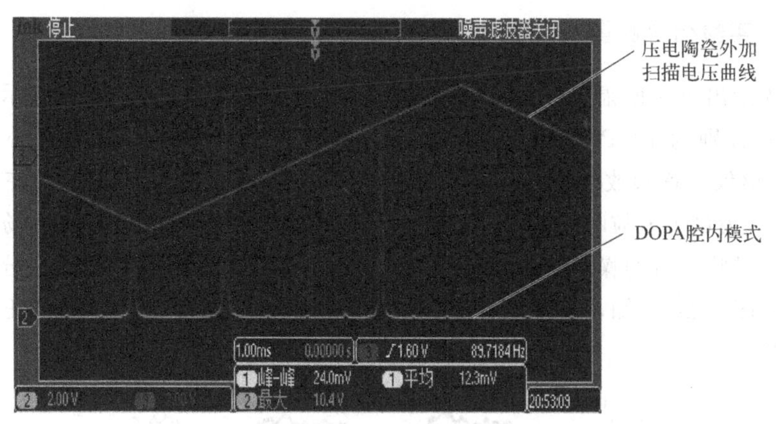

图 2.24　DOPA 腔内模式图

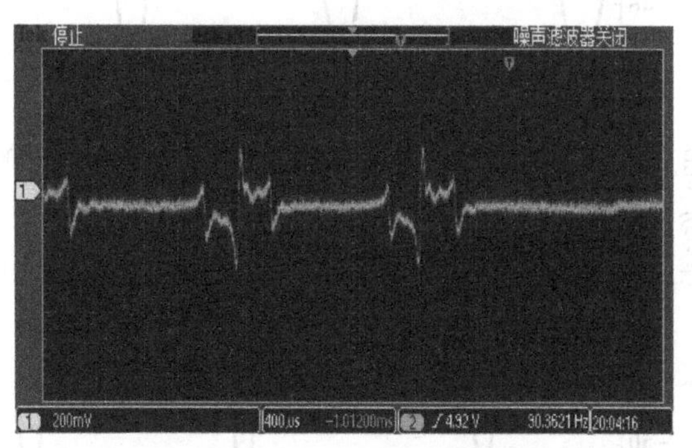

图 2.25　DOPA 锁腔误差信号

（3）实验步骤

实验中，首先需要对倍频腔的模式进行匹配，可选取合适的腔前透镜，放置于合适的位置，实现最佳模式匹配，在注入 627mW 的基频光后，输出 279mW 紫外光场。但考虑到 PPKTP 晶体对紫外光场的吸收以及过高功率对晶体的损伤，所以在长期实际使用中选取 42μm 的腰斑，此时注入 600mW 基频光时的倍频效率为 40%。

同样，我们需要对两个 DOPA 腔的模式进行匹配，为实现最佳光学参量下的转换，需要分别对信号光和泵浦光的模式进行匹配，此时四个腔镜换为双高反腔镜。考虑到信号光从凹镜入射，所以需在腔前加较短焦距的透镜。信号光和泵浦光模式匹配完成后，需扫描晶体温度实现最佳增益。当腔内腰斑为 39μm，且控温于 54℃左右时，在注入 90mW 的泵浦光后可达到阈值，为达到最大压缩度，一般注入 2/3 阈值的泵浦光场。使用高增益的交流探测器实现其腔长的锁定，并利用高增益的直流探测器实现信号光场与泵浦光场相对位相为 π 的锁定，即参量反放大状态的锁定，输出振幅压缩态光场，利用平衡零拍对其量子噪声进行测量。

2.3.4 实验结果测量及分析

首先给出正交振幅压缩态光场的量子噪声测量结果，如图 2.26 所示。其中（a）（b）分别为 DOPA1、DOPA2 的量子噪声测量结果图，测量中心频率为 3MHz，谱仪设置参数 RBW 为 300kHz，VBW 为 300Hz，电子学噪声在－77dB 左右，i 线为量子散粒噪声基准，ii 线为正交压缩态光场和本地振荡光场在相对位相为扫描状态时的噪声曲线，iii 线为锁定其相对位相为 0 的正交振幅分量噪声曲线。由图 2.26 可知，可在实验上得到低于散粒噪声基准 4dB 左右的正交振幅压缩态光场。

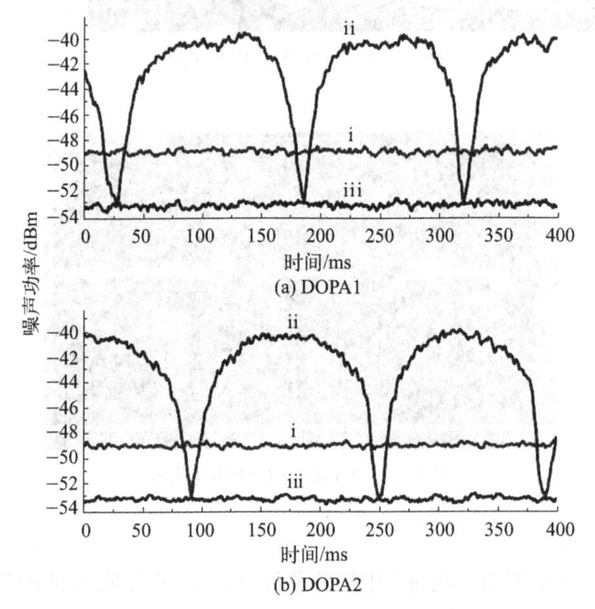

图 2.26 正交振幅压缩态光场的量子噪声测量结果

dBm 是表示功率对值的单位，以 1mW 为基准的分贝数

输出的两束振幅压缩态光场在一个偏振分束棱镜上进行耦合，控制它们的相对位相为 0，实现偏振压缩态光场的制备。最后，利用波片和分束棱镜以及平衡零拍探测器对其 Stokes 分量的量子噪声进行测量。偏振压缩态光场的测量结果如图 2.27 所示。

图 2.27 (a)～(d) 分别为 $\hat{S}_0$、$\hat{S}_1$、$\hat{S}_2$、$\hat{S}_3$ 的噪声谱，其中 i 为散粒噪声基准，ii 为 Stokes 分量的量子噪声。频谱分析仪参数设置为 RBW 为 300kHz，VBW 为 300Hz，考虑到低频处激光的量子噪声较大，而太高的分析频率会超过 DOPA 腔的线宽范围，所以还是选择在 3MHz 处测量 Stokes 分量的量子噪声，从图 2.27 可以看到，对于 $\hat{S}_0$、$\hat{S}_1$、$\hat{S}_2$、$\hat{S}_3$ 分量，其在 3MHz 处分别有 4dB 的

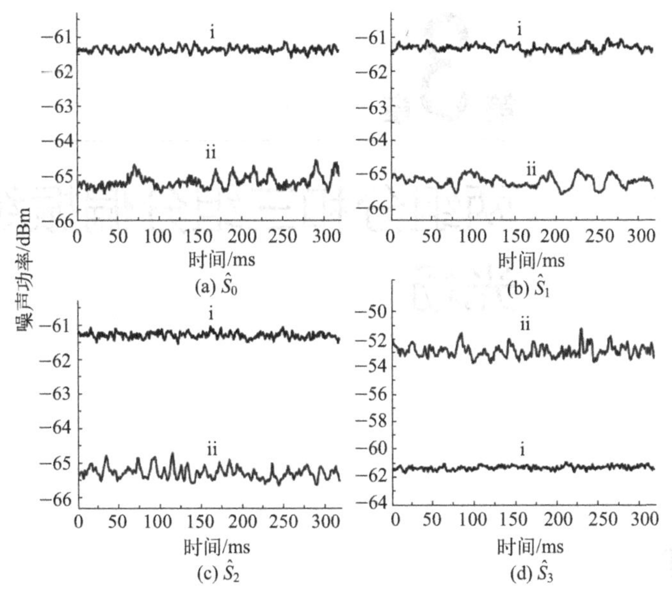

图 2.27 偏振压缩态光场的测量结果图

压缩和 9dB 的反压缩。海森堡不确定性关系对应最小不确定态，根据前面的理论分析，我们知道它们满足以下不确定关系：

$$V_1V_2 \geqslant |\langle \hat{S}_3 \rangle|^2 \quad V_2V_3 \geqslant |\langle \hat{S}_1 \rangle|^2 \quad V_1V_3 \geqslant |\langle \hat{S}_2 \rangle|^2 \tag{2.15}$$

经过计算，其最小不确定态为 $V_1V_2 = V_2V_3 = 0$，$V_3V_1 = 4\alpha^4$，在本章实验中，Stokes 分量的压缩与反压缩分别为 4dB 和 9dB，则有 $V_1V_2 = 0.64\alpha^4$，$V_2V_3 = V_3V_1 = 12.39\alpha^4$。

2.4 本章小结

由于原子自旋和光场的偏振均用 Stokes 算符描述，所以利用与原子吸收线对应的偏振压缩态光场可以实现量子信息在原子系综和光场之间传递，进而可实现构建量子网络。本章在实验中，利用一个倍频腔产生 398nm 紫外光场泵浦两个工作在阈值以下的频率简并的光学参量放大器（DOPA）产生两束 795nm 振幅压缩态光场，通过其在偏振分束棱镜上耦合得到可与铷原子系综对应的偏振压缩态光场，并测量其量子噪声，在 3MHz 处 $\hat{S}_0$、$\hat{S}_1$、$\hat{S}_2$ 和 $\hat{S}_3$ 分别有 4dB 的压缩和 9dB 的反压缩，偏振压缩态的测量并不需要本地强振荡光场，因此偏振压缩态测量在量子信息网络有重要应用价值。

第3章 两组分和三组分偏振纠缠态光场

3.1 概述

量子光学是利用量子力学理论研究光的辐射、相干统计、传输、测量以及光与物质相互作用的基础物理学科，光的量子学说最初由 Einstein 于 1905 年在研究光电效应现象时提出，但量子光学研究真正进入飞速发展阶段是在 1960 年第一台红宝石激光器诞生以后，此后，量子光学的研究对象和内容也得到了很大的扩展：从激光冷却到玻色-爱因斯坦凝聚，再到建立起光场相干性的全量子理论。量子光学的不断发展也促进了量子信息学科的诞生，量子信息学是量子力学和信息科学的交叉学科，而量子光学的实验手段是进行量子信息学研究的重要基础。量子信息学首先研究的是两个量子节点之间的通信及信息传输的问题，随着研究的深入开展，更为复杂的量子通信系统——量子网络的概念就被提出，通过量子网络的建立来连接多个量子节点，并实现各量子节点间安全高速的信息传递，量子网络建立所使用的核心资源是多组分量子纠缠光场。本章主要开展两部分研究工作：首先进行与铷原子 D1 线相匹配的连续变量非经典光场的制备研究，分别制备 795nm 的偏振压缩光场及偏振纠缠光场，为开展光与原子相互作用研究提供必需的量子资源。然后利用电磁感应透明效应（EIT）执行非经典光场的量子存储，将三组分纠缠光场的三个子模分别存储在三个空间分离的铷原子系综中，在三个铷原子系综之间建立量子纠缠，之后又将被存储的纠缠变换回三个独立的量子通道中，完成纠缠检测。本方案可以直接扩展至建立更多量子节点之间的纠缠，为构建实用化量子网络提供了一种可行方案。主要研究内容如下。

① 为制备与铷原子系综对应的非经典光场，首先建立外腔倍频系统，用 1W 的基频光泵浦，获得 380mW、波长为 398nm 的紫外激光，并利用热辐射扩散模

型量化了热效应的作用。

② 利用 398nm 紫外光场泵浦两个非简并光学参量放大器（DOPA）得到两束波长为 795nm 的正交振幅压缩态光场，经分束器和偏振棱镜线性变换，通过对入射光场的位相控制，分别得到与铷原子 D1 线对应的偏振压缩态光场和两组分偏振纠缠态光场。

③ 利用三个 DOPA 分别产生两束正交振幅压缩态光场和一束正交位相压缩态光场。将三束压缩态光场及三束相干态光场在特别设计的分束器网络上耦合，第一次实验制备连续变量三组分偏振纠缠态光场。

④ 利用电磁感应透明效应实现三组分纠缠态光场在三个彼此距离 2.6m 的铷原子系综中的存储，建立三个原子系综间的量子纠缠。之后，执行被存储纠缠到三个光学通道的受控释放，通过对释放光场的纠缠检测，证实纠缠存储。

3.2 795nm 两组分偏振纠缠态光场的制备

量子纠缠是量子信息领域的重要研究资源[45,173]，利用纠缠态光场，可以实现比经典通信更安全的量子信息传递，以及更快速的量子并行计算[44,174]。量子纠缠分为分离变量和连续变量两种，这主要由观测量的本征值是分离的还是连续的决定的[44,45]。在连续变量领域，起初人们通过实验实现了两组分正交纠缠态光场的制备，对其量子特性进行了研究。1992 年，Kimble 小组首次采用参量下转换的方法制备得到了 EPR 纠缠[175]，后来，他们小组利用两组分正交纠缠态光场在实验上实现了无条件的连续变量量子隐形传态。笔者所在小组 2002 年利用两组分的正交纠缠态光场实现了较经典通信方式更安全，信道容量更大的量子密集编码[46]。2015 年，笔者所在小组利用三模共振方法将纠缠态光场的纠缠度提高到了 8.4dB，达到国际较高指标[49]。

随着量子信息网络和量子计算向实用化方向发展，人们迫切希望提高量子信息的存储相关指标，实现高效率、长寿命的量子存储。由于偏振纠缠态光场可以方便地与原子匹配，因此受到人们的广泛关注，世界上的很多研究组开展了对光场的连续变量偏振纠缠态光场量子特性的研究。偏振纠缠态是一种不可分态，表现为两束空间分离的光束其斯托克斯算符之间存在的量子不确定性关联。2002 年，Lam 研究组将 Duan 和 Simon 等人提出的两组分正交纠缠态光场的不可分判据推广到两组分偏振纠缠态光场的不可分判据[57]。他们利用光学参量放大器产生的正交纠缠态光场的每一束与偏振相垂直的明亮相干态光场在偏振分束棱镜上耦合得到了波长为 1064nm 的两组分偏振纠缠态光场。2003 年，Leuchs 研究组利用光纤产生的偏振压缩态光场在 50/50 分束镜上耦合得到了波长为 1495nm 的两组分偏振纠缠态光场[176]。2004 年，Giacobino 小组利用冷原子作为类 Kerr 介质实现了波长为 852nm 的两组分偏振纠缠的制备[177]。本实验拟利用波长可连续调谐的钛宝石激光器输出 795nm 激光，经过外腔谐振倍频得到 398nm 光场，作为非简并光学参量放大器的泵浦光源；随后利用两个结构完全相同的非简并光学参量放大器得到两束正交压缩态光场，继而通过一个 50/50 比例的分束器线性耦合得到两组分正交纠缠态光场，最后每束纠缠光场再分别通过偏振分束棱镜耦合一束相干态光场得到与铷原子 D1 线对应的两组分偏振纠缠光场。

3.2.1 两组分偏振纠缠态理论分析

经典光学领域，人们用四个斯托克斯参量 S_0、S_1、S_2、S_3 来描述经典光场的偏振状态，它们构成一个球面方程，称为庞加莱球。所以可用球面上的一点对光场的偏振状态进行表示，例如，赤道上任意点可以是水平或竖直线偏光，南极点和北极点可以表示左右旋偏振光。对应地，在量子光学领域，光场的偏振态用斯托克斯算符 $\hat{S}_0$、$\hat{S}_1$、$\hat{S}_2$、$\hat{S}_3$ 来描述，它们可用水平竖直线偏模的产生湮灭算符以及它们的位相差 θ 表示如下[55]：

$$\begin{aligned}
\hat{S}_0&=\hat{a}_V^{\dagger}\hat{a}_V+\hat{a}_H^{\dagger}\hat{a}_H\\
\hat{S}_1&=\hat{a}_H^{\dagger}\hat{a}_H-\hat{a}_V^{\dagger}\hat{a}_V\\
\hat{S}_2&=\hat{a}_H^{\dagger}\hat{a}_V\mathrm{e}^{\mathrm{i}\theta}+\hat{a}_V^{\dagger}\hat{a}_H\mathrm{e}^{-\mathrm{i}\theta}\\
\hat{S}_3&=\hat{a}_V^{\dagger}\hat{a}_H\mathrm{e}^{-\mathrm{i}\theta}-\hat{a}_H^{\dagger}\hat{a}_V\mathrm{e}^{\mathrm{i}\theta}
\end{aligned}\tag{3.1}$$

式中，$\hat{a}_H$、$\hat{a}_V$ 分别表示水平、竖直偏振光场；θ 为它们的相对位相差。

它们满足以下对易关系：

$$[\hat{S}_1,\hat{S}_2]=2\mathrm{i}\hat{S}_3\quad[\hat{S}_3,\hat{S}_1]=2\mathrm{i}\hat{S}_2\quad[\hat{S}_2,\hat{S}_3]=2\mathrm{i}\hat{S}_1\tag{3.2}$$

显然它们不能同时被测量。

它们的平均值为：

$$\langle\hat{S}_1\rangle=\hat{a}_H^2-\hat{a}_V^2\quad\langle\hat{S}_2\rangle=2\hat{a}_H\hat{a}_V\cos\theta\quad\langle\hat{S}_3\rangle=2\hat{a}_H\hat{a}_V\sin\theta\tag{3.3}$$

由 Stokes 算符的定义可知，任何一个偏振模均可用一个水平和一个竖直偏振模以及它们间的位相差表示，所以为得到两组分偏振纠缠态光场，可以将偏振方向水平的两组分正交纠缠光场和偏振方向竖直的两束强相干光场在两个偏振分束棱镜上进行耦合。图 3.1 为两组分偏振纠缠态光场的产生原理图。

拟利用两束由两个光学参量放大器产生的正交振幅压缩光场 $\hat{a}_1$、$\hat{a}_2$，其功率相等，$\alpha_{a_1}^2=\alpha_{a_2}^2=\alpha_a^2=\alpha^2$，$\hat{a}_1$、$\hat{a}_2$ 在 50/50 光学分束器上以 $\pi/2$ 位相差进行干涉，此时得到偏振方向水平的两组分正交纠缠光场 $\hat{b}_1$、$\hat{b}_2$。然后，分别在两

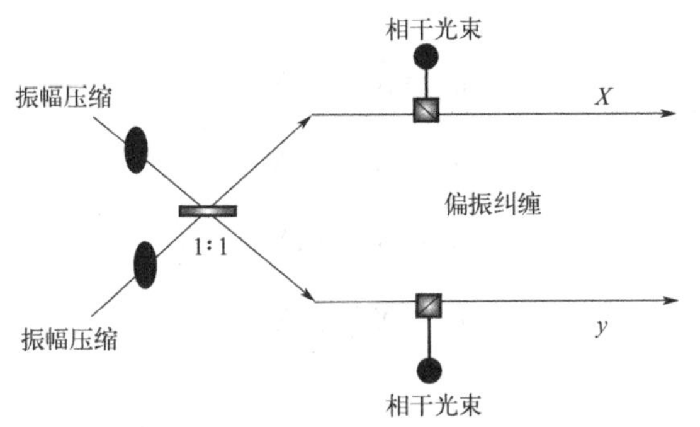

图 3.1　两组分偏振纠缠态光场的产生原理图

个偏振棱镜上耦合两束偏振方向垂直的强相干态光场 $\hat{c}_1$、$\hat{c}_2$（$\alpha_{c_1}^2=\alpha_{c_2}^2=\alpha_c^2=30\alpha^2$），并且控制它们耦合的位相差 θ 也为 $\pi/2$，将两组分正交纠缠态光场转换为两组分偏振纠缠态光场 $\hat{d}_1$、$\hat{d}_2$。

通常，光场的正交振幅 $\hat{X}^+$ 和位相分量 $\hat{X}^-$ 可以用产生、湮灭算符表示为：

$$\hat{X}^+=(\hat{a}+\hat{a}^\dagger)/2$$

$$\hat{X}^-=\mathrm{i}(\hat{a}^\dagger-\hat{a})/2 \tag{3.4}$$

则当 $\alpha_a^2\ll\alpha_c^2$，$\theta=\dfrac{\pi}{2}$ 时，由正交分量和 Stokes 分量的表达式，可以得到 Stokes 分量和正交分量的起伏方差的对应关系：

$$\delta^2\hat{S}_0=4\alpha_c^2\delta^2\hat{X}_c^+$$

$$\delta^2\hat{S}_1=4\alpha_c^2\delta^2\hat{X}_c^+$$

$$\delta^2\hat{S}_2=4\alpha_c^2\delta^2\hat{X}_b^-$$

$$\delta^2\hat{S}_3=4\alpha_c^2\delta^2\hat{X}_b^+ \tag{3.5}$$

由上式可以看到相干态光场 $\hat{c}$ 的正交振幅和位相起伏分别投影到 $\hat{S}_0$、$\hat{S}_1$ 分量上，纠缠态光场 $\hat{b}$ 的正交振幅和位相分量分别投影到 $\hat{S}_2$、$\hat{S}_3$ 分量上。所以在此只关注 $\hat{S}_2$，$\hat{S}_3$ 的关联噪声。

光场 $\hat{a}_1$、$\hat{a}_2$ 在 50/50 分束片上干涉，位相差为 $\pi/2$ 时，其输出光场写为 $\hat{b}_1$、$\hat{b}_2$：

$$\hat{b}_1=\frac{1}{\sqrt{2}}(\hat{a}_1+\mathrm{i}\hat{a}_2)$$

$$\hat{b}_2=\frac{1}{\sqrt{2}}(\hat{a}_1-\mathrm{i}\hat{a}_2) \tag{3.6}$$

又由于：

$$\hat{a}_1=\hat{X}_{a_1}^{+}+\mathrm{i}\hat{X}_{a_1}^{-}$$

$$\hat{a}_2=\hat{X}_{a_2}^{+}+\mathrm{i}\hat{X}_{a_2}^{-}$$

$$\hat{b}_1=\hat{X}_{b_1}^{+}+\mathrm{i}\hat{X}_{b_1}^{-}$$

$$\hat{b}_2=\hat{X}_{b_2}^{+}+\mathrm{i}\hat{X}_{b_2}^{-} \tag{3.7}$$

所以有：

$$\hat{b}_1=\frac{1}{\sqrt{2}}[(\hat{X}_{a_1}^{+}-\hat{X}_{a_2}^{-})+\mathrm{i}(\hat{X}_{a_1}^{-}+\hat{X}_{a_2}^{+})]$$

$$\hat{b}_2=\frac{1}{\sqrt{2}}[(\hat{X}_{a_1}^{+}+\hat{X}_{a_2}^{-})+\mathrm{i}(\hat{X}_{a_1}^{-}-\hat{X}_{a_2}^{+})] \tag{3.8}$$

则两束偏振纠缠态光场的斯托克斯算符 $\hat{S}_0$、$\hat{S}_1$、$\hat{S}_2$、$\hat{S}_3$ 的量子起伏可以分别用 DOPA 腔注入光场的正交振幅（位相）量子起伏 $\Delta^2\hat{X}_{a_i}^{\pm(0)}$ （$i=1$，2）和相干光场的正交振幅（位相）量子起伏 $\Delta^2\hat{X}_{c_i}^{\pm}$ 表示为：

$$\delta^2\hat{S}_{0_{d_1(d_2)}}=\delta^2\hat{S}_{1_{d_1(d_2)}}=4\alpha_c^2\delta^2\hat{X}_{c_1(c_2)}^{+}$$

$$\delta^2\hat{S}_{2_{d_1}}=4\alpha_c^2\left(\frac{1}{2}\mathrm{e}^{+2r_1}\delta^2\hat{X}_{a_1}^{-(0)}+\frac{1}{2}\mathrm{e}^{-2r_2}\delta^2\hat{X}_{a_2}^{+(0)}\right)$$

$$\delta^2\hat{S}_{3_{d_1}}=4\alpha_c^2\left(\frac{1}{2}\mathrm{e}^{-2r_1}\delta^2\hat{X}_{a_1}^{+(0)}-\frac{1}{2}\mathrm{e}^{+2r_2}\delta^2\hat{X}_{a_2}^{-(0)}\right)$$

$$\delta^2\hat{S}_{2_{d_2}}=4\alpha_c^2\left(\frac{1}{2}\mathrm{e}^{+2r_1}\delta^2\hat{X}_{a_1}^{-(0)}-\frac{1}{2}\mathrm{e}^{-2r_2}\delta^2\hat{X}_{a_2}^{+(0)}\right)$$

$$\delta^2\hat{S}_{3_{d_2}}=4\alpha_c^2\left(\frac{1}{2}\mathrm{e}^{-2r_1}\delta^2\hat{X}_{a_1}^{+(0)}+\frac{1}{2}\mathrm{e}^{+2r_2}\delta^2\hat{X}_{a_2}^{-(0)}\right) \tag{3.9}$$

式中，$r_{1(2)}$ 分别为 DOPA1（2）的压缩参量，在实验中使用的两个 DOPA 结构相同，因此它们的压缩参量取相等的值，$r_1=r_2=r$。

2002 年，Lam 研究组将 Duan 等人提出的两组分正交纠缠态不可分判据推广到了两组分偏振纠缠的不可分判据[57]。

如果归一化的斯托克斯算符的关联噪声满足下列关系：

$$I(\hat{S}_i,\hat{S}_j)=(\Delta^2{}_{x\pm y}\hat{S}_i+\Delta^2{}_{x\pm y}\hat{S}_j)/(2|[\delta\hat{S}_i,\delta\hat{S}_j]|)<1(i,j=1,2,3) \tag{3.10}$$

那么就证明两组分偏振纠缠光场是存在的。

3.2.2 实验系统的搭建

如图 3.2 所示，利用四个部分组成两组分偏振纠缠光场的产生装置。其中，第一部分是由激光器和倍频腔构成光源部分；第二部分是由两个频率简并的光学参量放大器（DOPA）和 50/50 光学分束器构成的两组分正交纠缠态光场产生系统；第三部分是由两个偏振分束棱镜构成将两组分正交纠缠态光场转化为两组分偏振纠缠态光场的转换系统；最后一部分是由 λ/2 和 λ/4 波片、两个偏振分束棱镜（PBS）、功率加减法器、平衡零拍探测器以及由 Keysight 公司生产的频谱分析仪构成的 Stokes 分量测量系统。

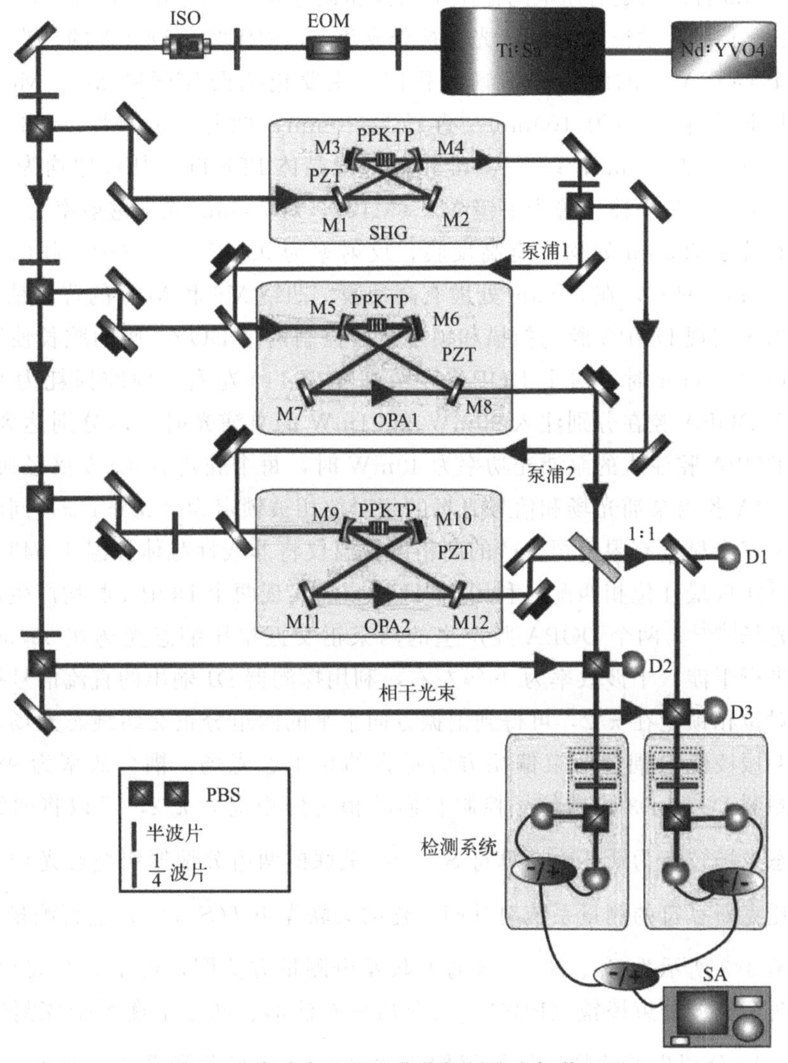

图 3.2 实验产生两组分偏振纠缠光场装置图

由于要制备与铷原子系综对应的两组分偏振纠缠态光场，所以选用波长可调谐的钛宝石激光器（相干公司 MBR110）作为输出光源，被太原山大宇光科技有限公司生产的 20W 单频绿光激光器（DPSS FG-VIIIB）泵浦，可以产生 3.6W、795nm 的红外激光。该 795nm 激光场又被分束棱镜分为五束，分别作为倍频腔的基频光、两个 DOPA 的信号光以及最后用于正交纠缠和偏振纠缠转换的两束强相干态光场。倍频腔和两个 DOPA 腔均采用四境环形腔结构，由两片凹镜（曲率半径为 100mm）和两片平镜组成，非线性晶体均使用Ⅰ类准相位匹配 PPKTP 晶体，其尺寸均为 1mm×2mm×10mm。对于倍频腔，除输入镜为平镜 M1，对 795nm 光场的透射率为 13%外，其余腔镜对 795nm 光场均高反，输出镜为凹镜 M4，对 398nm 光场高透。凹镜 M3 背面固定有压电陶瓷用于扫描和锁定腔长，使用 PDH 技术锁定倍频腔的腔长。倍频腔输出的 398nm 光场被分成两束，用作两个 DOPA 的泵浦光场。

两个 DOPA 腔的结构和倍频腔相同。主要包括两片凹镜 M5、M6（M9、M10）其曲率半径均为 100mm，直径为 20mm；两片平镜 M7、M8（M11、M12），其直径为 10mm；以及Ⅰ类准相位匹配晶体 PPKTP，其尺寸均为 1mm×2mm×10mm。其中输出镜为平镜 M8（M12），对 795nm 光场透射率为 5%，其余三个腔镜在 795nm 处均镀有高反膜，反射率为 99.95%，DOPA 腔的输入镜为凹镜（M5、M9），在 398nm 处镀有高透膜。凹镜 M6 和 M10 的背面粘有压电陶瓷，用于实现 DOPA 腔的扫描和锁定。当控制两个 DOPA 腔的腔长使腔内腰斑大小均为 39mm 时，两个 DOPA 腔精细度为 110 左右，内腔损耗为 0.6%，此时两个 DOPA 腔在分别注入 90mW 和 91mW 的泵浦光时可以分别达到阈值，当每个 DOPA 腔注入的泵浦光功率为 40mW 时，每个腔均有 4～5 倍经典增益。两个 DOPA 腔内泵浦光场和信号光场的相对位相被锁定为 $(2k+1)\pi$，同时利用太原山大宇光科技有限公司生产的高精度控温仪将非线性晶体控温于 54℃左右，此时可以实现最佳位相匹配，利用 PDH 锁频法实现两个 DOPA 腔均产生正交振幅压缩光场[178]。两个 DOPA 腔产生的两束正交振幅压缩态光场在 50/50 的分束片上进行干涉，干涉效率为 99%左右，利用探测器 D1 输出的直流信号控制它们的相对位相锁定在 $\pi/2$，可得到偏振方向水平的两组分正交纠缠态光场。然后在两个偏振棱镜上耦合两束偏振方向垂直的相干态光场，耦合效率为 98.5%，利用探测器 D2 和 D3 输出信号控制它们的相对位相也为 $\pi/2$，可以将两组分正交纠缠态光场转换为斯托克斯算符 $\hat{S}_2$、$\hat{S}_3$ 关联的两组分偏振纠缠态光场。最后通过斯托克斯算符的测量系统对其归一化的关联噪声 $I(\hat{S}_2,\hat{S}_3)$ 进行测量。

如图 3.3 所示为 $\hat{S}_2$、$\hat{S}_3$ 分量的关联噪声测量方法图，可用 $\lambda/2$ 波片、$\lambda/4$ 波片、两个偏振分束棱镜（PBS）、三个功率减法器、两个平衡零拍探测器以及由 Keysight 公司生产的频谱分析仪构成的 Stokes 分量测量系统，对 $\hat{S}_2$ 分量的

起伏差和 $\hat{S}_3$ 分量的起伏和实现测量。

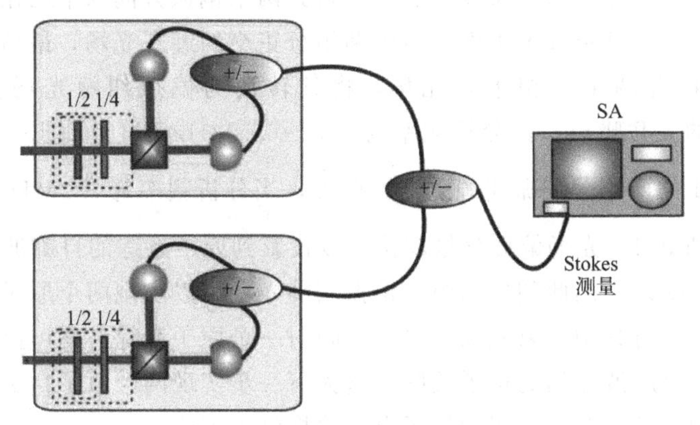

图 3.3　两组分偏振纠缠测量方法图

3.2.3　实验结果测量及分析

利用电子频谱分析仪测量得到归一化的斯托克斯算符的量子关联噪声谱 $I(\hat{S}_2,\hat{S}_3)$，如图 3.4 所示，其中设置频谱分析仪的参数分别为：RBW，300kHz；VBW，300Hz。图中曲线 i 为挡住信号光时的量子噪声极限，曲线 ii 为 $I(\hat{S}_2,\hat{S}_3)$ 关联噪声曲线。在 DOPA 腔线宽内，关联噪声随分析频率的增加而降低。我们可以看到在 0～1.8MHz 内，测得的关联噪声远高于量子噪声极限，这是因为激光本身在低频区域内量子噪声较高。但是，在 1.8～6.5MHz 之间，$I(\hat{S}_2,\hat{S}_3)<1$，很好地满足两组分偏振偏振纠缠的不可分判据，因此，两组分偏振纠缠是存在的。在分析频率为 5.2MHz 处，关联噪声有最小值为 $I(\hat{S}_2,\hat{S}_3)=0.4$。

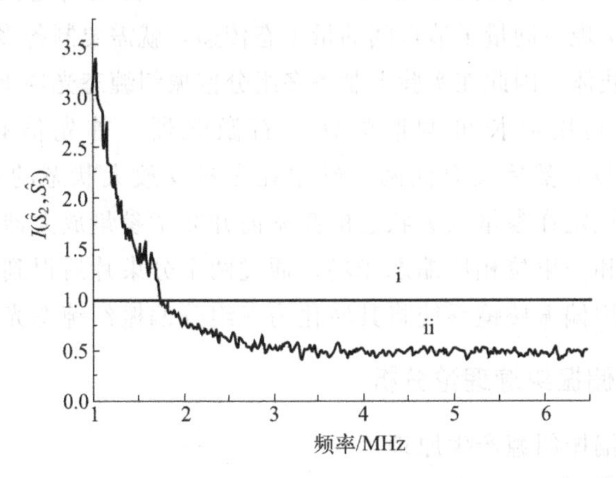

图 3.4　归一化的斯托克斯算符的量子关联噪声谱 $I(\hat{S}_2,\hat{S}_3)$

因此，可以通过一个倍频腔泵浦两个频率简并的光学参量放大器，此时两个光学参量放大器工作在参量反放大状态，得到两束偏振方向水平的振幅压缩态光场，然后在50/50分束片上干涉，得到两组分正交纠缠态光场，最后利用两个偏振分束棱镜耦合两束强相干态光场，将其转换为偏振纠缠光场。通过测量Stokes分量的关联噪声，在分析频率为1.8～6.5MHz，可得到归一化关联噪声$I(\hat{S}_2,\hat{S}_3)<1$的两组分偏振纠缠光场；此外，当分析频率为5.2MHz时，$I(\hat{S}_2,\hat{S}_3)$有最小值0.4。光场偏振分量起伏可以投影到原子系综的自旋波起伏上，实现二者的相互映射，因此利用两组分偏振纠缠光场可以实现两个原子系综自旋波之间的纠缠；若将其中一束光场的量子态映射一个原子系综，就可以实现光场偏振分量和原子自旋波之间的量子关联。这为下一步实现两个原子自旋波之间、光场偏振分量和原子自旋波之间的量子态传输提供了可能。

3.3 明亮的三组分偏振纠缠态光场制备

量子信息是一门超前的交叉学科，利用量子信息的特性，如正交性、量子纠缠特性等，可实现现实世界中的安全通信和高速计算[45]。量子纠缠是量子信息科学发展的核心内容，随着量子信息技术的发展，量子纠缠已被应用于多种量子学科领域[44,52]，20世纪90年代实现的量子离物传态就是量子通信领域的经典之作，为将来构造量子网络奠定了基础。此外，量子纠缠还被应用于量子密钥分发[174]、量子逻辑门操作[54]、量子密集编码等领域[179]。

由于偏振纠缠态光场不仅具有纠缠态量子特性，而且还结合了偏振态光场，具有方便与原子介质匹配、测量系统简单的特点，因此其在实现远距离量子信息传递以及构造量子网络方面有重要应用价值。目前，世界上多个小组对偏振纠缠做了研究，均为两组分的偏振纠缠态[56,57,169,176]。但是要构建包括多个量子节点的量子网络，并实现不同量子节点间的量子态传递，就需要制备多组分的偏振纠缠态光场作为信息载体，因此在实验上制备多组分偏振纠缠态光场十分有必要。

在本节中，利用波长可调谐的钛宝石激光器，首先倍频得到150mW、398nm的紫外光场，然后又泵浦两个锁定在参量反放大状态的频率简并光学参量放大器和一个锁定在参量放大状态的频率简并光学参量放大器，分别得到两束振幅压缩态光场和一束位相压缩态光场，通过两个分束片后得到三组分正交纠缠态光场，最后利用偏振棱镜系统将其转化为三组分偏振纠缠态光场。

3.3.1 三组分偏振纠缠理论分析

(1) 三组分偏振纠缠产生原理

由前面的介绍我们知道在量子力学领域通常用Stokes算符来描述光场的偏

振态，它们的表达式如下[57]：

$$\hat{S}_0=\hat{a}_V^{\dagger}\hat{a}_V+\hat{a}_H^{\dagger}\hat{a}_H,$$
$$\hat{S}_1=\hat{a}_H^{\dagger}\hat{a}_H-\hat{a}_V^{\dagger}\hat{a}_V$$
$$\hat{S}_2=\hat{a}_H^{\dagger}\hat{a}_V e^{i\theta}+\hat{a}_V^{\dagger}\hat{a}_H e^{-i\theta}$$
$$\hat{S}_3=\hat{a}_V^{\dagger}\hat{a}_H e^{-i\theta}-\hat{a}_H^{\dagger}\hat{a}_V e^{i\theta} \tag{3.11}$$

式中，$\hat{a}_H$、$\hat{a}_V$ 分别表示水平、竖直偏振光场；θ 为它们的相对位相差，即任何一个偏振模都可用一个水平偏振模和一个竖直偏振模表示。所以，拟利用偏振方向水平的三组分正交纠缠态光场和偏振方向竖直的相干态光场进行耦合，得到三组分偏振纠缠态光场。

三组分偏振纠缠态光场产生原理图如图 3.5 所示。

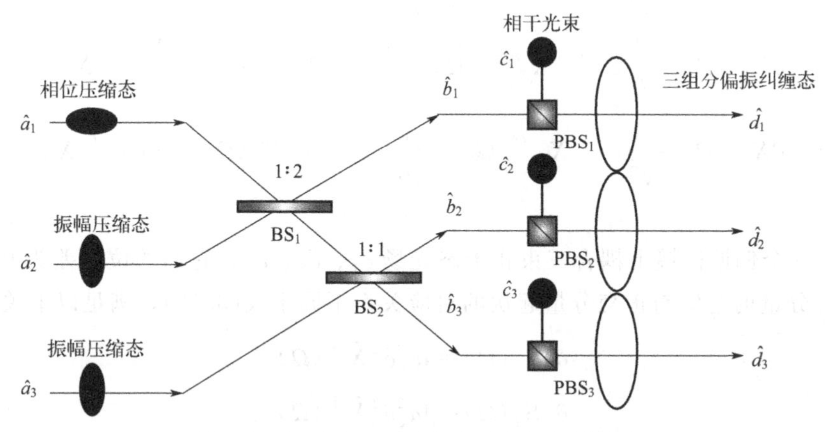

图 3.5　三组分偏振纠缠态光场产生原理图

如图 3.5 所示，首先在实验上利用三个 DOPA 制备三束压缩态光场，$\hat{a}_1$ 为位相压缩态光场，$\hat{a}_2$、$\hat{a}_3$ 为振幅压缩态光场，可写为以下形式：

$$\delta\hat{X}^{+}_{a_{2(3)}}(\Omega)=e^{-r_{2(3)}}\delta\hat{X}^{+(0)}_{a_{2(3)}}(\Omega)$$
$$\delta\hat{X}^{-}_{a_{2(3)}}(\Omega)=e^{r_{2(3)}+r'_{2(3)}}\delta\hat{X}^{-(0)}_{a_{2(3)}}(\Omega)$$
$$\delta\hat{X}^{+}_{a_1}(\Omega)=e^{r_1+r'_1}\delta\hat{X}^{+(0)}_{a_1}(\Omega)$$
$$\delta\hat{X}^{-}_{a_1}(\Omega)=e^{-r_1}\delta\hat{X}^{-(0)}_{a_1}(\Omega) \tag{3.12}$$

式中，$\delta\hat{X}^{+(0)}_{a_i}(\Omega)$ 为 DOPA 注入相干态光场的正交振幅分量起伏；$\delta\hat{X}^{-(0)}_{a_i}(\Omega)$ 为 DOPA 注入相干态光场的位相分量起伏，$i=1, 2, 3$；r_j 为各

DOPA 腔的压缩参量；r_j' 为反压缩参量额外噪声，$j=1, 2, 3$。

两个分束片的比例分别为 $R:T=1:2$，$R:T=1:1$，锁定位相均为 0，则经过两个分束器后，得到三组分正交纠缠态光场 $\hat{b}_1$、$\hat{b}_2$、$\hat{b}_3$，其正交分量起伏可用 DOPA 注入光场的正交分量起伏以及压缩参量和反压缩参量额外噪声写为以下形式：

$$
\begin{aligned}
\delta\hat{X}_{b_1}^{+}(\Omega) &= \frac{1}{\sqrt{3}}e^{r_1+r_1'}\hat{X}_{a_1}^{+(0)}(\Omega)+\frac{2}{\sqrt{3}}e^{-r_2}\hat{X}_{a_2}^{+(0)} \\
\delta\hat{X}_{b_1}^{-}(\Omega) &= \frac{1}{\sqrt{3}}e^{-r_1}\hat{X}_{a_1}^{-(0)}(\Omega)+\frac{2}{\sqrt{3}}e^{r_2+r_2'}\hat{X}_{a_2}^{-(0)} \\
\delta\hat{X}_{b_2}^{+}(\Omega) &= \frac{1}{\sqrt{3}}e^{r_1+r_1'}\hat{X}_{a_1}^{+(0)}(\Omega)-\frac{1}{\sqrt{6}}e^{-r_2}\hat{X}_{a_2}^{+(0)}(\Omega)+\frac{1}{2}e^{-r_3}\hat{X}_{a_3}^{+(0)} \\
\delta\hat{X}_{b_2}^{-}(\Omega) &= \frac{1}{\sqrt{3}}e^{-r_1}\hat{X}_{a_1}^{-(0)}(\Omega)-\frac{1}{\sqrt{6}}e^{r_2+r_2'}\hat{X}_{a_2}^{-(0)}(\Omega)+\frac{1}{2}e^{r_3+r_3'}\hat{X}_{a_3}^{-(0)} \\
\delta\hat{X}_{b_3}^{+}(\Omega) &= \frac{1}{\sqrt{3}}e^{r_1+r_1'}\hat{X}_{a_1}^{+(0)}(\Omega)-\frac{1}{\sqrt{6}}e^{-r_2}\hat{X}_{a_2}^{+(0)}(\Omega)-\frac{1}{2}e^{-r_3}\hat{X}_{a_3}^{+(0)} \\
\delta\hat{X}_{b_3}^{-}(\Omega) &= \frac{1}{\sqrt{3}}e^{-r_1}\hat{X}_{a_1}^{-(0)}(\Omega)-\frac{1}{\sqrt{6}}e^{r_2+r_2'}\hat{X}_{a_2}^{-(0)}(\Omega)-\frac{1}{2}e^{r_3+r_3'}\hat{X}_{a_3}^{-(0)}
\end{aligned}
\tag{3.13}
$$

在三个偏振棱镜上耦合三束相干态光场 $\hat{c}_1$、$\hat{c}_2$、$\hat{c}_3$，它们的位相差为 0，故 Stokes 分量的起伏与正交分量起伏的对应关系不同于式(3.13)，满足以下关系：

$$
\begin{aligned}
\delta^2\hat{S}_0(\Omega) &= 4\alpha_c^2\delta^2\hat{X}_c^{+}(\Omega) \\
\delta^2\hat{S}_1(\Omega) &= 4\alpha_c^2\delta^2\hat{X}_c^{+}(\Omega) \\
\delta^2\hat{S}_2(\Omega) &= 4\alpha_c^2\delta^2\hat{X}_b^{+}(\Omega) \\
\delta^2\hat{S}_3(\Omega) &= 4\alpha_c^2\delta^2\hat{X}_b^{-}(\Omega)
\end{aligned}
\tag{3.14}
$$

将三组分正交纠缠态 $\hat{b}_1$、$\hat{b}_2$、$\hat{b}_3$ 转化为三组分偏振纠缠光场 $\hat{d}_1$、$\hat{d}_2$、$\hat{d}_3$，其 Stokes 分量的方差起伏可写为：

$$
\delta^2\hat{S}_{0_{d_1(d_2,d_3)}}(\Omega)=\delta^2\hat{S}_{1_{d_1(d_2,d_3)}}(\Omega)=4\alpha_c^2\delta^2\hat{X}_{c_1(c_2,c_3)}^{+}(\Omega)
$$

$$
\delta^2\hat{S}_{2_{d_1}}(\Omega)=4\alpha_c^2\left[\frac{e^{2r_1+2r_1'}}{3}\delta^2\hat{X}_{a_1}^{+(0)}(\Omega)+\frac{2e^{-2r_2}}{3}\delta^2\hat{X}_{a_2}^{+(0)}(\Omega)\right]
$$

$$
\delta^2\hat{S}_{3_{d_1}}(\Omega)=4\alpha_c^2\left[\frac{e^{-2r_1}}{3}\delta^2\hat{X}_{a_1}^{-(0)}(\Omega)+\frac{2e^{2r_2+2r_2'}}{3}\delta^2\hat{X}_{a_2}^{-(0)}(\Omega)\right]
$$

$$
\delta^2\hat{S}_{2_{d_2}}(\Omega)=4\alpha_c^2\left[\frac{e^{2r_1+2r_1'}}{3}\delta^2\hat{X}_{a_1}^{+(0)}(\Omega)-\frac{e^{-2r_2}}{6}\delta^2\hat{X}_{a_2}^{+(0)}(\Omega)+\frac{e^{-2r_3}}{2}\delta^2\hat{X}_{a_3}^{+(0)}(\Omega)\right]
$$

$$\delta^2\hat{S}_{3_{d_2}}(\Omega)=4\alpha_c^2\left[\frac{e^{-2r_1}}{3}\delta^2\hat{X}_{a_1}^{-(0)}(\Omega)-\frac{e^{2r_2+2r_2'}}{6}\delta^2\hat{X}_{a_2}^{-(0)}(\Omega)+\frac{e^{2r_3+2r_3'}}{2}\delta^2\hat{X}_{a_3}^{-(0)}(\Omega)\right]$$

$$\delta^2\hat{S}_{2_{d_3}}(\Omega)=4\alpha_c^2\left[\frac{e^{2r_1+2r_1'}}{3}\delta^2\hat{X}_{a_1}^{+(0)}(\Omega)-\frac{e^{-2r_2}}{6}\delta^2\hat{X}_{a_2}^{+(0)}(\Omega)-\frac{e^{-2r_3}}{2}\delta^2\hat{X}_{a_3}^{+(0)}(\Omega)\right]$$

$$\delta^2\hat{S}_{3_{d_3}}(\Omega)=4\alpha_c^2\left[\frac{e^{-2r_1}}{3}\delta^2\hat{X}_{a_1}^{-(0)}(\Omega)-\frac{e^{2r_2+2r_2'}}{6}\delta^2\hat{X}_{a_2}^{-(0)}(\Omega)-\frac{e^{2r_3+2r_3'}}{2}\delta^2\hat{X}_{a_3}^{-(0)}(\Omega)\right]$$

(3.15)

由上式可以看到，对于 $\hat{S}_0$、$\hat{S}_1$ 分量，只与耦合的相干态光场的正交振幅分量有关；对于 $\hat{S}_2$、$\hat{S}_3$ 分量，与 DOPA 腔系统的正交分量有关。所以，在测量时，同样主要关注 $\hat{S}_2$，$\hat{S}_3$ 的关联噪声[57]。

（2）三组分偏振纠缠判据

通常用纠缠判据来判别制备的态是否为纠缠态。2000 年，段路明等人首先给出了两组分正交纠缠的不可分判据表达式[180]：

$$\Delta_{x\pm y}^2\hat{X}^+ +\Delta_{x\pm y}^2\hat{X}^- <4 \tag{3.16}$$

即 x、y 两束光场的正交振幅和位相起伏方差满足上式时就为两组分正交纠缠态。

2002 年，Lam 小组将其推广到两组分偏振纠缠态的不可分判据[56]。

$$I(\hat{S}_i,\hat{S}_j)=\frac{(\Delta_{x\pm y}^2\hat{S}_i+\Delta_{x\pm y}^2\hat{S}_j)}{2|[\delta\hat{S}_i,\delta\hat{S}_j]|}<1(i,j=1,2,3) \tag{3.17}$$

当上式小于 1 时说明得到了两组分偏振纠缠态。

2003 年，日本的 Furusawa 等人实现了三组分正交纠缠态光场的制备，并给出了三组分正交纠缠态光场的不可分判据表达式[181]：

$$\begin{gathered}\langle[\Delta(\hat{x}_1-\hat{x}_2]^2\rangle+\langle[\Delta(\hat{p}_1+\hat{p}_2+g_3\hat{p}_3]^2\rangle<1\\ \langle[\Delta(\hat{x}_2-\hat{x}_3]^2\rangle+\langle[\Delta(g_1\hat{p}_1+\hat{p}_2+\hat{p}_2]^2\rangle<1\\ \langle[\Delta(\hat{x}_1-\hat{x}_3]^2\rangle+\langle[\Delta(\hat{p}_1+g_2\hat{p}_2+\hat{p}_2]^2\rangle<1\end{gathered} \tag{3.18}$$

当式(3.18) 中的任意两个不等式同时满足时，就证明得到了三组分正交纠缠态。

2015 年，我们小组将其推广到三组分偏振纠缠态的不可分判据[182]：

$$I_1(\hat{S}_2,\hat{S}_3)=\frac{\Delta^2(\hat{S}_{2y}-\hat{S}_{2z})+\Delta^2(\hat{S}_{3x}+\hat{S}_{3y}+\hat{S}_{3z})}{2|[\hat{S}_2,\hat{S}_3]|}<1$$

$$I_2(\hat{S}_2,\hat{S}_3)=\frac{\Delta^2(\hat{S}_{2x}-\hat{S}_{2y})+\Delta^2(\hat{S}_{3x}+\hat{S}_{3y}+\hat{S}_{3z})}{2|[\hat{S}_2,\hat{S}_3]|}<1$$

$$I_3(\hat{S}_2,\hat{S}_3)=\frac{\Delta^2(\hat{S}_{2x}-\hat{S}_{2z})+\Delta^2(\hat{S}_{3x}+\hat{S}_{3y}+\hat{S}_{3z})}{2|[\hat{S}_2,\hat{S}_3]|}<1 \tag{3.19}$$

同样，当式(3.19)中任意两个同时满足小于1时，就证明得到了三组分偏振纠缠态。

由于在实验中制备的压缩态不可能为纯的压缩态，2014年，澳大利亚的Reid等人提出了真正多组分纠缠判据[183]，需用混合态理论进行分析。由参考文献［183，184］可知，对于可分的混合态，任何两个可观测量方差的起伏和不可能小于构成其的混合态子系综的权重和，对于$\hat{S}_2$、$\hat{S}_3$，即：

$$\delta^2(\hat{S}_2)+\delta^2(\hat{S}_3)\geqslant\sum_k P_k[\delta_k^2(\hat{S}_2)+\delta_k^2(\hat{S}_3)] \tag{3.20}$$

式中，P_k为体系处于第k个本征态的概率，$\sum_k P_k=1$；$\delta_k^2(\hat{S}_{2(3)})$为$\hat{S}_{2(3)}$处于第$k$个本征态时的起伏方差。对于三组分态，由于$I_1(\hat{S}_2,\hat{S}_3)$为两个可观测量的和，所以有：

$$I_1\geqslant P_1I_{1,1}+P_2I_{1,2}+P_1I_{1,3}\geqslant P_1I_{1,1}+P_2I_{1,2}\geqslant P_1+P_2$$

同理有：

$$I_2\geqslant P_3+P_2\quad I_3\geqslant P_3+P_1$$

又由于：

$$\sum_k P_k=1$$

所以有：

$$I_1+I_2+I_3\geqslant 2 \tag{3.21}$$

即当上式被违背时，三组分态是不可分的，为真正三组分纠缠态。

为了表明实验中各个参量与归一化纠缠判据的关系，可将三组分偏振纠缠的不可分判据式(3.19)写为含压缩参量和最佳增益因子的表达式：

$$I_1=\frac{\alpha_c^2[12\mathrm{e}^{-2r_3}+2(g_1+2)^2\mathrm{e}^{-2r_1}+4(g_1-1)^2\mathrm{e}^{2(r_2+r_2')}]}{24|\alpha_c^2-\alpha_a^2|}$$

$$I_2=\frac{\alpha_c^2[3\mathrm{e}^{-2r_3}+9\mathrm{e}^{-2r_2}+2(g_2+2)^2\mathrm{e}^{-2r_1}+3(g_2-1)^2\mathrm{e}^{2(r_3+r_3')}+(g_2-1)^2\mathrm{e}^{2(r_2+r_2')}]}{24|\alpha_c^2-\alpha_a^2|}$$

$$I_3=\frac{\alpha_c^2[3\mathrm{e}^{-2r_3}+9\mathrm{e}^{-2r_2}+2(g_3+2)^2\mathrm{e}^{-2r_1}+3(g_3-1)^2\mathrm{e}^{2(r_3+r_3')}+(g_3-1)^2\mathrm{e}^{2(r_2+r_2')}]}{24|\alpha_c^2-\alpha_a^2|}$$

(3.22)

当I_1、I_2、I_3均取最小值时，可得到最佳增益因子的表达式：

$$g_1^{opt}=\frac{2e^{2r_1+2r_2+2r_2'}-2}{2e^{2r_1+2r_2+2r_2'}+1}$$

$$g_2^{opt}=g_3^{opt}=\frac{e^{2r_1+2r_2+2r_2'}+3e^{2r_1+2r_3+2r_3'}-4}{e^{2r_1+2r_2+2r_2'}+3e^{2r_1+2r_3+2r_3'}+2} \tag{3.23}$$

其与压缩参量和反压缩参量额外噪声有关。

图 3.6 为归一化 I_1、I_2、I_3 随压缩参量 r 变化曲线，其中 i 为散粒噪声基准，ii 为 $g_i=1(i=1,2,3)$ 时纠缠判据曲线，iii 为 g_i 取最佳增益因子时的判据曲线。由图 3.6 可看到，当 g_i 取最佳增益因子时，只要压缩参量 r 不为 0 就可以得到三组分偏振纠缠，参数参量 r 越大，I_1、I_2、I_3 越小，通过提高压缩参量 r，可以得到更好的三组分偏振纠缠光场。

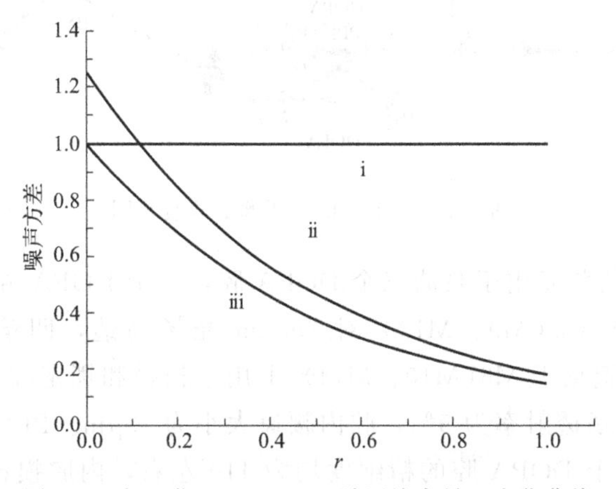

图 3.6　归一化 I_1、I_2、I_3 随压缩参量 r 变化曲线

3.3.2　产生明亮的三组分偏振纠缠态实验

(1) 实验装置

如图 3.7 为实验装置图，利用太原山大宇光科技有限公司生产的单频绿光激光器输出 20W 的 532nm 绿光，泵浦相干公司生产的钛宝石激光器（MBR-110），产生 3.6W 的 795nm 红外光场，用波片棱镜组合将其分为七束，分别作为倍频腔的基频光、三个 DOPA 腔的信号光以及最后的三束耦合相干态光场。倍频腔和三个 DOPA 腔的结构均为两个由平镜和两片凹镜组成的 4 镜环形腔，均采用 1mm×2mm×10mm 的 Ⅰ 类 PPKTP 晶体作为非线性介质，其中，倍频腔平面镜 M1 为输入镜，对 795nm 光场透射率为 13%，其余腔镜对 795nm 光场均为高反。M3、M4 为曲率半径为 100mm 的凹镜，压电陶瓷粘于 M3 后，用于扫描和锁定腔长，输出镜为凹镜 M4，镀有对 398nm 高透的膜。倍频腔晶体两端镀有对

795nm 光场高透的膜，被置于紫铜控温炉内，利用太原山大宇光科技有限公司生产的高精度控温仪控温于 57℃左右，可实现最佳的准相位匹配。

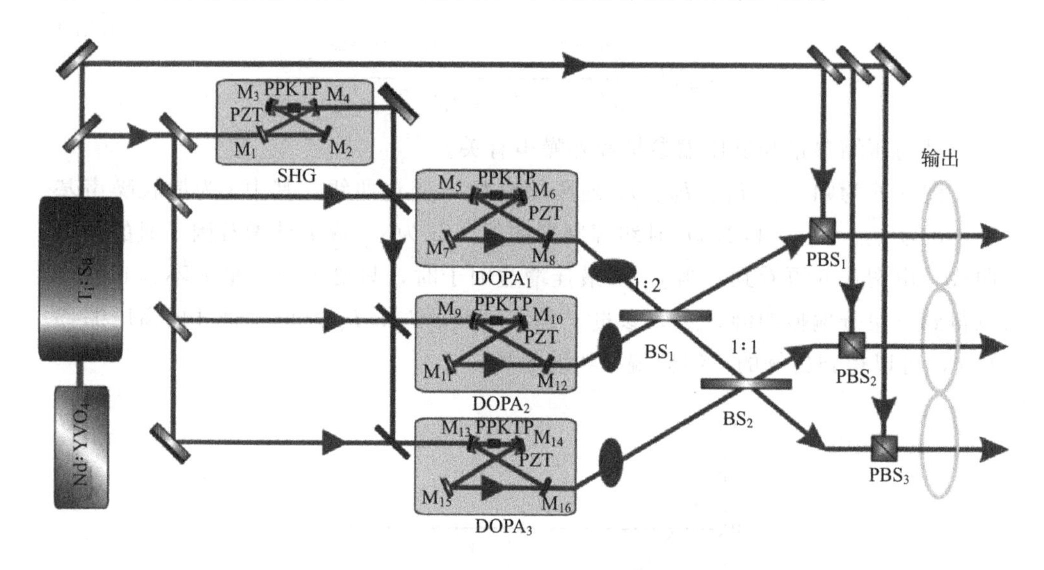

图 3.7　三组分偏振纠缠实验装置图

倍频腔产生的紫光用于泵浦三个 DOPA 腔，三个 DOPA 腔的参数均相同，其输入镜为凹镜 M5（M9、M13）对 398nm 光场高透，凹镜曲率半径均为 100mm，压电陶瓷粘于 M6（M10、M14）上用于扫描和锁定腔长；输出镜为平镜，对 795nm 光场透射率为 5%，腔内腰斑大小为 39μm。PPKTP 晶体被控温于 54℃左右，三个 DOPA 腔的精细度均为 110 左右，内腔损耗为 0.6%左右，阈值均为 90mW 左右，在每个腔内注入 50mW 的泵浦光时均有 4～5 倍经典增益。利用高增益交流探测器输出的交流信号用于锁定腔长，锁定方法同样为 PDH 锁频法，同时利用高增益的直流探测器来锁定腔内信号光和泵浦光的位相，其中，在 DOPA1～3 中分别注入 0.2mW、2mW、2mW 的信号光，DOPA1 锁定在参量放大状态，输出位相压缩态光场，DOPA2 与 DOPA3 锁定在参量反放大状态，输出振幅压缩态光场[58]，三束光场光强相同。

DOPA1 输出的位相压缩光和 DOPA2 输出的振幅压缩光在 $R:T=1:2$ 的分束片上进行干涉，锁定相对位相为 0，然后又与 DOPA3 输出的振幅压缩光在 $R:T=1:1$ 的分束片上干涉，锁定相对位相为 0，得到偏振方向水平的三组分正交压缩态光场，然后利用三个偏振棱镜耦合三束偏振方向竖直的相干态光场，控制相对位相为 0，得到三组分偏振纠缠态光场，最后进入探测系统探测。

（2）三组分偏振纠缠的测量

需测量 $\delta^2(\hat{S}_{2i}-\hat{S}_{2j})(i,j=x,y,z)$ 以及 $\delta^2(\hat{S}_{3x}+\hat{S}_{3y}+\hat{S}_{3z})$ 关联噪声，

测量装置如图 3.8 所示。

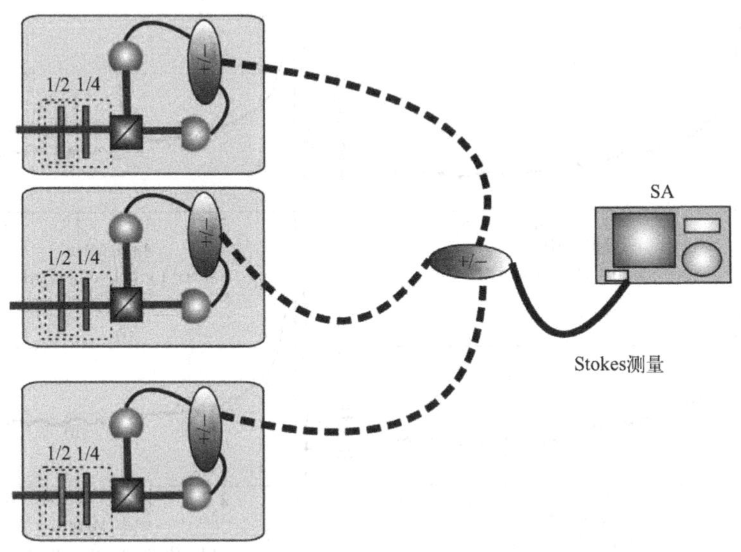

图 3.8　三组分偏振纠缠测量装置

如图 3.8，利用三套 Stokes 分量测量装置对三组分偏振纠缠的关联噪声进行测量。利用 $\lambda/2$ 波片，对光场旋转 45°。然后两两相减，可实现 $\delta^2(\hat{S}_{2y}-\hat{S}_{2z})$、$\delta^2(\hat{S}_{2x}-\hat{S}_{2y})$、$\delta^2(\hat{S}_{2x}-\hat{S}_{2z})$ 的测量。

利用 $\lambda/2$ 波片将光场旋转 45°，然后利用 $\lambda/4$ 波片将光场变为圆偏光，三束光电流相加可实现对 $\delta^2(\hat{S}_{3x}+\hat{S}_{3y}+\hat{S}_{3z})$ 的测量。

3.3.3　实验结果测量及分析

如图 3.9 所示，图 (a)～(f) 分别为 $\delta^2(\hat{S}_{2d_2}-\hat{S}_{2d_3})$、$\delta^2(g_1\hat{S}_{3d_1}+\hat{S}_{3d_2}+\hat{S}_{3d_3})$、$\delta^2(\hat{S}_{2d_1}-\hat{S}_{2d_3})$、$\delta^2(\hat{S}_{3d_1}+g_2\hat{S}_{3d_2}+\hat{S}_{3d_3})$、$\delta^2(\hat{S}_{2d_1}-\hat{S}_{2d_2})$、$\delta^2(\hat{S}_{3d_1}+\hat{S}_{3d_2}+g_3\hat{S}_{3d_3})$ 的关系噪声测量结果，其中曲线 i 为归一化的散粒噪声基准，曲线 ii 为各分量的关联噪声。频谱分析仪参数设置为 RBW，300kHz；VBW，300Hz；考虑到低频处激光本身噪声较大，而太高的分析频率会超过 DOPA 腔的线宽分析频率。首先通过测量每个 DOPA 腔的压缩度，确定最佳增益因子为 $g_1^{opt}=g_2^{opt}=g_3^{opt}=0.845$，实际测量时利用衰减器对平衡零拍的输出信号进行衰减以得到最佳的量子关联。由图 3.9 可看到，对于 $\hat{S}_{2d_i}$、$\hat{S}_{3d_j}$ 分量的关联噪声，由于激光器在低频处的量子噪声较高，高于散粒噪声基准，在 $f>1.3\text{MHz}$ 后均可低于散粒噪声基准，在 $f=5\text{MHz}$ 处有分别低于散粒噪声基准

4dB、3dB。

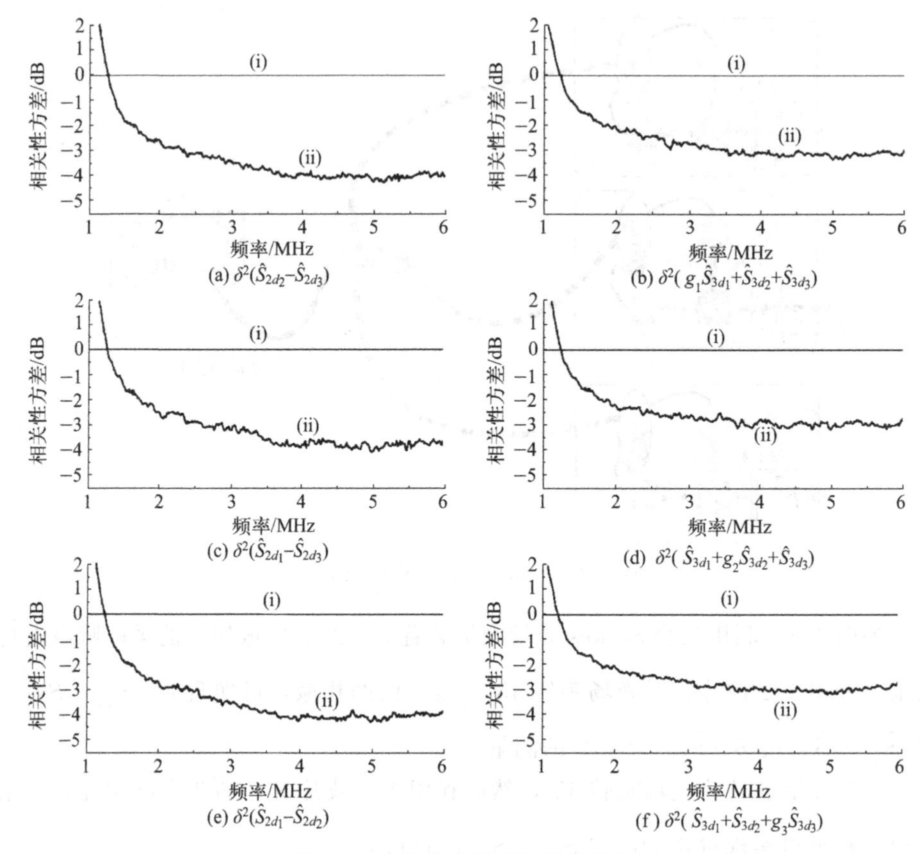

图 3.9　三组分偏振纠缠测量结果

给出 I_1、I_2、I_3 结果如图 3.10 所示，其中 i 为归一化的散粒噪声基准，ii 为 I_1、I_2、I_3 曲线。同样，由图 3.10 可以看到，在 $f>1.3\text{MHz}$ 后，I_1、I_2、I_3 均低于散粒噪声基准，在 $f=5\text{MHz}$ 有：

$$I_1=0.42\pm0.08<1$$

$$I_2=0.41\pm0.08<1$$

$$I_3=0.42\pm0.08<1$$

$$I_1+I_2+I_3=1.25<2$$

同时满足三组分偏振纠缠不可分判据和真正多组分纠缠判据。

因此，实验中通过三个光学参量放大器制备三束压缩态光场，在分束片网络干涉后得到三组分正交纠缠态，然后又利用三个偏振棱镜将其转化为三组分偏振纠缠态光场，并实现对其量子关联噪声的测量，证明其满足三组分偏振纠缠态的不可分判据以及真正多组分纠缠判据。多组分的正交纠缠态光场是制备多组分偏

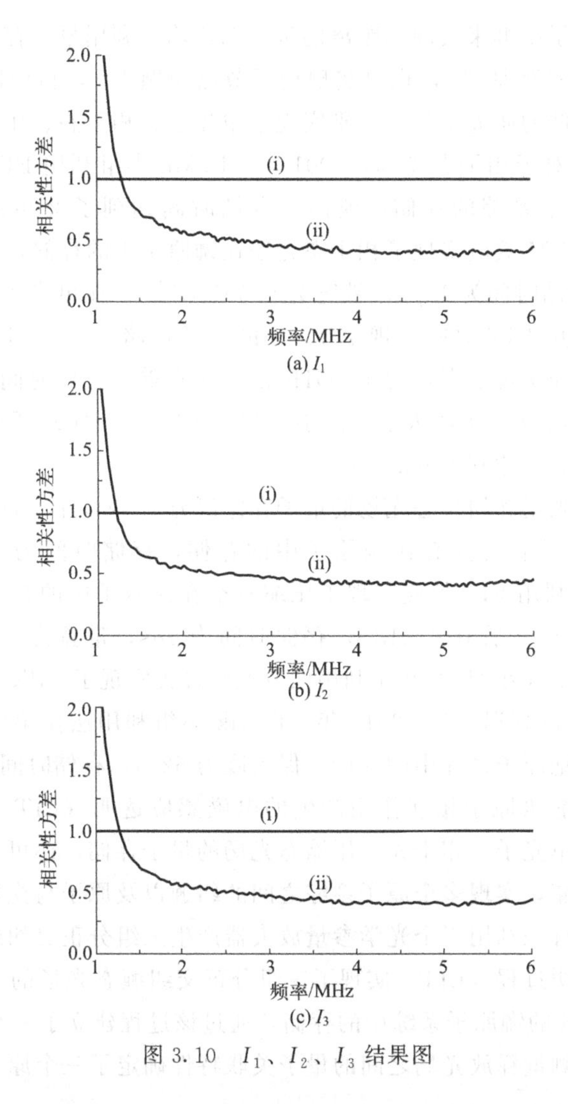

图 3.10　I_1、I_2、I_3 结果图

振纠缠态光场的基础，虽然我们仅仅制备了三组分的偏振纠缠态光场，但只要多组分正交纠缠态得到制备，就可以利用并推广到更多组分的偏振纠缠态的制备，例如八组分的正交纠缠态已得到制备。所以利用本书的方法可以实现更多组分偏振纠缠态的制备，这在量子网络以及量子通信方面均有广泛的应用前景。

3.4　三原子系综量子纠缠及量子存储

量子网络因具有安全性和高效性等特点，受到了人们的广泛关注，纠缠态光场是构造大型量子通信网络的重要资源[52,179,185,186]，而原子介质是量子信息存储和处理的理想介质，由于光场在量子信道中远距离的传输会导致其自身损耗，所以需要利用量子中继来实现远距离的量子态传输，利用量子存储不仅可以实现量子信息的中继和处理[185]，也可实现量子节点纠缠[187]，目前国际上很多小组开展了对量子存储的研究工作，分别实现了单光子、相干态、压缩态、纠缠态光场的量子存储。对于相干态光场，2001 年，Lukin 小组利用 EIT 效应实现了相干态光场在铷原子系综的存储，他们的存储时间达到了 200μs[188]；2011 年，Lam 小组利用 GEM 效应实现了相干态光场在铷原子中的存储，他们的存储效率达到了 87%，存储时间为 15μs，带宽为 0.5MHz[23]；在单光子水平，2005 年，Kuzmich 小组利用 EIT 效应实现了 10ms 的量子存储[127]；2011 年，Walmsley 小组利用拉曼过程实现了带宽为 1.5GHz 的量子存储，存储时间为 1.5μs，效率为 30%[189]。2013 年，山西大学王海小组利用 EIT 效应实现了单光子水平高保真度的存储，保真度达到了 98.6%[131]。

对于压缩态光场和纠缠态光场的量子存储研究，2008 年 Furusawa 等人利用 EIT 效应实现了压缩真空态在铷原子中的存储，存储时间为 3μs[168]。同年，Lvovlsky 小组也利用 EIT 效应实现了压缩真空在铷原子中的存储，存之前的压缩度有 1.86dB，释放后有 0.21dB，存储时间为 1μs，带宽为 5.5MHz[166]。对于纠缠态光场，Lett 小组 2009 年利用四波混频过程实现了 EPR 纠缠态光场在铷原子系综中 22ns 的延迟[190]；2011 年，Polzik 小组利用法拉第效应实现了两组分纠缠态光场在铯原子系综中的存储，保真度为 52%，存储时间为 1ms[191]。

利用光与多能级原子相互作用产生的电磁感应透明（EIT）可实现量子存储。不仅可实现单光子、相干光、压缩态光场的量子存储，还可实现纠缠光场在原子系综中的存储，实现多个原子系综之间的纠缠以及原子与光场间的纠缠。

在本节中，首先利用三个光学参量放大器产生三组分正交纠缠态光场，然后利用电磁感应透明过程（EIT）实现了三组分正交纠缠态光场的三个子模在三个彼此距离为 2.6m 的铷原子系综中的存储，通过该过程建立了三个原子系综间的量子纠缠，通过测量释放光场之间的量子关联特性确定了三个原子系综间的量子关联。

三组分正交纠缠态光场和三个原子系综组成的量子网络如图 3.11 所示。首先有三个相互纠缠的量子态 $\hat{a}(0)_{S1}$、$\hat{a}(0)_{S2}$、$\hat{a}(0)_{S3}$ 从中央节点产生并被传递到三个远距离的量子节点 A_1、A_2、A_3 处，继而利用 EIT 过程实现纠缠态光场在量子节点的存储和释放过程，量子态实现了在光场和原子激发态间的相互传递和映射，最后对释放光场 $\hat{a}(t)_{S1}$、$\hat{a}(t)_{S2}$、$\hat{a}(t)_{S3}$ 进行测量，证明其存在量子关联，并证明存储时间 t 内三原子系综也存在量子关联。

3.4.1 三组分正交纠缠理论分析

光学参量放大器 OPA 是产生非经典光场的理想方法之一，普通的光源不能

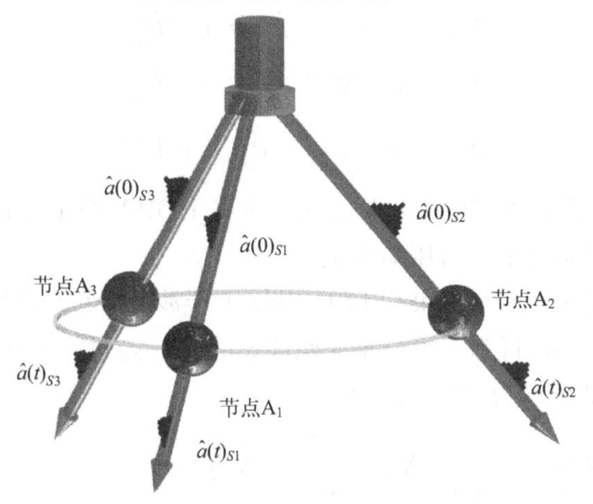

图 3.11　三组分正交纠缠态光场和三个原子系综组成的量子网络示意图

直接产生压缩态光场等非经典光场，利用由反光镜片和非线性晶体构成的光学参量放大器可实现压缩态光场的制备。利用频率简并的 DOPA 内的二阶非线性晶体将泵浦光场转换为信号光场和闲置光场来得到压缩态光场[192]。

通常光场的正交振幅和位相分量可用产生、湮灭算符表示如下：

$$\hat{X}_L=(\hat{a}_S+\hat{a}_S^{\dagger})/\sqrt{2}\quad \hat{P}_L=(\hat{a}_S-\hat{a}_S^{\dagger})/\sqrt{2}\mathrm{i} \tag{3.24}$$

式中，$\hat{X}_L$，$\hat{P}_L$ 分别为正交振幅和位相算符，满足 $[\hat{X}_L,\hat{P}_L]=\mathrm{i}$。如图 3.12 所示，实验中，利用 DOPA1 运转于光学参量放大状态来产生位相压缩态光场 $\hat{a}_{S1}$，利用 DOPA2、DOPA3 运转于光学参量缩小状态来产生两束振幅压缩态光场 $\hat{a}_{S2}$、$\hat{a}_{S3}$。

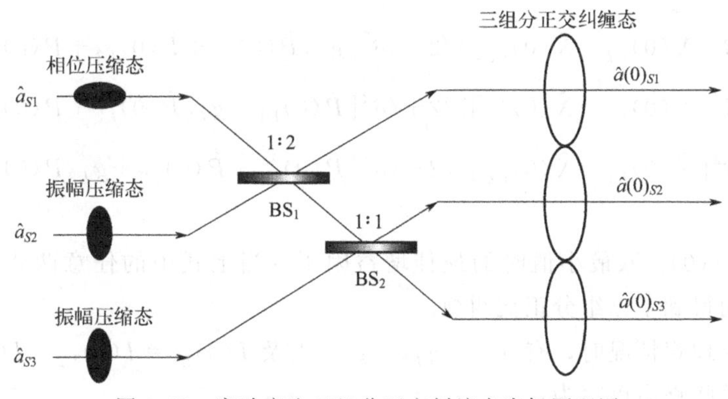

图 3.12　实验产生三组分正交纠缠态光场原理图

三个腔的各种参数均相同，因此可以令它们的压缩参量 r 均相同，则三个腔相应的正交分量可写为：

$$\hat{X}_{S1}=e^{r}\hat{X}_{S1}^{(0)} \quad \hat{P}_{S1}=e^{-r}\hat{P}_{S1}^{(0)}$$

$$\hat{X}_{S2}=e^{-r}\hat{X}_{S2}^{(0)} \quad \hat{P}_{S2}=e^{r}\hat{P}_{S2}^{(0)}$$

$$\hat{X}_{S3}=e^{-r}\hat{X}_{S3}^{(0)} \quad \hat{P}_{S3}=e^{r}\hat{P}_{S3}^{(0)} \tag{3.25}$$

式中，$\hat{X}(\hat{P})_{S1}^{(0)}$、$\hat{X}(\hat{P})_{S2}^{(0)}$、$\hat{X}(\hat{P})_{S3}^{(0)}$ 为各 DOPA 腔注入的相干态光场的正交振幅和正交位相起伏；r 为压缩参量。

三束压缩态光场在两个分束片 BS1、BS2 上干涉，$R:T$ 分别为 1∶2、1∶1，控制相对位相均为 0，得到三组分正交纠缠态光场，经过三套声光调制器斩为短脉冲，其正交分量可写为[58,193]：

$$\hat{X}(0)_{L1}=\frac{1}{\sqrt{3}}e^{r}\hat{X}_{S1}^{(0)}+\frac{2}{\sqrt{3}}e^{-r}\hat{X}_{S2}^{(0)}$$

$$\hat{P}(0)_{L1}=\frac{1}{\sqrt{3}}e^{-r}\hat{P}_{S1}^{(0)}+\frac{2}{\sqrt{3}}e^{r}\hat{P}_{S2}^{(0)}$$

$$\hat{X}(0)_{L2}=\frac{1}{\sqrt{3}}e^{r}\hat{X}_{S1}^{(0)}-\frac{1}{\sqrt{6}}e^{-r}\hat{X}_{S2}^{(0)}+\frac{1}{\sqrt{2}}e^{-r}\hat{X}_{S3}^{(0)}$$

$$\hat{P}(0)_{L2}=\frac{1}{\sqrt{3}}e^{-r}\hat{P}_{S1}^{(0)}-\frac{1}{\sqrt{6}}e^{r}\hat{P}_{S2}^{(0)}+\frac{1}{\sqrt{2}}e^{r}\hat{P}_{S3}^{(0)}$$

$$\hat{X}(0)_{L3}=\frac{1}{\sqrt{3}}e^{r}\hat{X}_{S1}^{(0)}-\frac{1}{\sqrt{6}}e^{-r}\hat{X}_{S2}^{(0)}-\frac{1}{\sqrt{2}}e^{-r}\hat{X}_{S3}^{(0)}$$

$$\hat{P}(0)_{L3}=\frac{1}{\sqrt{3}}e^{-r}\hat{P}_{S1}^{(0)}-\frac{1}{\sqrt{6}}e^{r}\hat{P}_{S2}^{(0)}-\frac{1}{\sqrt{2}}e^{r}\hat{P}_{S3}^{(0)} \tag{3.26}$$

三组分正交纠缠不可分判据可以写为[181]：

$$I(0)_{L1}=\langle\delta^{2}[\hat{X}(0)_{L2}-\hat{X}(0)_{L3}]\rangle/2+\langle\delta^{2}[g_{L1}\hat{P}(0)_{L1}+\hat{P}(0)_{L2}+\hat{P}(0)_{L3}]\rangle/2\geqslant 1$$

$$I(0)_{L2}=\langle\delta^{2}[\hat{X}(0)_{L1}-\hat{X}(0)_{L3}]\rangle/2+\langle\delta^{2}[\hat{P}(0)_{L1}+g_{L2}\hat{P}(0)_{L2}+\hat{P}(0)_{L3}]\rangle/2\geqslant 1$$

$$I(0)_{L3}=\langle\delta^{2}[\hat{X}(0)_{L1}-\hat{X}(0)_{L2}]\rangle/2+\langle\delta^{2}[\hat{P}(0)_{L1}+\hat{P}(0)_{L2}+g_{L3}\hat{P}(0)_{L3}]\rangle/2\geqslant 1 \tag{3.27}$$

g_L 为 $I(0)_L$ 取最小值时的最佳增益因子，当上式中的任意两式同时违背时，就证明得到了三组分正交纠缠。

理论上理想情况时，有 $g_{L1}=g_{L2}=g_{L3}$ 以及 $I(0)_{L1}=I(0)_{L2}=I(0)_{L3}$，则归一化的关联噪声可写为：

$$I(0)_{L}=\frac{12e^{-2r}+2(g_{L}+2)^{2}e^{-2r}+4(g_{L}-1)^{2}e^{2r}}{24} \tag{3.28}$$

最佳增益因子为：

$$g_L^{opt}=\frac{2e^{4r}-2}{2e^{4r}+1} \tag{3.29}$$

当 g_i 取最佳增益因子，压缩参量 r 大于 0 时，归一化的关联噪声小于 1，满足三组分正交纠缠不可分判据，证明得到了三组分 GHZ 正交纠缠态，参数参量 r 越大，$I(0)_L$ 越小，通过提高压缩参量 r，可以得到更好的三组分偏振纠缠光场。

3.4.2 利用 EIT 实现量子态由光场向原子系综的映射

将得到的三组分正交纠缠态光场用声光调制器斩为脉冲注入原子系综进行量子存储，由于纠缠态光场对原子系综映射，可实现几个原子系综间的量子纠缠。

通常原子系综用原子集合自旋波总角动量描述 $\hat{J}=\sum_i |g\rangle\langle m|$，原子的正交分量可用 y-z 方向的轨道角动量表示：

$$\hat{X}_A=(\hat{J}+\hat{J}^+)/\sqrt{2}=\hat{J}_y/\sqrt{\langle\hat{J}_x\rangle} \quad \hat{P}_A=(\hat{J}-\hat{J}^+)/\sqrt{2}\mathrm{i}=\hat{J}_z/\sqrt{\langle\hat{J}_x\rangle} \tag{3.30}$$

同样满足对易关系 $[\hat{X}_A,\hat{P}_A]=\mathrm{i}$[137,185,194]。在 EIT 存储介质中，量子态在控制光场 $\hat{a}_C$ 作用下可以由注入的信号光场 $\hat{a}_S$ 映射到原子的自旋波 $\hat{J}$ 上[195,196]，通常由于控制光场功率远大于信号光场，因此被看作经典光场。由第 1 章可知，在 EIT 过程中，光场和原子系综的相互作用哈密顿量可以写为[141,185]：

$$\boldsymbol{\hat{H}}_{EIT}=\mathrm{i}\hbar\kappa A_C\hat{a}_S\hat{J}^+-\mathrm{i}\hbar\kappa A_C\hat{a}_S^+\hat{J} \tag{3.31}$$

式中，κ 为相互作用常数。求解式(3.31) 可得到量子存储过程的表达式。光场的正交分量 $\hat{X}(\hat{P})(0)_{Lj}$ 与原子自旋波 $\hat{X}(\hat{P})(t)_{Aj}$ 在存储时间 t 后的映射关系为[141,197]：

$$\begin{aligned}\hat{X}(t)_{Aj}&=\sqrt{\eta_M}\hat{X}(0)_{Lj}+\sqrt{1-\eta_M}\hat{X}_{Aj}^{vac}\\ \hat{P}(t)_{Aj}&=\sqrt{\eta_M}\hat{P}(0)_{Lj}+\sqrt{1-\eta_M}\hat{P}_{Aj}^{vac}\end{aligned} \tag{3.32}$$

式中，$\eta_M=\eta_T\eta_W P\mathrm{e}^{-t/\tau_S}$，为从纠缠态光场到原子系综的存储效率；$\eta_T$ 为光场传输效率；η_W 为量子态由光场向原子系综的映射效率；P 为参与相互作用的光子占总光场的比值；τ_S 为由原子退相干等决定的存储寿命；$\hat{X}(\hat{P})_{Aj}^{vac}$ 为由存储效率 η_M 引入的真空噪声。

当控制光场打开时，信号光场会因 EIT 光群速度减慢使光脉冲在介质中被大大压缩，当控制光关闭时，其群速度减为零，此时被压缩的那部分信号光场映射到原子内态上，实现了量子态的写。则由式(3.26) 和式(3.32) 得经过存储时间 t 后，原子自旋波的正交分量：

$$
\begin{aligned}
\hat{X}(t)_{A1} &= \sqrt{\frac{\eta_M}{3}}\mathrm{e}^{r}\hat{X}_{S1}^{(0)} + \sqrt{\frac{2\eta_M}{3}}\mathrm{e}^{-r}\hat{X}_{S2}^{(0)} + \sqrt{1-\eta_M}\hat{X}_{A1}^{vac} \\
\hat{P}(t)_{A1} &= \sqrt{\frac{\eta_M}{3}}\mathrm{e}^{-r}\hat{P}_{S1}^{(0)} + \sqrt{\frac{2\eta_M}{3}}\mathrm{e}^{r}\hat{P}_{S2}^{(0)} + \sqrt{1-\eta_M}\hat{P}_{A1}^{vac} \\
\hat{X}(t)_{A2} &= \sqrt{\frac{\eta_M}{3}}\mathrm{e}^{r}\hat{X}_{S1}^{(0)} - \sqrt{\frac{\eta_M}{6}}\mathrm{e}^{-r}\hat{X}_{S2}^{(0)} + \sqrt{\frac{\eta_M}{2}}\mathrm{e}^{-r}\hat{X}_{S3}^{(0)} + \sqrt{1-\eta_M}\hat{X}_{A2}^{vac} \\
\hat{P}(t)_{A2} &= \sqrt{\frac{\eta_M}{3}}\mathrm{e}^{-r}\hat{P}_{S1}^{(0)} - \sqrt{\frac{\eta_M}{6}}\mathrm{e}^{r}\hat{P}_{S2}^{(0)} + \sqrt{\frac{\eta_M}{2}}\mathrm{e}^{r}\hat{P}_{S3}^{(0)} + \sqrt{1-\eta_M}\hat{P}_{A2}^{vac} \\
\hat{X}(t)_{A3} &= \sqrt{\frac{\eta_M}{3}}\mathrm{e}^{r}\hat{X}_{S1}^{(0)} - \sqrt{\frac{\eta_M}{6}}\mathrm{e}^{-r}\hat{X}_{S2}^{(0)} - \sqrt{\frac{\eta_M}{2}}\mathrm{e}^{-r}\hat{X}_{S3}^{(0)} + \sqrt{1-\eta_M}\hat{X}_{A3}^{vac} \\
\hat{P}(t)_{A3} &= \sqrt{\frac{\eta_M}{3}}\mathrm{e}^{-r}\hat{P}_{S1}^{(0)} - \sqrt{\frac{\eta_M}{6}}\mathrm{e}^{r}\hat{P}_{S2}^{(0)} - \sqrt{\frac{\eta_M}{2}}\mathrm{e}^{r}\hat{P}_{S3}^{(0)} + \sqrt{1-\eta_M}\hat{P}_{A3}^{vac}
\end{aligned}
\tag{3.33}
$$

由于原子自旋波正交分量的对易关系和光场正交分量相同，因此可用 Loock 等人提出的三组分判据[181]判断原子系综的纠缠：

$$
\begin{aligned}
I(t)_{A1} &= \langle\delta^2[\hat{X}(t)_{A2}-\hat{X}(t)_{A3}]\rangle/2 + \langle\delta^2[g_{A1}\hat{P}(0)_{A1}+\hat{P}(0)_{A2}+\hat{P}(0)_{A3}]\rangle/2 \geqslant 1 \\
I(t)_{A2} &= \langle\delta^2[\hat{X}(t)_{A1}-\hat{X}(t)_{A3}]\rangle/2 + \langle\delta^2[\hat{P}(0)_{A1}+g_{A2}\hat{P}(0)_{A2}+\hat{P}(0)_{A3}]\rangle/2 \geqslant 1 \\
I(t)_{A3} &= \langle\delta^2[\hat{X}(t)_{A1}-\hat{X}(t)_{A2}]\rangle/2 + \langle\delta^2[\hat{P}(0)_{A1}+\hat{P}(0)_{A2}+g_{A3}\hat{P}(0)_{A3}]\rangle/2 \geqslant 1
\end{aligned}
\tag{3.34}
$$

式(3.34) 中任意两个不等式同时被违背，则说明三原子系综是纠缠的，同样 g_{A1}、g_{A2}、g_{A3} 为最佳增益因子，由式(3.33) 和式(3.34) 可得到归一化的不可分判据表达式：

$$
I(t)_A = \eta_M \frac{12\mathrm{e}^{-2r}+2(g_A+2)^2\mathrm{e}^{-2r}+4(g_A-1)^2\mathrm{e}^{2r}}{24} + \left(1+\frac{1}{4}g_A\right)(1-\eta_M)
\tag{3.35}
$$

最佳增益因子可写为：

$$
g_A^{opt} = \frac{2\eta_M\mathrm{e}^{4r}-2\eta_M}{3\mathrm{e}^{2r}+\eta_M-3\eta_M\mathrm{e}^{2r}+2\mathrm{e}^{4r}\eta_M}
\tag{3.36}
$$

由式(3.35) 可得到 $I(t)_A$ 与压缩参量 r 以及 η_M 的关系，如图 3.13 所示，当压缩参量 r 越大，且 η_M 越接近 1 时，原子的关联噪声就越小，其纠缠度越好。

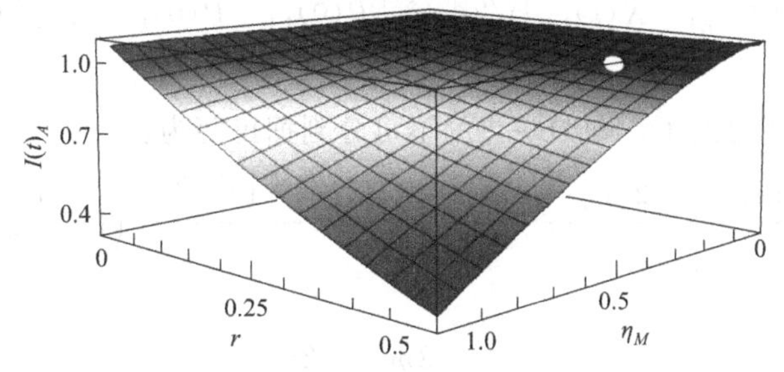

图 3.13　$I(t)_A$ 随压缩参量 r 和映射效率 η_M 变化的关系图

3.4.3　利用 EIT 实现量子态由原子系综向光场的映射

在 t 时刻，当控制光再次打开时，原子系综中存储的量子态会映射到 t 时刻的释放光场[166,168] $\hat{a}(t)_{P1}$、$\hat{a}(t)_{P2}$、$\hat{a}(t)_{P3}$，释放光场的正交分量可写为：

$$\hat{X}(t)_{Lj}=\sqrt{\eta'_M}\hat{X}(t)_{Aj}+\sqrt{1-\eta'_M}\hat{X}_{Lj}^{vac}$$

$$\hat{P}(t)_{Lj}=\sqrt{\eta'_M}\hat{P}(t)_{Aj}+\sqrt{1-\eta'_M}\hat{P}_{Lj}^{vac} \tag{3.37}$$

η'_M 为量子态从原子到光场的映射效率，理论上与 η_W 相等。同理，$\hat{X}(\hat{P})_{Lj}^{vac}$ 为释放效率引入的真空噪声。控制光使量子态实现“读”的过程。

由式(3.33) 和式(3.37)，三束释放光场的正交分量可写为：

$$\hat{X}(t)_{L1}=\sqrt{\frac{\eta}{3}}\mathrm{e}^{r}\hat{X}_{S1}^{(0)}+\sqrt{\frac{2\eta}{3}}\mathrm{e}^{-r}\hat{X}_{S2}^{(0)}+\sqrt{1-\eta}\hat{X}_{L1}^{vac}$$

$$\hat{P}(t)_{L1}=\sqrt{\frac{\eta}{3}}\mathrm{e}^{-r}\hat{P}_{S1}^{(0)}+\sqrt{\frac{2\eta}{3}}\mathrm{e}^{r}\hat{P}_{S2}^{(0)}+\sqrt{1-\eta}\hat{P}_{L1}^{vac}$$

$$\hat{X}(t)_{L2}=\sqrt{\frac{\eta}{3}}\mathrm{e}^{r}\hat{X}_{S1}^{(0)}-\sqrt{\frac{\eta}{6}}\mathrm{e}^{-r}\hat{X}_{S2}^{(0)}+\sqrt{\frac{\eta}{2}}\mathrm{e}^{-r}\hat{X}_{S3}^{(0)}+\sqrt{1-\eta}\hat{X}_{L2}^{vac}$$

$$\hat{P}(t)_{L2}=\sqrt{\frac{\eta}{3}}\mathrm{e}^{-r}\hat{P}_{S1}^{(0)}-\sqrt{\frac{\eta}{6}}\mathrm{e}^{r}\hat{P}_{S2}^{(0)}+\sqrt{\frac{\eta}{2}}\mathrm{e}^{r}\hat{P}_{S3}^{(0)}+\sqrt{1-\eta}\hat{P}_{L2}^{vac}$$

$$\hat{X}(t)_{L3}=\sqrt{\frac{\eta}{3}}\mathrm{e}^{r}\hat{X}_{S1}^{(0)}-\sqrt{\frac{\eta}{6}}\mathrm{e}^{-r}\hat{X}_{S2}^{(0)}-\sqrt{\frac{\eta}{2}}\mathrm{e}^{-r}\hat{X}_{S3}^{(0)}+\sqrt{1-\eta}\hat{X}_{L3}^{vac}$$

$$\hat{P}(t)_{L3}=\sqrt{\frac{\eta}{3}}\mathrm{e}^{-r}\hat{P}_{S1}^{(0)}-\sqrt{\frac{\eta}{6}}\mathrm{e}^{r}\hat{P}_{S2}^{(0)}-\sqrt{\frac{\eta}{2}}\mathrm{e}^{r}\hat{P}_{S3}^{(0)}+\sqrt{1-\eta}\hat{P}_{L3}^{vac} \tag{3.38}$$

式中，$\eta=\eta_M\eta'_M$ 为总存储效率，则释放光场的不可分判据可写为：

$$I(t)_{L1}=\langle\delta^2[\hat{X}(t)_{L2}-\hat{X}(t)_{L3}]\rangle/2+\langle\delta^2[g'_{L1}\hat{P}(0)_{L1}+\hat{P}(0)_{L2}+\hat{P}(0)_{L3}]\rangle/2\geqslant1$$

$$I(t)_{L2}=\langle\delta^2[\hat{X}(t)_{L1}-\hat{X}(t)_{L3}]\rangle/2+\langle\delta^2[\hat{P}(0)_{L1}+g'_{L2}\hat{P}(0)_{L2}+\hat{P}(0)_{L3}]\rangle/2\geqslant1$$

$$I(t)_{L3}=\langle\delta^2[\hat{X}(t)_{L1}-\hat{X}(t)_{L2}]\rangle/2+\langle\delta^2[\hat{P}(0)_{L1}+\hat{P}(0)_{L2}+g'_{L3}\hat{P}(0)_{L3}]\rangle/2\geqslant 1 \tag{3.39}$$

g'_L为最佳增益因子，则归一化的不可分判据可写为：

$$I(t)_L=\eta\frac{12\mathrm{e}^{-2r}+2(g'_L+2)^2\mathrm{e}^{-2r}+4(g'_L-1)^2\mathrm{e}^{2r}}{24}+\left(1+\frac{1}{4}g'_L\right)(1-\eta) \tag{3.40}$$

$$g'_L=\frac{2\eta\mathrm{e}^{4r}-2\eta}{3\mathrm{e}^{2r}+\eta-3\eta\mathrm{e}^{2r}+2\mathrm{e}^{4r}\eta} \tag{3.41}$$

由式(3.40) 得到释放光场的归一化关联噪声 $I(t)_L$ 随存储时间 t 和总映射效率 η 变化的关系图，如图 3.14 所示。

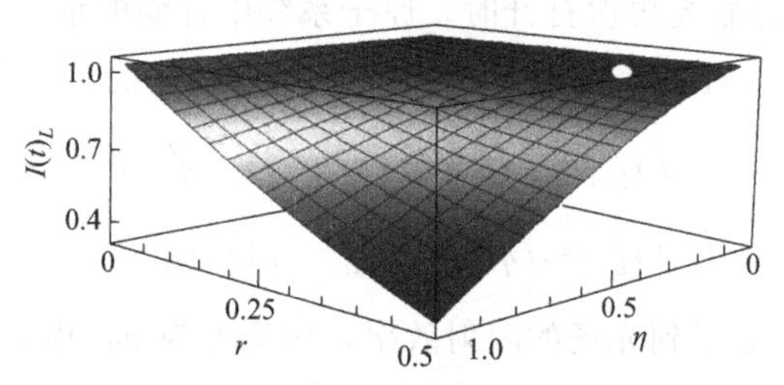

图 3.14 $I(t)_L$ 随压缩参量 r 和总映射效率 η 变化的关系图

实验中可通过测量释放光场的正交振幅、正交位相噪声以及释放效率 η'_M 来估算三原子系综间的纠缠度，由式(3.33) 和式(3.37) 可知，量子态在光场和原子间的相互映射效率以及压缩参量是决定量子存储释放质量的主要因素，利用高精度腔可提高量子映射效率[198,199]，当 η_M、η'_M 均等于 1，且存储时间 t 趋于 0 时，才能实现完美映射，下一步可优化 DOPA 腔的指标，提高系统的稳定性来实现较高的映射效率和较大的压缩度。

光场在原子系综中的存储和释放使量子态在光场和原子自旋波间的相互映射得以实现，利用这一机理可实现多量子节点间的量子态传输。

3.4.4 三组分正交纠缠态光场在原子系综中的量子存储

(1) 实验方案

实验装置如图 3.15 所示。利用太原山大宇光科技有限公司生产的单频绿光激光器输出 20W 的 532nm 绿光，再通过泵浦相干公司生产的钛宝石激光器 (MBR-110) 产生 3.6W、795nm 红外光场，之后该光场被分束片分为几束，分别作为倍频腔的基频光、三个 DOPA 腔的信号光、EIT 系统的控制光场、测量时的相干态光场。

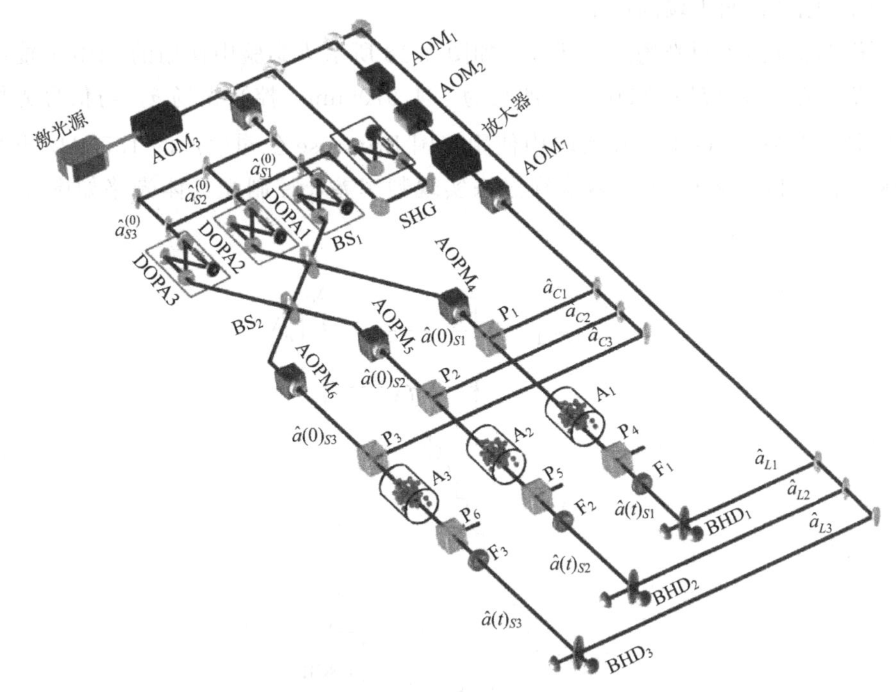

图 3.15　实验实现三组分纠缠态在三原子系综量子存储装置图

实验光路部分系统主要包括以下几部分：由两个声光调制器、一个倍频腔、三个 DOPA 腔以及两个分束片构成的三组分正交纠缠光场产生系统；由两个 1.7GHz 声光调制器、两个半导体激光器（LD）、两个 FP 腔，以及 BoosTA 构成的控制光场产生系统；由六个格兰棱镜、六个 200MHz 声光调制器、三个铷原子系综、六个滤波器构成的原子存储系统；由三个分束片和三个平衡零拍探测器构成的探测系统。

（2）三组分正交纠缠的产生

首先是第一部分，三组分正交纠缠光场产生系统。激光器产生 3W、795nm 的红外光场，有 400mW 被注入到倍频腔内用于产生 160mW 左右、398nm 的紫外光场，泵浦三个 DOPA 腔，三个 DOPA 腔前的总光路加有两个 200MHz 声光调制器（AOM3 系列），分别利用其正负一级衍射将 DOPA 腔的注入光场关断 10μs，用于产生真空压缩。DOPA1 锁定在放大状态输出位相压缩态光场，DOPA2 和 DOPA3 锁定在反放大状态输出两束振幅压缩态光场，三束光场功率相同，均为 12μW。一束位相压缩态光场和两束振幅压缩态光场分别在分束片 BS1、BS2 上干涉，锁定相对位相为 0，得到三组分正交纠缠态光场用作量子存储的信号光场，为实现纠缠态光场在原子系综中较高的传输效率，选取单光子失谐为 700MHz，对应波长为 794.9724nm。

(3) EIT 控制光场的产生

第二部分为控制光场产生部分，如图 3.16 所示为实验中使用的^{87}Rb 的能级图，信号光 $\hat{a}_S$ 对应原子 D1 线，波长为 794.9709nm，控制光场 $\hat{a}_C$ 与信号光场 $\hat{a}_S$ 的频率差为 6.8GHz，在实验中使用美国 Brimrose 公司生产的 1.7GHz 声光调制（GPF-1700-200-795）双次穿过来实现频率差，控制光具体光路如图 3.17 所示。

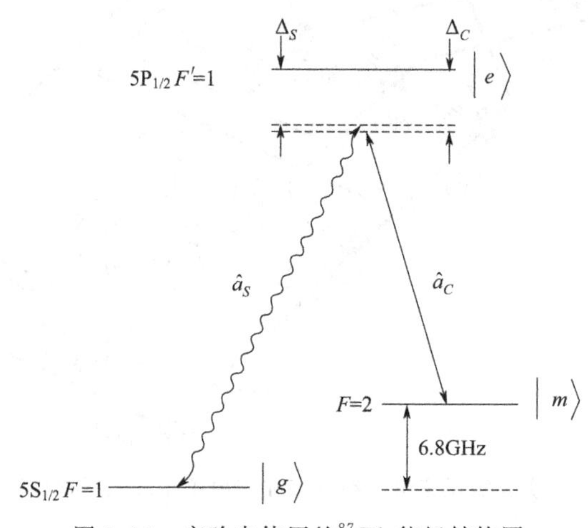

图 3.16 实验中使用的^{87}Rb 能级结构图

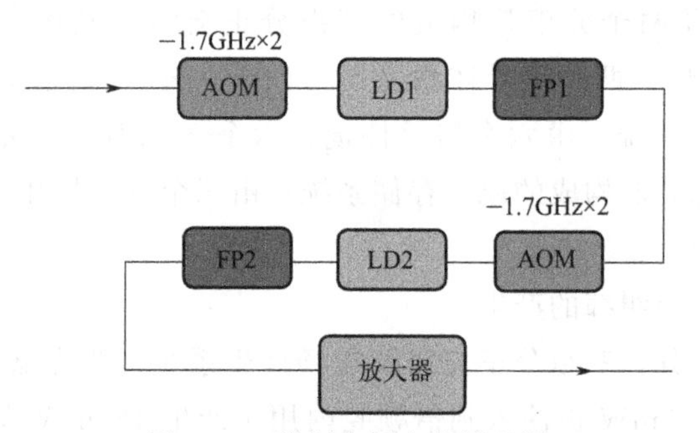

图 3.17 控制光场产生原理图

如图 3.17 所示，35mW、794.9709nm 的光场双次穿过 1.7GHz 声光调制器，衍射效率为 12%，输出 500μW 光场又注入 LD1，LD1 和 LD2 均使用 Toptica 生产的激光二极管 LD-0795-0150-2，采用 THORLABS 公司的高精度控温仪 TED200C 对 LD1 和 LD2 控温，采用 THORLABS 的 LDC202C 作为电流源驱动 LD1 和 LD2。LD1 输出的 80mW 激光经过 FP1 进行模式过滤，又被注入下一套移频系统，最后从 FP2 输出的光场分出 35mW 左右，注入同样是 Toptica 生产的 BoosTa pro 作为 Amplifier 输出 900mW 的控制光场，并实现与信号光场

6.8GHz 的频率差。为保证纠缠态光场在 EIT 条件下在铷泡中的传输效率以及存储释放效率，选择单光子失谐为 700MHz，双光子失谐为 0.5MHz。

（4）存储装置

第三部分是原子存储部分，如图 3.18 所示。

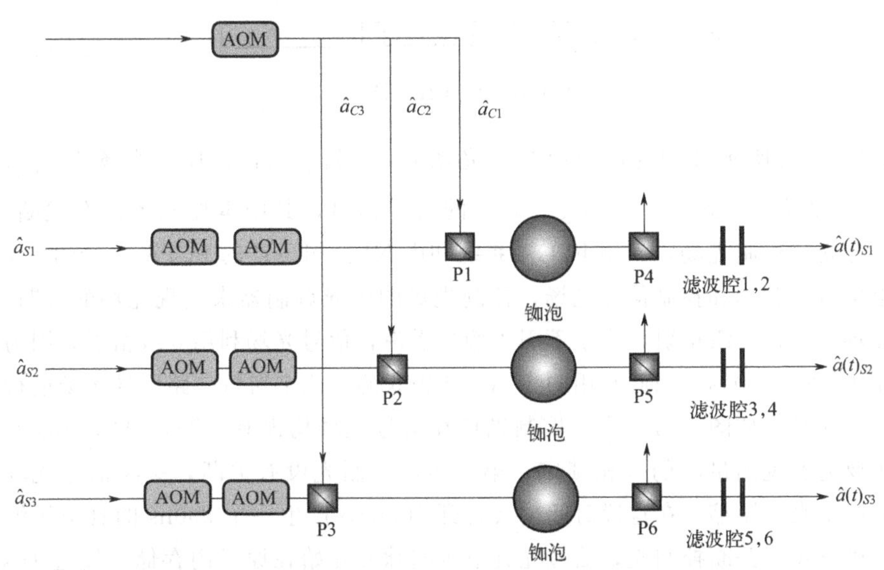

图 3.18　三组分正交纠缠存储示意图

实验产生的三组分正交纠缠态光场 $\hat{a}(0)_{S1}$、$\hat{a}(0)_{S2}$、$\hat{a}(0)_{S3}$ 作为信号光场，每一束均利用两个 200MHz 声光调制器的零级衍射斩断，产生一个 500ns 的脉冲，如图 3.18 所示，信号光场和控制光场 $\hat{a}_{C1}$、$\hat{a}_{C2}$、$\hat{a}_{C3}$ 在三个格兰棱镜 P1～P3 上耦合重合，其中每束信号光场强度为 12μW，控制光场强度较强，分别选取了 30mW 和 100mW 控制光场进行存储实验，保证控制光场和信号光场在原子系综前后光束匀直发散较慢，信号光光斑直径为 2mm，控制光场直径为 3mm，控制光场完全覆盖住信号光场，这主要为了提高与原子的作用范围，提高存储释放效率。三个铷泡均为 75mm 长，控温于 65℃，内部充有 10torr（1torr≈133.322Pa）的氖气，并被置于磁屏蔽桶内以减少外界磁场对原子的影响，铷泡两端镀有对 795nm 光场高透的膜，以减少对信号光场的损耗。信号光场和控制光场同时注入铷泡内，实现 EIT 作用，释放后的光场经过格兰棱镜 P4～P6 将控制光场的绝大部分滤掉，然后又利用六个滤波腔通过精细扫描温度来保证将控制光场滤除干净，每个滤波腔对信号光场的透射率为 90%左右，最后得到三个释放脉冲 $\hat{a}(t)_{S1}$、$\hat{a}(t)_{S2}$、$\hat{a}(t)_{S3}$ 与本地光进行干涉，然后进入探测系统探测。

（5）时序控制

各光场时序图如图 3.19 所示。

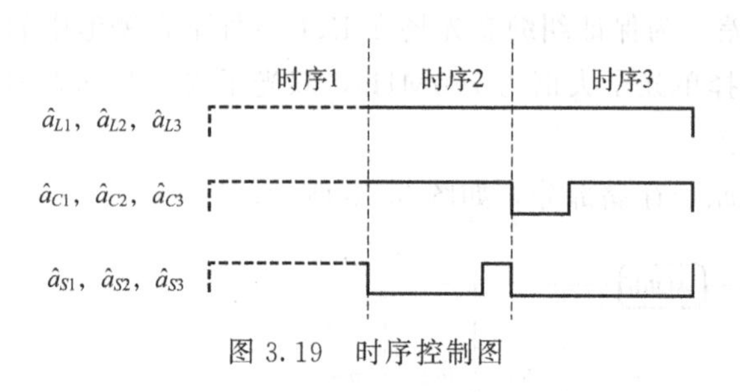

图 3.19 时序控制图

如图 3.19 所示分别为测量时本地光场 $\hat{a}_{L1}$、$\hat{a}_{L2}$、$\hat{a}_{L3}$，控制光场为 $\hat{a}_{C1}$、$\hat{a}_{C2}$、$\hat{a}_{C3}$ 以及信号光场 $\hat{a}_{S1}$、$\hat{a}_{S2}$、$\hat{a}_{S3}$ 的时序信号，其中本地光场没有关断，对于信号光和控制光场，利用 FPGA 系统和由 NI 公司生产的 PCI-6551 产生 5V 时序电信号来驱动和控制信号光场，控制光场的声光调制器来实现光场的开断，控制光场利用正一级衍射，为了不引入额外噪声，信号光场利用 0 级衍射，因为 0 级衍射效率为 90%，因此利用两个 AOM 串联的方式来对每一路信号光场进行关断，具体时序如图。第一步，控制光场和信号光场均没有关断，时间 2ms 左右，主要为实现测量时的位相锁定。第二步，控制光没有关断，关断信号光场 20μs，产生真空压缩，在这段时间内又打开 500ns，产生一个 500ns 的真空压缩脉冲。第三步，关断控制光，信号光真空压缩脉冲开始在原子内存储，经过 1μs 的存储时间后再打开控制光，原子系综对信号光透明，信号光脉冲得以释放。

(6) 测量系统

测量系统如图 3.20 所示，利用三套平衡零拍探测系统对释放光场进行测量，释放的信号光场在 50/50 分束片上和强本地光场进行干涉，当锁定 0 位相时可测量振幅分量的关联噪声，当锁定 $p/2$ 时可测量位相分量的关联噪声。利用示波器在时域上对数据进行记录，采样率为 20GHz，每次记录 2000 组数据，单组记录 10000 个点，最后利用 Labview 程序对其进行滤波和傅里叶积分，在 2.3MHz 处对噪声进行分析。

(7) 实验结果

1) 相干态光场在铷原子系综中的存储

首先对经典光场的存储效率进行测量。首先注入 100mW 的控制光场，12μW 的信号光场，分别测量存储时间为 500ns、830ns、1160ns、1500ns 时的存储效率，如图 3.21 所示。

图 3.21 中，Ⅰ为初始注入原子系综的信号光脉冲，Ⅱ为存储时间 500ns 时释放的信号光场，Ⅲ为存储时间 800ns 的释放信号，Ⅳ为存储时间 1200ns 的释放信号，Ⅴ为 1500ns 存储时间后的释放信号。由图看出，随着存储时间的加长，释放信号在递减。其存储效率经 e 指数拟合后曲线如图 3.22 所示。

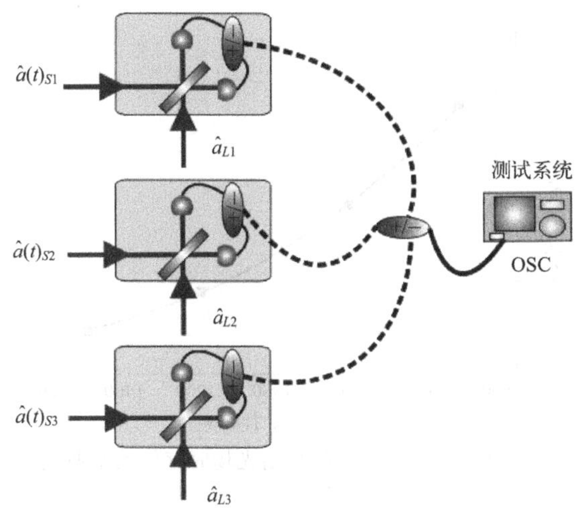

图 3.20　测量装置图

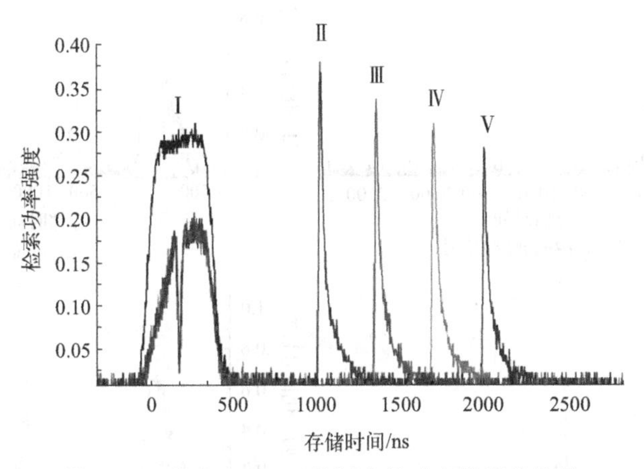

图 3.21　注入 100mW 控制光场时存储释放信号

如图 3.22 所示，方块为实验测量得到的效率数据，曲线为 e 指数拟合曲线，拟合较好。当注入 30mW 控制光场时，也对其存储效率随时间的变化进行了测量。图 3.23(a) 为初始信号光场脉冲，图(b)～(h) 分别为 500ns、750ns、1000ns、1250ns、1500ns、1750ns 以及 2000ns 时的存储效率图，(i) 为存储释放效率 e 指数拟合曲线。由图可看出随着存储时间的增长，存储效率按 e 指数衰减，相较 100mW 控制光场，不同时间段存储释放效率有所下降，但考虑到太强的控制光场会引入更大的额外噪声，所以选取控制光功率为 30mW，存储时间为 1μs 进行量子存储，如图 3.23 所示，此时相干态光场的存储释放总效率为 $\eta_C=0.21$，参与相互光场占注入总光场的比 $P=0.46$，原子寿命约为 9μs。

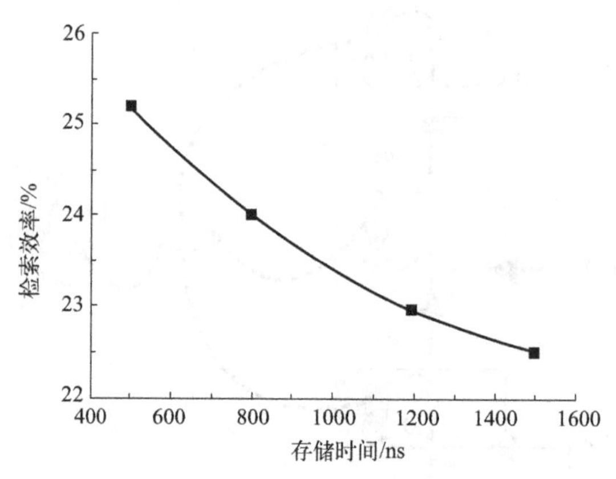

图 3.22 注入 100mW 控制光场时存储效率曲线

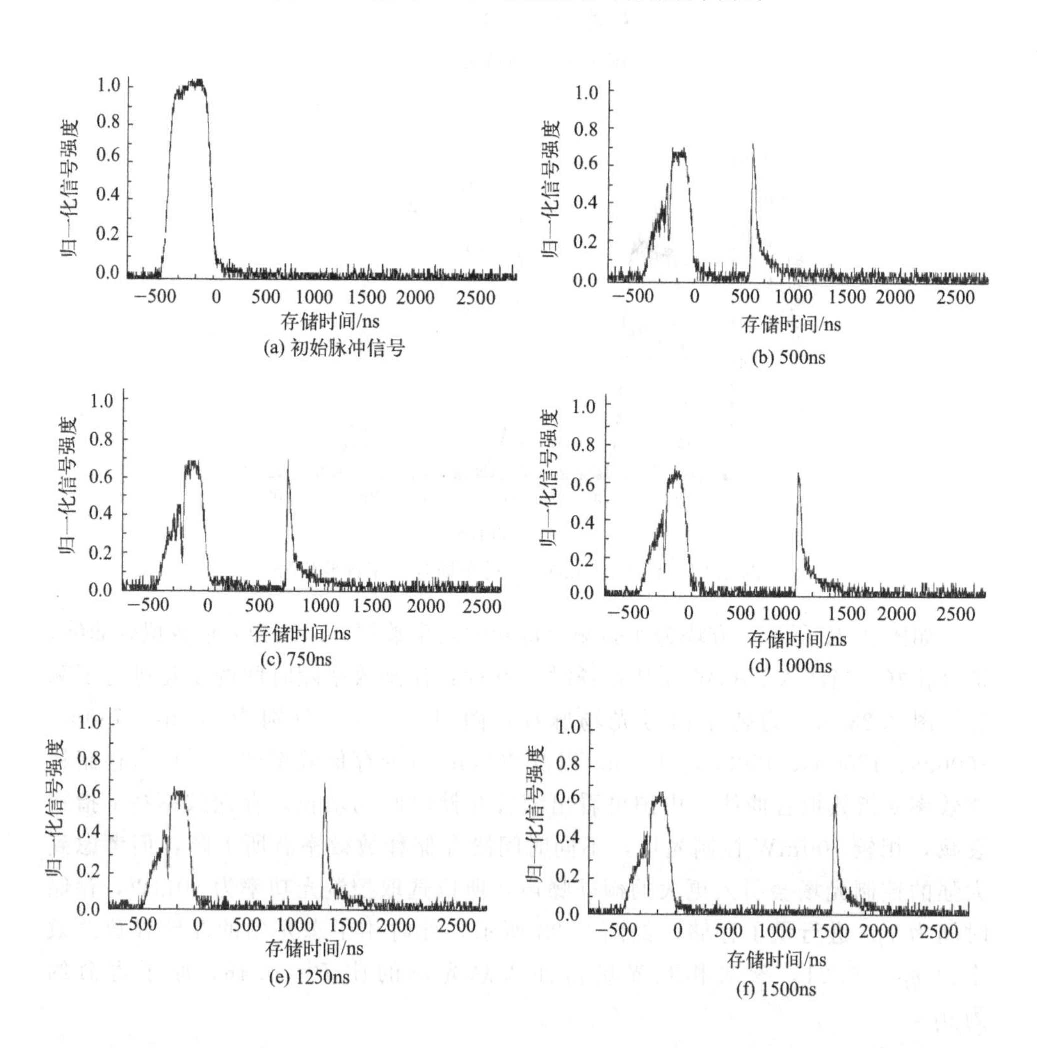

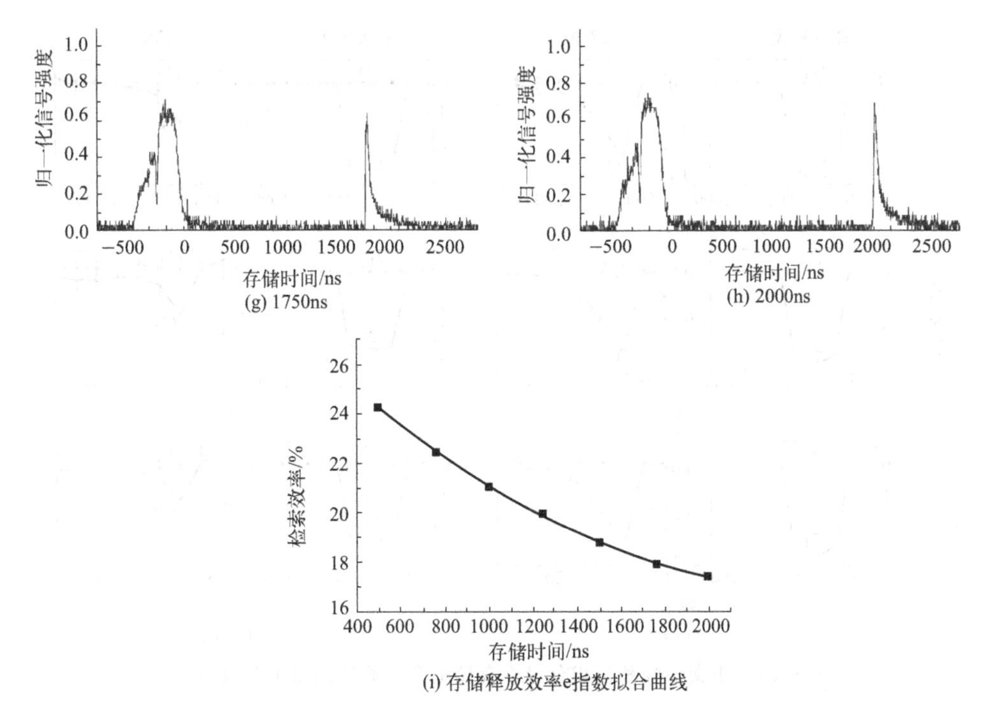

(i) 存储释放效率e指数拟合曲线

图 3.23　归一化注入 30mW 控制光时的存储效率图

利用相干态存储释放总效率可以得到光场与原子相互映射效率：

$$\eta_C = P\eta_M'\eta_W$$

式中，η_M'、η_W 分别为纠缠态从原子到光场的映射效率和从光场到原子的映射效率，理论上应该相等，则有 $\eta_M'=\eta_W=0.676$。

纠缠态光场从产生到存储到原子中，其存储效率为：

$$\eta_M = \eta_T\eta_W P\mathrm{e}^{-t/\tau}$$

式中，η_T 为光场的传输效率，为 0.82；$\mathrm{e}^{-t/\tau}$ 为存储效率随时间的 e 指数衰减，存储时间为 1μs。$\eta_M=0.82\times0.676\times0.46\times0.90=0.23$，则纠缠态光场在铷原子系综中的总存储释放效率为 $\eta=\eta_M\eta_M'=0.23\times0.676=0.16$。

2）三组分纠缠态光场在三个铷原子系综中的存储

利用三对平衡零拍探测器、加减法器以及示波器对三组分正交纠缠态光场在原子系综存储前和释放后的关联噪声进行测量，选取存储时间为 1μs，释放信号光场量子关联噪声结果如图 3.24 所示。

如图 3.24，其中图（a）、（c）、（e）分别为 $\langle\delta^2(\hat{X}_2-\hat{X}_3)\rangle$、$\langle\delta^2(\hat{X}_1-\hat{X}_3)\rangle$、$\langle\delta^2(\hat{X}_1-\hat{X}_2)\rangle$ 的量子关联噪声；图（b）、（d）、（f）分别为 $\langle\delta^2(g_1\hat{P}_1+\hat{P}_2+\hat{P}_3)\rangle$、$\langle\delta^2(\hat{P}_1+g_2\hat{P}_2+\hat{P}_3)\rangle$、$\langle\delta^2(\hat{P}_1+\hat{P}_2+g_3\hat{P}_3)\rangle$ 的量子关联噪声，

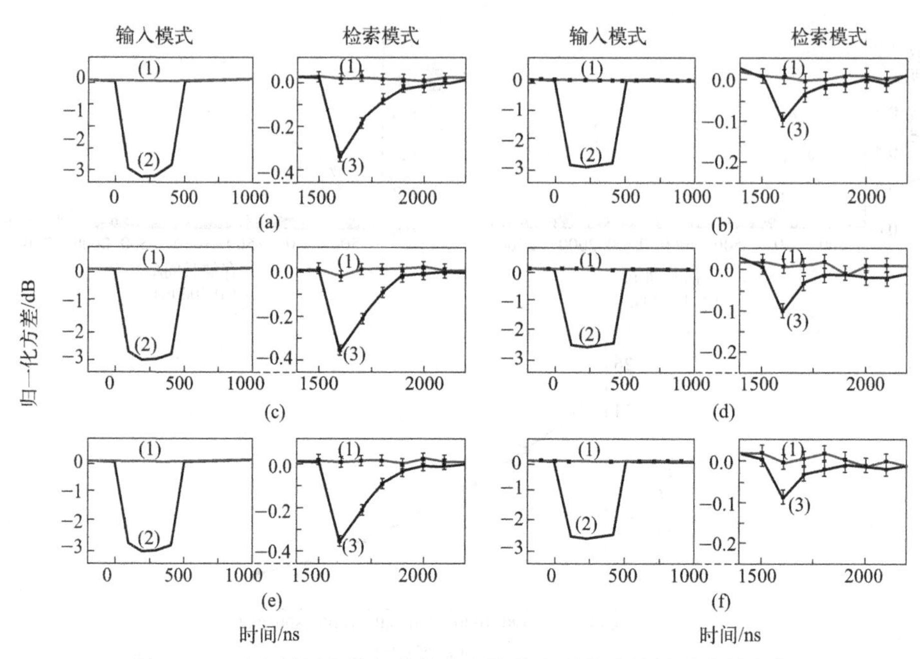

图 3.24 正交振幅和位相分量在存储前和释放后的量子关联噪声

曲线（1）为散粒噪声基准，曲线（2）为存储前光场的量子关联噪声，曲线（3）为释放光场的量子关联噪声，当三组分纠缠态光场在原子系综中实现存储时，即“写”的过程，三个原子系综的自旋波也实现了量子纠缠，并且在原子的存储寿命时间内一直存在，随后量子纠缠又由原子系综转换到光场通过“读”的过程，利用不可分纠缠判据可以判断原子系综之间是否纠缠。

由图 3.24 可知，对 $\hat{a}(0)_{S1}$、$\hat{a}(0)_{S2}$、$\hat{a}(0)_{S3}$ 分别有：

$$\langle\delta^2[\hat{X}(t)_{L2}-\hat{X}(t)_{L3}]\rangle=-3.3\pm0.05\text{dB}$$

$$\langle\delta^2[g_{L1}^{opt}\hat{P}(t)_{L1}+\hat{P}(t)_{L2}+\hat{P}(t)_{L3}]\rangle=-2.93\pm0.05\text{dB}$$

$$\langle\delta^2[\hat{X}(t)_{L1}-\hat{X}(t)_{L3}]\rangle=-3.25\pm0.05\text{dB}$$

$$\langle\delta^2[\hat{P}(t)_{L1}+g_{L2}^{opt}\hat{P}(t)_{L2}+\hat{P}(t)_{L3}]\rangle=-2.91\pm0.05\text{dB}$$

$$\langle\delta^2[\hat{X}(t)_{p1}-\hat{X}(t)_{p2}]\rangle=-3.25\pm0.05\text{dB}$$

$$\langle\delta^2[\hat{P}(t)_{p1}+\hat{P}(t)_{p2}+g_{L3}^{opt}\hat{P}(t)_{p3}]\rangle=-2.90\pm0.05\text{dB}$$

对 $\hat{a}(t)_{L1}$、$\hat{a}(t)_{L2}$、$\hat{a}(t)_{L3}$ 分别有：

$$\langle\delta^2[\hat{X}(t)_{L2}-\hat{X}(t)_{L3}]\rangle=-0.37\pm0.03\text{dB}$$

$$\langle\delta^2[g_{L1}^{opt}\hat{P}(t)_{L1}+\hat{P}(t)_{L2}+\hat{P}(t)_{L3}]\rangle=-0.10\pm0.02\text{dB}$$

$$\langle\delta^2[\hat{X}(t)_{L1}-\hat{X}(t)_{L3}]\rangle=-0.35\pm0.03\text{dB}$$

$$\langle\delta^2[\hat{P}(t)_{L1}+g_{L2}^{opt}\hat{P}(t)_{L2}+\hat{P}(t)_{L3}]\rangle=-0.10\pm0.02\text{dB}$$

$$\langle\delta^2[\hat{X}(t)_{L1}-\hat{X}(t)_{L2}]\rangle=-0.34\pm0.03\text{dB}$$

$$\langle\delta^2[\hat{P}(t)_{L1}+\hat{P}(t)_{L2}+g_{L3}^{opt}\hat{P}(t)_{L3}]\rangle=-0.09\pm0.02\text{dB}$$

在实验中测定 $r=0.38$，纠缠态光场的总存储释放效率 $\eta=16\%$，由式(3.40) 得到释放光场的归一化关联噪声 $I(t)'_L=0.96\pm0.01<1$，如图 3.14 圆点位置。

光场到原子系综存储效率为 $\eta_M=23\%$，则三个原子系综关联噪声为：

$$\langle\delta^2[\hat{X}(t)_{A2}-\hat{X}(t)_{A3}]\rangle=-0.56\pm0.03\text{dB}$$

$$\langle\delta^2[g_{A1}^{opt}\hat{P}(t)_{A1}+\hat{P}(t)_{A2}+\hat{P}(t)_{A3}]\rangle=-0.15\pm0.02\text{dB}$$

$$\langle\delta^2(\hat{X}_{A1}-\hat{X}_{A3})\rangle=-0.53\pm0.03\text{dB}$$

$$\langle\delta^2[\hat{P}(t)_{A1}+g_{A2}^{opt}\hat{P}(t)_{A2}+\hat{P}(t)_{A3}]\rangle=-0.15\pm0.02\text{dB}$$

$$\langle\delta^2(\hat{X}_{A1}-\hat{X}_{A2})\rangle=-0.52\pm0.03\text{dB}$$

$$\langle\delta^2[\hat{P}(t)_{A1}+\hat{P}(t)_{A2}+g_{A3}^{opt}\hat{P}(t)_{A3}]\rangle=-0.14\pm0.02\text{dB}$$

则由式(3.35) 有 $I_1=0.95$、$I_2=0.95$、$I_3=0.95$，均小于 1，所以三个原子系综是纠缠的，如图 3.13 中圆点位置。

3.5 本章小结

利用三个光学参量放大器产生了三组分正交纠缠态光场，然后利用 EIT 过程实现了其在三个空间分离的原子系综中的存储，最后利用三个由原子系综释放的信号光脉冲验证了三个原子系综间的纠缠是存在的，即验证了多个远距离宏观物体间的纠缠存在性，原子释放的光场也可以继续被存储于下一级的存储介质中，实现多量子节点的量子关联。本章工作也可以推广到更多组分纠缠的量子存储，例如利用八组分纠缠态光场实现八个原子系综间的纠缠，构造更大型的量子网络；用于超导体的研究，以及机械振子等研究。随着量子信息技术的发展，利用腔增强可实现高效率的量子存储，或者利用三维光学晶格中的冷原子实现长寿命的量子存储，这都为实现大规模高效率的量子网络和量子计算提供了重要的理论和实验参考。

第4章 光电探测器设计理论分析

4.1 概述

随着信息技术的不断发展，麦克斯韦的电磁理论虽然被用来描述光的特性，但仍不足以解释黑体辐射的现象[200]，一直到20世纪初期，普朗克提出量子假设，证明了物体可以通过“量子”的原理来吸收和释放电磁辐射，从而有效解决了这个问题[201]。1905年，爱因斯坦首次将量子力学的思想融到了光的传播之中，提出了“光量子”[202]，由此开创了一个新的纪元，并揭示了光电效应的真谛[203]。随后，康普顿的散射实验揭示了光的“波粒二象性”[204-206]的神秘性，为量子力学提供了一个崭新的视角，从此量子力学开启新的世界。量子力学的建立，让人们对物质结构和相互作用规律的认知有了革命性的变化，它标志着人类对于自然世界的认识实现了从宏观到微观的飞跃。

随着量子力学的发展，经典理论已经无法对光的特性进行精确描述，因此量子光学应运而生，用来揭示电磁场的传播规律[207]。激光的出现使人类对于光的研究进入快速发展阶段，此时光量子理论发展也空前活跃，它的发展为未来量子光学的发展奠定了坚实基础。在量子光学实验中，激光器是必不可少的一种重要的工具，其产生的高简并度光场使人们发现了更多与光场量子特性相关的现象，如光子的反聚束效应[208,209]、亚泊松分布[210,211]、真空态以及纠缠态光场[212-214]等。这些非经典态都是非常有价值的光源，其研究成果均已成功应用于实践。如量子通信协议、量子传感、量子精密测量等。非经典光源逐渐成为量子光学领域的热门课题。

在非经典光的应用中，压缩态光场具有在特定分量上突破散粒噪声基准的特性[215]，这种特性使压缩态光场在连续变量量子光学实验中成为必不可少的重要量子资源[216]。在量子精密测量中，例如在引力波探测[162,217,218]、相位估计和跟踪[219-221]以及小位移测量[222,223]等发挥了重要作用；在量子通信中，利用单模压缩光，经过分束器耦合后可生成连续变量纠缠态光场[224-226]，进而可以开展更深层次的量子隐形传态[65]、量子密钥分发[227-229] 以及量子纠缠变换[230,231] 等通信机制的研究，使其具有比传统经典通信更高的安全性和效率。随着人们对量子信息操控指标要求的提高，降低光场探测系统的额外噪声成为人们关注的一个重要研究内容。

实验中通常使用光学参量振荡器（optical parametric oscillator，OPO）中的参量下转换过程产生连续变量压缩态光场[39,232]，来获取高信噪比的误差信号，完成光学腔体高稳定锁定是这种方式实现的前提。在 OPA 锁定过程中，谐振腔透射光中的误差信号相比反射光具有更低的额外噪声，利用透射光锁定可以获得更高的稳定性，然而因透射光一般情况下功率相对较弱，且压缩光对损耗要求极其严格[233]，所以可被用于锁定的透射光极少，一般在纳瓦量级，这就对腔体锁定探测器的信噪比提出了更高的要求。

在量子光学中，经常使用 Pound-Drever-Hall（PDH）锁定技术来实现多个光腔和光场间的相对位相的精密锁定[234,235]。在基于 OPA 的压缩态产生系统中，一般可以在采集 OPA 反射光和透射光信号后利用 PDH 锁定技术对腔长进行锁定[236-238]。但是在利用反射光进行锁定时，振幅调制的引入会造成反射光的误差信号不准确，对锁定的稳定性产生影响；在利用透射光场进行锁定时，因为 OPA 本身对光场损耗要求严格，因此可用于锁定的透射光信号极弱，可提取的误差信号非常有限，并且容易被淹没于噪声信号中[239-243]。此外，普通探测器对于光功率在 nW 量级和调制信号功率在 pW 量级的信号不敏感。要想提升 PDH 锁定技术的准确性与稳定性，最重要的是使反馈回路中的第一级光电探测器提取到的误差信号具有很高的信噪比，但已有的探测器因噪声和带宽的影响，在 15MHz 以上的等效光功率噪声大于 $7.90\mathrm{pW}/\sqrt{\mathrm{Hz}}$，因此，对光学腔腔长和光学位相锁定的准确性与稳定性会产生影响，进而会限制压缩态光场压缩度的提高[244,245]。因此研制一种可用来消除因 OPA 腔稳定性不足产生的额外噪声并实现高质量的谐振腔锁定的宽带、低噪声、高增益光电探测器显得尤为迫切。

自 20 世纪 60 年代第一台激光器[246] 问世以来，激光的出现大大拓宽了人们对光的认识，使量子物理学得到了飞速发展，同时也为未来量子物理的发展提供了重要的技术支撑[247,248]。利用量子光学，可以对光场的经典、非经典现象的本质进行更深层次的研究，揭示各种线性的、非线性的物理机制[249]。压缩态具有某一分量上的量子噪声起伏低于散粒噪声基准的特性[250]，成为了量子信息发展中不可或缺的量子资源。1985 年，有学者首先通过四波混频技术观测到了压缩真空，次年利用 OPO 产生了压缩真空，利用腔增强了参量过程的效率[251]。此后，许多团体开始致力于实现高水平压缩的研究，例如近年来比较火热的引力波探测，就是以提高压缩态光场的压缩度来实现自身灵敏度的提升。

近年来，随着实验手段的进步，人们对压缩光的制备方法有了更多的认识，并且对压缩度的要求也越来越高。德国康斯坦茨大学科研团队于1998年成功制备了1064nm波段6.2dB的压缩光[252]，同一时期，山西大学实验室利用光学参量过程也获得了9.2dB的强度差压缩态光[253]。日本东京大学于2007年在实验室产生了9dB的860nm压缩光[254]，并可用于量子存储的研究。2008年，德国汉诺威大学研究小组成功制备了10dB的1064nm的压缩光[13]，并于2010年突破至12.7dB[37]。2012年，澳大利亚国立大学成功制备出11.6dB的低频压缩光[38]，同年，华中师范大学在8kHz处获得了7dB的强度差压缩光[255]。2016年，德国马普所成功制备出了15dB的真空压缩光[39]，创下了新高度。在国内，许多研究团队也同样在开展对压缩态光场的研究。山西大学光电研究所于1998年成功制备了3.7dB的正交位相压缩光和7dB的强度差压缩光[40]。此后，通过不断优化光路，于2010年获得了6dB的EPR纠缠态[226]，在进一步改善锁定技术的方式下，于2015年制备出了8.4dB的纠缠光[49]。在2019年，又通过优化光的检测设备和干涉效率，在实验上获得了13.8dB的真空压缩态[233]，同年，又获得了12.3dB、1550nm的真空压缩光[256]。

除了压缩态的制备和传输之外，对压缩态的检测也非常重要。当前，实验中最常用到的检测手段包括平衡零拍探测和自零拍探测。平衡零拍探测需要搭建本振荡光光路并调节本振荡光与信号光的干涉度[257]，而自零拍可直接对信号进行探测，且由于不需要本振荡光的引入，还可以减少由模式匹配效率带来的损耗[82]。量子光学实验中，要求探测器的电子学噪声要低于散粒噪声基准10dB以上，才能实现对压缩态光场的有效检测，此外对量子效率以及带宽也有相应要求。目前，在10MHz以内，探测器的电子学噪声基本能实现低压缩态光场的测量，但对于更高的频率，比如几十MHz，甚至几百MHz，现有探测器对于测量压缩度在10dB以上的高压缩态光场表现得并不理想，这是因为随着频率的增加，探测器的电子学噪声也在逐渐增加，从而使探测器的性能降低。因此，必须针对量子光学的特性，设计出符合实验需要的探测器。

在锁定系统中，光电探测器对整个PDH反馈回路的信噪比起着决定性作用。因此，探测器的性能在系统中发挥着至关重要的作用。为寻求提升探测器性能的解决方法，许多研究小组同样做了很多努力。Yuen等人在1983年提出了平衡零拍探测原理，现被广泛应用于光学零差断层扫描[258]；2007年，加拿大研究小组理论推导了平衡零拍探测器的信噪比对于压缩态光场测量的影响，并进行了实验验证[259]。2013年，上海交通大学研究小组利用低噪声三极管BF862，使探测器的信噪比达到了14dB，并使带宽提高到了300MHz[260]。2014年，华东师范大学研制出了由两级运放构成的平衡零拍探测器，与一级运放构成的平衡零拍探测器相比，不仅提高了放大倍率，还拓展了探测器的带宽[261]。2015年，山西大学利用JFET缓冲结构和JFET光电二极管自举结构，扩大了探测器的动态范围，并使探测器同时具有良好的信噪比[262]。2018年，东京大学研究小组利用微波单片放大器和分立电压缓冲电路使探测器的带宽扩展到500MHz，并且具有12dB的信噪比[263]。2020年，山西大学郑耀辉组将标准跨阻放大电路与电感电容组合，研制了一款平衡零拍探测器，信噪比高达48dB，可用于明亮压缩态的测量[83]。

本章主要从提高光场压缩度以及锁定稳定性出发，分析影响光电探测器高频处噪声以及带宽的因素，并提出基于自举放大技术的光电二极管阻抗增强技术。首先介绍光电探测器设计的理论知识，具体内容还包括光电探测器的基本原理，常用的光电检测器件的基本原理和一些性能参数，光电探测器设计用到的跨阻抗放大电路的原理以及跨阻放大电路的噪声分析和电路设计中其他相关噪声分析，以及高性能光电探测器的性能参数要求等。其次，主要介绍关于自举低噪声光电探测器的研制，从理论上对自举放大电路进行详细分析，优化电路布局，研制出了低噪声、高信噪比的光电探测器，有效频率范围为1～30MHz，可用于OPA光学谐振腔的锁定以及光学量子态的测量。同时，经过系统的电路介绍，并结合理论分析，精心挑选出最佳的电子元器件，进行了PCB布局和制板，最后，通过实验对自举光电探测方案进行了验证，并对实验结果进行了详细阐述。

4.2 光电探测器的性能衡量

4.2.1 信噪比

探测器的信噪比（signal-to-noise ratio，SNR），是指负载电阻R上的信号功率与噪声功率的比值[257]，其表达式如下所示。SNR主要用来衡量系统的信号质量，当信噪比较高时，说明信号的质量较好；反之，当信噪比较小时，则表示系统中存在较大的噪声。

$$SNR=\frac{p_s}{p_N}=\frac{I_s^2R}{I_N^2R}=\frac{I_s^2}{I_N^2} \tag{4.1}$$

用分贝表示则有：

$$SNR=20\lg\frac{I_s}{I_N} \tag{4.2}$$

值得注意的是，在相同的电子学噪声下，散粒噪声的信噪比会随入射光功率的增加而逐渐变得更好，但会受到光电二极管饱和的限制。

4.2.2 噪声等效功率

噪声等效功率（noise equivalent power，NEP），表示信噪比为1时，探测

器上所需的入射光功率。其表达式为：

$$NEP=\frac{p}{V_s/V_N} \tag{4.3}$$

NEP 是一项衡量光电探测器接收弱信号能力的重要指标，它的值越小，表示探测器接收弱信号的能力越强，反之，则表示该光电探测器的性能较弱。

4.2.3 带宽

在量子光学实验中，希望在几十兆、几百兆甚至更大的区域，对不同频率的噪声进行有效的探测，这就要求探测器的带宽要足够高，一般情况下，探测器的带宽由光电检测器件的带宽以及跨阻抗放大电路的带宽两部分共同决定，它是表现探测器高速响应能力的一个重要指标。其中，实验时常用 PIN 光电二极管作为光信号的接收转换器，其带宽可定义为探测器的响应从低频开始下降 3dB 后对应的频率点[264]。表达式为：

$$f_{3\mathrm{dB}}=\sqrt{\frac{1}{1/f_{\tau}^{2}+1/f_{RC}^{2}}} \tag{4.4}$$

式中，f_{τ} 表示检测器载流子的渡越带宽；f_{RC} 表示检测器的 RC 带宽。由此可以看出，载流子的渡越时间以及 RC 截止效应会对探测器的带宽产生影响，但这个结果只是作为参考，在实际的应用中，载流子的渡越时间会存在一定的偏差，且探测器电极引入的寄生参数也会影响器件的 RC 带宽。

除此之外，跨阻抗放大电路的带宽在很大程度上取决于运算放大器，通常情况下，会选择使用增益带宽积较大的低噪声运算放大器，且在实验中选取合适的反馈电阻和反馈电容，在保证电路增益的情况下也有助于电路带宽的提升。

4.3 常用光电检测器件介绍

常见的半导体光检测器件有 PIN 光电二极管以及雪崩光电二极管（APD）等[13]。其中，PIN 光电二极管最大的特征就是无增益，但是在理想状况下，一个光子可以生成一个电子；而 APD 则拥有较高的增益，但是其倍增效应会使噪声成倍地放大，而为了对光场的量子噪声进行测量，必须使探测器的噪声降到最低。考虑到量子光学实验的需求，如高量子效率、低噪声、高响应度等，因此大多选择使用 PIN 光电二极管。

4.3.1 PN 光电二极管的工作原理

PN 光电二极管是一种基于 PN 结的光生电流作用的电子器件。图 4.1 是其原理图，在无光照时，反向电流非常微弱（通常不超过 0.1μA），通常称为暗电流。但是，在无光照时，带着能量的光子在通过PN结时，会将能量传递给共价键上的电子，导致部分电子脱离共价键，形成电子-空穴对，这种现象被称为光生载流子[265]。当PN结受到内建电场（耗尽层）的影响时，电子会朝着N区漂移，而空穴则会朝着P区漂移，从而产生漂移电流。而在耗尽层以外的电子和空穴，由于缺乏内部的电场力，就产生了与漂移电流类似的扩散电流[250]。在PN结的两端接上电极形成导通回路，会产生光电流，若光的强度增大，那么反向电流也会增大。综上所述，PN型光电二极管的工作就是一个吸收的过程，将光的变化转化为反向电流的变化，光生电流就是光照产生的漂移电流与扩散电流之和。

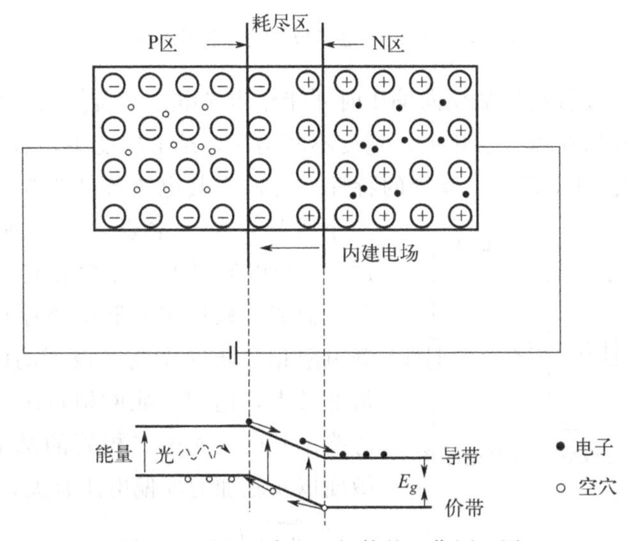

图 4.1　PN型光电二极管的工作原理图

因为光电二极管的耗尽区非常狭窄，所以其入射光线很容易被中性层吸收，从而使其光电转换速率下降，响应度降低，因此在量子光学实验中通常不选用PN光电二极管作为光电转换器件。

4.3.2　PIN光电二极管的工作原理

在上述PN型光电二极管的PN结中间掺入一层浓度很低的I型半导体，可以增大耗尽区的宽度，抑制载流子的扩散运动，提高光电二极管的响应度。掺入的I层浓度非常低，这样形成的光电二极管，我们称为PIN光电二极管。通常掺杂的I层材料有InGaAs、InP等，掺杂可以大幅度提高PIN光电二极管的量子效率。具体如图4.2所示，为PIN光电二极管的工作原理图，I层的掺入极大地扩展了光电转换的有效工作区，使得器件的量子效率得到了极大的提高。

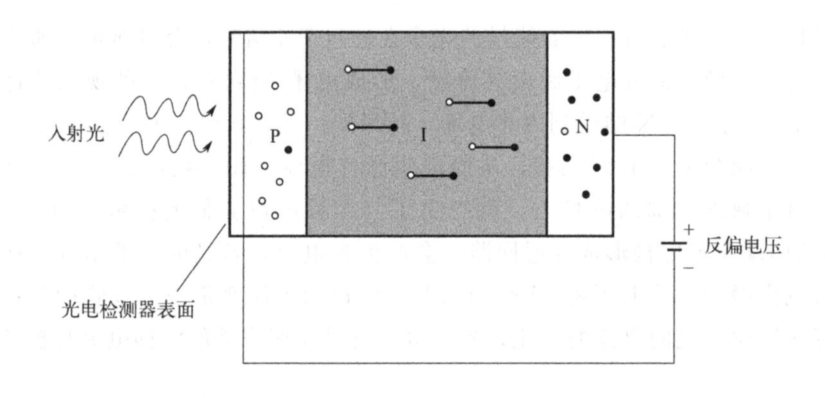

图 4.2 PIN 光电二极管的工作原理图

PIN 光电二极管在施加反向偏压时才能作为光电检测器使用。当施加反向偏压时，耗尽区开始在本征层扩展，宽度不断增加，结电容变小，从而使电路常数减小。通过研究 PIN 光电二极管的特性，可以将其电路等效为如图 4.3 所示的一个二端网络。主要由一个理想的二极管 D、一个电流源 I_s、结电容 C_d 和结电阻 R_d 并联而成。根据串并联电路原理，因为与负载电阻相并联的光电二极管的电阻 R_d 的阻值非常大，达到了兆欧姆量级，因此可以被忽略。其中，光电二极管的结电容 C_d 与光敏面以及施加的反偏电压有关，表达式为：

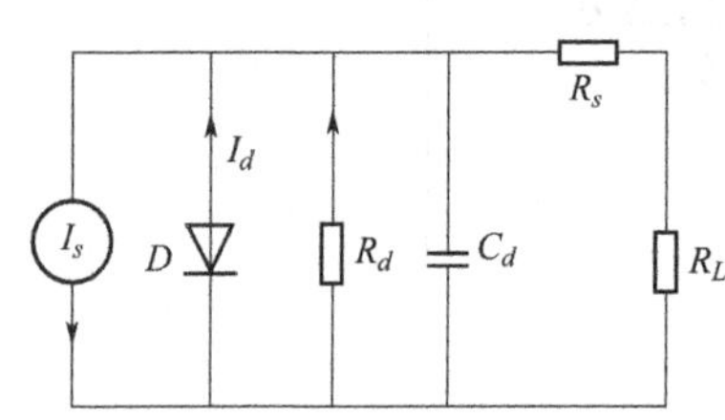

图 4.3 光电二极管的等效电路图

$$C_d=C_{d0}\Big/\sqrt{\left(1+\frac{U}{\varphi}\right)} \tag{4.5}$$

式中，C_{d0} 表示光电二极管的零偏电容；U 表示施加的反偏电压；φ 是光电二极管 PN 结的内建电压。

4.3.3 PIN 光电二极管的基本特性

PIN 光电二极管的特性主要表现在它的量子效率、响应度以及暗电流等方面，对此将在下面展开一一说明。

(1) 量子效率

量子效率可定义为单位时间中所生成的光子数量与所入射的光子数量之比[78]，具有如下表达式：

$$\eta=\frac{I_p/e}{p/hv}=hv/(eR_\lambda) \tag{4.6}$$

式中，I_p 为 PIN 光电二极管输出的直流电流；p 为入射光功率；R_λ 为探测器在特定波长下的光谱响应度。

量子效率是指PIN光电检测器对光生载流子的有效转化，在量子光学实验中受到广泛关注。在光电探测器件中，最理想的量子效率是1，即每一个光子可以发出一个电子。然而，在实际应用中，量子效率一般达不到1，导致光子流将呈现出随机分布，并且这种随机性随着量子效率的降低而增大。为了提高光场噪声特性测量的准确度，必须尽可能地提升光电检测器件的量子效率。

（2）光谱响应度

由量子效率的概念可知，光谱响应度可以与其进行相互转化。光谱响应度可以被视作一个衡量光电检测器件灵敏度的重要参数，它表现了在特定波长的光照射下，器件的输出光电流与入射光功率的比值大小[266]，可以用下面的公式表达：

$$R_\lambda = I_p / p \tag{4.7}$$

式中，I_p 代表输出光电流；p 代表入射光功率。

（3）暗电流

PIN光电二极管的暗电流是由半导体内热效应产生的电子-空穴对引起的。通入直流时，暗电流决定了探测器能够探测到的最小光电流，且暗电流会随着偏压的增大而增大。此外，暗电流也与杂质以及杂散电场等有一定的关联，它的大小也在一定程度上影响探测器的噪声特性。暗电流与材料的热效应有关，它会随温度的升高而迅速增加，在室温附近，气温每升高10℃，暗电流就会增大一倍。如果被测信号的光功率很弱，那么它转化产生的光电流就会被暗电流所吞噬，所以，在实验时，要选用暗电流非常小的光电检测器件，以确保所需的信号不会被器件的暗电流所湮没，同时保持其较高的灵敏度。

4.4 相关电路噪声分析

光电探测器自身的噪声对于测量结果的影响是不容忽视的。在挡住入射光的前提下，从交流端输出的信号便是探测器的电子学噪声，原则上，探测器的电子学噪声要尽可能低，一般在10dB以上，才能避免散粒噪声湮没在噪声里，下面将简单介绍影响光电探测器噪声的主要因素，便于后续的设计实现。

4.4.1 跨阻放大原理分析

在量子光学实验中，光电二极管转化的电流主要由两部分组成。其中，一个是直流，它用来对准和锁相，另一个则是交流，它产生需要测量的量子噪声。为了便于测量，会将两种信号利用电容器分开，这样可以增加检测的有效性。如图4.4所示，如果把光电二极管直接与一个电阻器串联，也能够完成电压的转换，但是这种光电压转换容易受二极管杂散电容以及电路中其他器件的影响，导

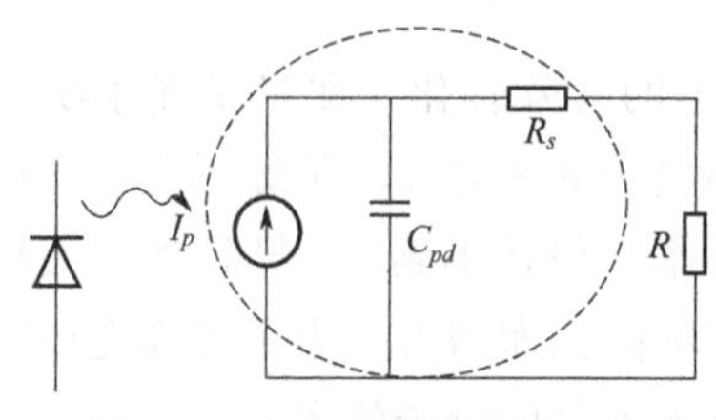

图 4.4　光电二极管串联电阻等效电路图

致抗干扰能力变差，性能变差。

跨阻抗放大器（trans-impedance amplifier，TIA），主要利用运算放大器将电路中的电流转化为电压放大输出，它是光电探测器设计的一个重要组成部分。利用运算放大器反向输入端“虚短、虚断”的特性[257]，可以抑制光电二极管结电容的分流作用，降低光电二极管的结电容造成的高频噪声，降低整体电路的噪声，提高光电探测器的带宽。

如图 4.5 所示是跨阻抗放大电路的等效电路图，光电流流经跨接在运算放大器输入和输出两端的反馈电阻 R_f，在运放的输出端产生一个电压信号 V_{out}，其表达式为：

$$V_{out}=I_pR_f \tag{4.8}$$

式中，I_p 表示光电二极管的输出电流。这个公式在理想电路中适用。在实际的工作过程中，因运放本身的输入电容及某些杂散电容的作用，会引起系统的输出发生漂移及环绕振荡，从而引起系统的不稳定。所以，在电路中并联一个反馈电容 C_f，会在电路中产生一个零点，从而对电路极点引起的问题进行补偿，这时，电路输出电压的传递函数为：

$$V_{out}=\frac{I_pR_f}{1+sC_fR_f} \tag{4.9}$$

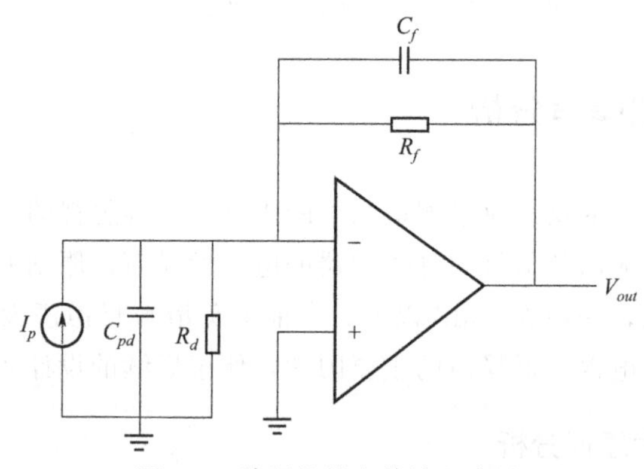

图 4.5　跨阻抗放大等效电路图

由此可以看出，电路的输出电压不仅与反馈电阻 R_f 的值有关，还与反馈电容 C_f 的大小有关。为了确保电路的整体稳定性，C_f 应满足：

$$C_f=\sqrt{\frac{C_s}{2\pi\times GBP\times R_f}} \tag{4.10}$$

此时，电路的带宽也与反馈电容有关，其表达式为

$$F=\sqrt{\frac{GBP}{2\pi C_s R_f}} \tag{4.11}$$

式中，GBP 代表运算放大器的单位增益带宽积；C_s 代表运算放大器的总输入电容（光电二极管的结电容、运算放大器的输入电容以及电路中其他杂散电容）。式(4.10) 表明，TIA 的带宽大小与反馈电阻 R_f 成反比例关系，与运算放大器的单位增益带宽积（GBP）成正比例关系，因此在设计整个电路时，为了扩大电路的带宽以及提高电路的信噪比，降低总体的输入电容是关键。

4.4.2 跨阻放大电路噪声分析

通常，由于跨阻抗放大器具有比其他电阻和电压放大器更低的噪声和更高的带宽，故被广泛地用于将光电二极管的电流转换为电压，但 TIA 中的运算放大器的输入电压噪声由于受到输入电容等的影响，在高频处会引入较大的噪声[267,268]。如图 4.6 所示，跨阻放大的噪声来源可表示为[251]：

$$I_{eq}=\sqrt{i_n^2+e_n^2/R_f^2+e_n^2/Z^2+I_R^2+(e_n 2\pi C_s f)^2/3} \tag{4.12}$$

式中，Z 代表放大器输入端与地之间的电阻和电感的阻抗；i_n、e_n 分别为运放的输入电流噪声和输入电压噪声；f 为相对应的频率；C_s 为光电二极管结电容、运算放大器的输入电容以及电路的寄生电容之和；I_R 为电阻热噪声的等效输入电流噪声，其表达式为：

$$I_R=\sqrt{4KT/R_f} \tag{4.13}$$

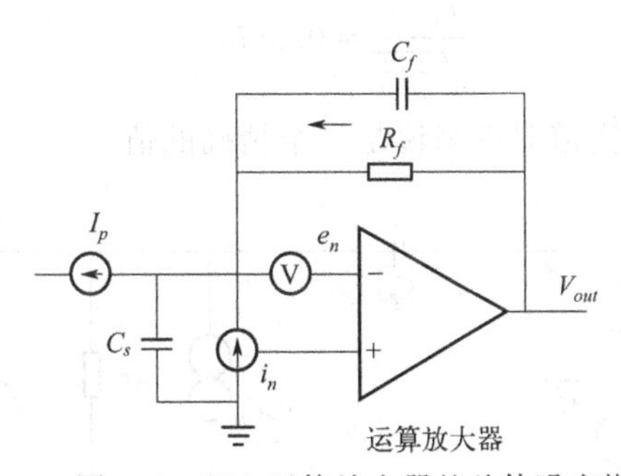

图 4.6 TIA 运算放大器的总体噪声模型

由此可以看出，除运算放大器本身的一些影响因素外，对探测器噪声影响最大的因素便是光电二极管的结电容。

4.4.3 FET 晶体管噪声分析

场效应晶体管（FET）作为一种独特的单极性器件，可以通过调节栅极电压

实现对源漏电流的控制，是一种具有压控特性的器件。FET 能够传输大量的载流子电流，具有较低的噪声水平。然而，沟道电阻以及串联电阻的存在，会对其产生影响，因此热噪声仍是 FET 最大的噪声源。FET 最大的噪声源来自本征部分[269]，这部分主要由散粒噪声和 $1/f$ 噪声组成，在低频时，它们会随着频率的增加而减小。

对于起支配作用的本征部分噪声，由栅极噪声和漏端电流噪声组成。其中栅极噪声的均方值表达式为[270]：

$$\overline{I}_g^2 = 4KT\delta g_g \Delta f \tag{4.14}$$

式中，δ 表示栅极的噪声系数，在长沟道器件中 $\delta=4/3$；g_g 的表达式为：

$$g_g = \omega^2 C_{gs}^2 / (5g_{d0}) \tag{4.15}$$

从这两个表达式可以看到，栅极噪声不属于白噪声，事实上，它会随着频率的增加而逐渐增大。

在此基础上，对晶体管漏端电流的噪声均方值表达式进行分析，具体表达为：

$$\overline{I}_d^2 = 4KT\gamma g_{d0} \Delta f \tag{4.16}$$

式中，g_{d0} 表示 $V_{DS}=0$ 时的漏源导纳；γ 表示与偏置相关的热噪声系数，在 $V_{DS}=0$ 时有 $\gamma=1$；γ 的值根据沟道长度确定。

栅极噪声与漏端电流噪声的和共同构成晶体管总体噪声模型，即如图 4.7 所示的噪声源配置图，且两者之间是部分相关的，其相关系数为 c[271]，c 的表达式为：

$$c = \frac{i_g i_d^*}{\sqrt{i_g^2 i_d^2}} = 0.395\mathrm{j} \tag{4.17}$$

式中，0.395j 对于长沟道器件来说是一个精确的值。

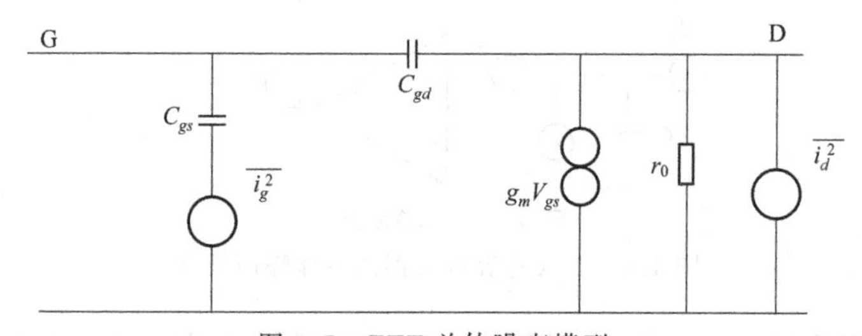

图 4.7　FET 总体噪声模型

4.4.4　其他相关噪声分析

除上述几种噪声外，在实验过程中，探测器还会受到其他噪声的影响，这些噪声主要是受光电探测器的器件内部以及周围元件的寄生影响，包括热噪声、散粒噪声、1/f 噪声以及环境噪声等。

(1) 热噪声

在具有电阻的器件中，因其本身的无规则热运动，流速和分布形态会发生明显的起伏，进而导致器件中的电流发生改变，这些改变形成了器件的热噪声。因为电子的热运动与温度存在着很强的关联性，所以任何处于绝对零度以上的导体都具有一定程度的噪声。在无外部电场干扰时，电子在导体内部进行无规律的热运动，在这种情况下，由于没有固定的方向，不能生成电流。但因为电子在两个不同的方向上移动，且在两个方向上移动的电子数目也不尽相同，所以在导体和半导体内就会出现噪声电压，从而形成起伏电流，也就是所谓的涨落电流。材料的温度、阻值大小以及噪声等效带宽等都会对噪声电压的强弱产生影响[272]，其可以表示为：

$$\overline{u}_t=\sqrt{4KTR\Delta f} \tag{4.18}$$

为了便于统计分析，将其转化为热噪声电流：

$$\overline{I}_t=\sqrt{\frac{4KT\Delta f}{R}} \tag{4.19}$$

式中，K 为玻尔兹曼常数；T 为导体的绝对温度；R 为导体的电阻；Δf 为测量的频带宽度。可以看出，热噪声的大小会随材料温度的上升而增大，因此在实验时，可以采取降低温度的方法来减小温度产生的热噪声影响。热噪声会随着带宽的升高而增大，但与频率点无任何关系，因此热噪声实际上是一种白噪声。

(2) 1/f 噪声

1/f 噪声是由两种导体的接触点电导产生随机变化引起的，具有频谱集中在低频范围、功率谱密度与频率近似成正比关系的特点[273]。主要出现在低频区域，在高频时，其影响忽略不计。在大约 1kHz 以下的低频区域，1/f 噪声的大小与器件表面不均匀或者清洁度不够有较大关联，其对应电流公式为：

$$\overline{I}_n=\sqrt{\frac{Ki^a\Delta f}{f^b}} \tag{4.20}$$

式中，K 表示的是与探测器有关的比例系数；i 表示流过器件的近似等效电流；$a\approx2$；$b\approx1$。由于设计的探测器是在高频工作的，因此 1/f 噪声可以忽略不计。

(3) 散粒噪声

散粒噪声通常被认为与光生电流载体的形成以及流动密度的涨落有关。当光照射到光电检测器件上时，由于 PN 结上的光子会产生不连续和随机的波动，在 PN 结的势垒上就会产生载流子的波动，在中低频时，与频率无关，但在高频时，与频率之间具有一定的相关性[274]。探测器中的散粒噪声可分为三类：

第一是光子噪声，主要是由载流子的随机起伏引起的；

第二是环境散粒噪声，它主要受到光电检测器件接收光信号时，周围环境产生的影响，如果光电探测器具有很高的增益以及较高的灵敏度，这样的环境散粒噪声不能忽视；

第三是暗电流散粒噪声，这一现象主要是由无光照条件下，热激发的载流子形成的光电探测器的暗电流所引起的。

相关实验表明，散粒噪声的值不受温度影响，其表达式为：

$$\overline{I}_s=\sqrt{2qi_d\Delta f} \tag{4.21}$$

式中，q 为电子电荷量；i_d 为流经探测器的等效电流（光电流、暗电流、环境噪声电流三者的平均值）；Δf 为分析带宽。由此可知，散粒噪声大小主要与 i_d、Δf 有关，通过减小这两个的值，可以有效降低散粒噪声产生的影响。

（4）环境噪声

除以上所述的内部噪声以外，外部噪声也会对系统产生影响。这些外部噪声主要通过传导耦合、公共阻抗耦合以及电磁耦合等方式进入系统[275]，从而影响系统的探测性能。对此，可以采用电气屏蔽和遮光、电路滤波等方法去改善和消除。屏蔽是利用金属材料将探测器与外界环境隔离，降低外界环境对系统的干扰，常用的铁、铝以及铜等可以用来制作金属屏蔽盒。此外还包括静电屏蔽和电磁屏蔽。其中，静电屏蔽利用电阻很小的金属材料做成封闭的外壳，然后将探测器固定在壳子里，阻止探测器系统与外界之间形成的干扰电容和电感。这些干扰电容和电感的值很小，在低频时，影响不明显，但在高频时会导致分流信号，从而造成信号内容的丢失。而电磁屏蔽，就是在屏蔽壳的外面，对电磁场进行损耗和抑制。为了达到最佳效果，要保证外壳的绝对封闭且输入输出线要使用具有静电屏蔽效果的导线。同时，接地也是抑制外部噪声的有效方法之一，在使用时可以与屏蔽结合起来。

本小节详细介绍了探测器的设计原理，探测器的主要性能指标，包括信噪比、噪声以及带宽等。同时也对常用的光电检测器件做了详细分析，包含对 PIN 光电二极管的原理分析以及性能介绍等。另外，对电路设计中比较重要的跨阻抗放大电路进行了原理分析以及相关的噪声分析。本节还对电路中存在的其他噪声进行分析，并给出了规避方法，同时也分析了影响光电探测器性能的几个重要因素，并提出了一些降低噪声的方法。

4.5 利用自举低噪声光电探测器提升光场压缩度的理论和实验

4.5.1 自举低噪声光电探测器电路设计

针对以上关于探测器设计的原理以及影响探测器噪声的相关因素分析，设计了一种有效频率范围为 1～30MHz 的低噪声、高信噪比光电探测器，用于光学谐振腔的高精度锁定，并用来改善光场的压缩度。通过理论计算，选用低噪声、低输入电容的放大器 LTC6268-10，并与自举放大技术相结合，可以有效地抑制光电二极管结电容的分流效应。实验结果表明，当锁定光腔时，系统的噪声降低了 41.7%，电路的信噪比提高了 90%。此外，该探测器的等效光功率噪声水平很低，在 30MHz 时低于 $2.4\text{pW}/\sqrt{\text{Hz}}$。当测量入射光功率为 $800\mu\text{W}$ 的散粒噪声时，在 3MHz 处的信噪比高达 26.7dB。经过实验验证，该光电探测器可以有效地提高光场压缩度，提高约 34.9%，这对于通过有效地优化光场的压缩（纠缠）态来提高量子信息操作的质量非常重要。

（1）自举放大电路设计

为了解决原理部分所说的由光电二极管结电容引起的高频处噪声较大的问题，采用基于自举反馈的光电二极管阻抗增强技术来降低高频处噪声。该技术原理如图 4.8 所示，它是将单位增益的输入电压信号反馈于光电二极管另一端，降低光电二极管两端的电位差，抑制光电二极管结电容的影响，从而降低电路的噪声，提升电路的带宽。

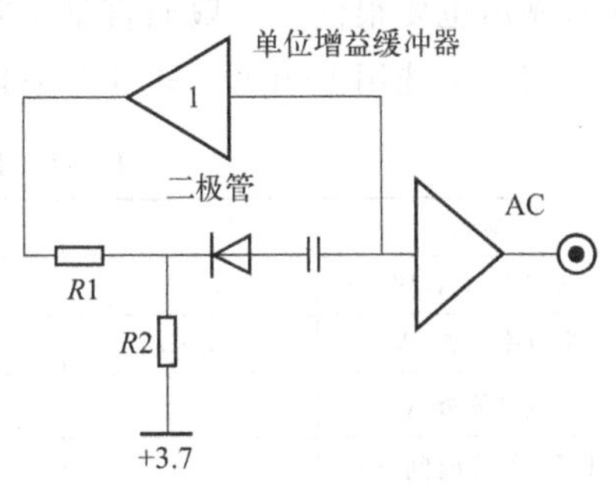

图 4.8　基于自举反馈的光电二极管阻抗增强原理图

理论上，当反馈系数为 1 时，阻抗最大。利用一级自举放大时，在理想情况下可以近似获得单位增益。但在实际的实验操作过程中，随着频率增加，由于放大电路不可避免地存在相位延迟的问题，在电路中无法达到理论计算的单位增益。与传统结构探测器相比，虽然噪声有所降低，但是信噪比并没有变得更好，也就是说一级自举结构没有发挥效果，故增加了两级自举放大。它通过先放大然后再缩小信号来实现增益和相位的补偿，第二级用于校正第一级产生的相位延迟，使反馈增益接近 1 甚至等于 1，并且相位接近于 0，且理论上增益与频率无关。图 4.9 中的虚线框显示了使用所提方法开发的两级自举放大器。由晶体管多级放大电路的小信号模型，在不考虑电路的寄生电容和电感以及晶体管的门电容和源电容的情况下，可以得到电路增益的计算公式如下：

$$A_{\nu}=A_{\nu 1}A_{\nu 2}\approx -\frac{g_1 R_l}{\mathrm{j}\omega C R_7(1+g_1 R_l)+1}\left[-\frac{R_{13}}{R_1}\times\frac{1+\mathrm{j}\omega C_1(R_{15}+R_1)}{1+\mathrm{j}\omega C_1 R_{15}}\right] \tag{4.22}$$

当 $R_{15}=0\Omega$ 时：

$$R_1=g_1 R_{13} R_l \tag{4.23}$$

$$C_1 = \frac{CR_7(1+g_1R_l)}{R_1} \tag{4.24}$$

式中，g_1 是晶体管 J_1 的跨导；C 为晶体管 J_1 栅极与漏极之间的感应电容；$R_l = R_3 // R_2$。这些理论值可作为电路设计的参考。由于实际电路中存在寄生电容和电感，在实验中需要对上述参数的取值进行调整。

(2) 低噪声电路的器件选取

在光电探测器的设计中，器件的选取也是非常重要的一环。选取理想的器件，可以使电路达到完美的性能，下面是本设计中关键器件选取的原则以及一些参数介绍。

1) 光电二极管的选择

在连续变量量子光学实验中，不仅要求光电检测器件拥有较高的量子效率，同时噪声也要很低。一般而言量子效率要在90%以上。

实验中选用FD100，表4-1是其具体参数值。

表4-1 FD100的光电参数表

参数	最小值	典型值	最大值	测试条件
响应率/(A/W)	0.80	0.85	—	λ=1300nm
响应率/(A/W)	0.85	0.90	—	λ=1500nm
暗电流/nA	—	0.5	3	V_R=5V
上升/下降时间/ns	—	0.3	0.7	V_R=5V
结电容/pF	—	1.1	1.5	V_R=5V

注：此表来源于FD100的说明书。

FD100的量子效率在1342nm时可达到92%，结电容为1.1pF，暗电流引起的噪声较小，因此在实验中选择使用它。

2) 运算放大器的选择

本章设计的光电探测器采用了跨阻抗放大的电路结构，导致电子学噪声增大的因素包括反馈电阻引起的热噪声、运算放大器的输入噪声电流对应的输出噪声电压（在高频时具有较大的影响）、运算放大器的输入噪声电压对应的输出噪声电压以及运放的输入电容引起的噪声等[68]。因此为了有效提升探测器的性能，降低探测器电子学噪声产生的影响，在电路设计中，要选用输入噪声电压、输入噪声电流以及输入电容较小的运算放大器。运算放大器的类型分为两种，可以满足不同的应用场景：一种是基于双极型（BJT）输入型的低噪声放大器，它的输入电压噪声密度比较低，但输入电流噪声密度比较高[257]，因此，在实际设计时，需要外部的电阻、源阻抗以及失调电压要尽可能低；另外一种是以JFET输入型为基准的低噪声放大器，不仅拥有超低的输入电流噪声密度，还可以在单电源下工作，非常适合用来作高阻抗信号的前置放大器。

3）其他器件的选择

除了上述器件之外，电路中还包含电阻、电容、电感等器件。对于这些器件，选择表面贴装的类型。这种表面贴片元件的引线非常短，且有多种尺寸类型，尺寸越小，其寄生参数越小。比如在高频电路中 0805 的封装比 1206 的封装产生的寄生更小，因而更适合高速电路使用。在电容容值的选择上，在滤低频噪声时，一般选择容值为 10μF 的大电容，在滤高频噪声时，一般选择容值为 100nF 的小电容。在选择电感时，除了要考虑它的感性特征外，还应该注意电感的电阻以及寄生电容产生的影响。

（3）详细的电路结构分析

所设计探测器的完整原理图如图 4.9 所示，主要包含跨阻抗放大和两级自举放大两个部分。由于 LTC6268-10 放大器芯片具有低输入电流噪声（$i_n=7\mathrm{fA}/\sqrt{\mathrm{Hz}}$）、低输入电压噪声（$e_n=4.0\mathrm{nV}/\sqrt{\mathrm{Hz}}$）和超低输入寄生电容（$C_{in}=0.45\mathrm{pF}$）的特点，适用于低噪声 TIA 光电探测器的设计，能够提供更高的灵敏度和带宽。通过结合自举反馈技术能进一步提高了输入阻抗，减小光电二极管大的结电容的分流作用，降低整体电路的噪声，提高系统的信噪比。

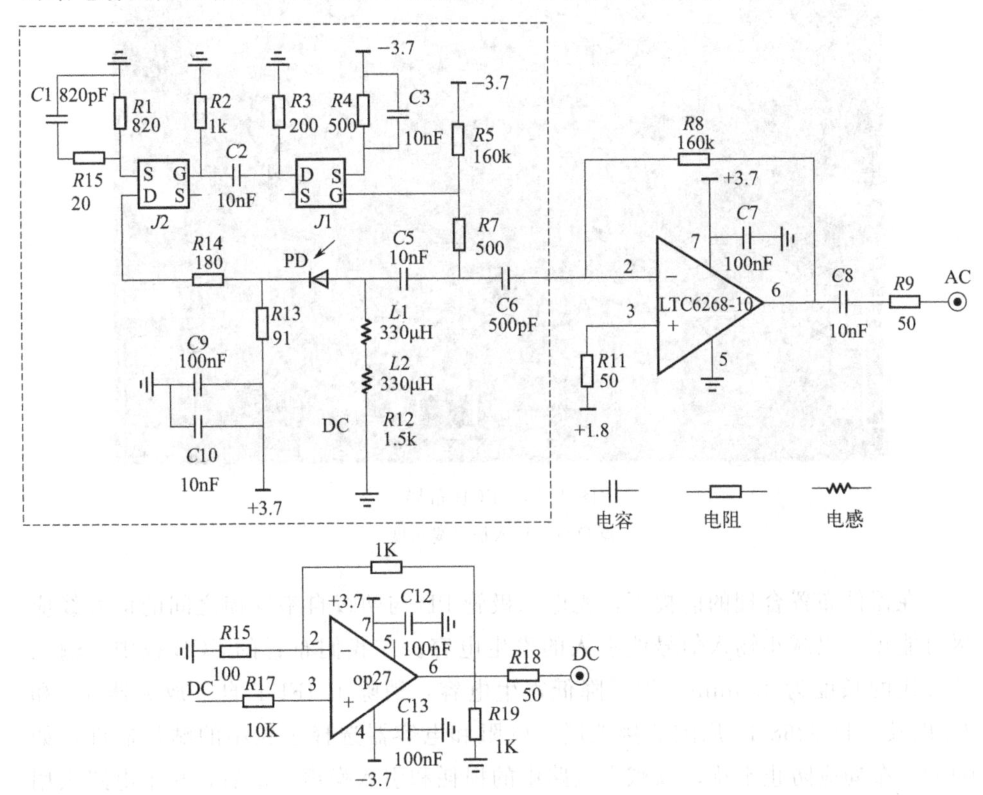

图 4.9　自举低噪声探测器的完整原理图

自举放大器由光电二极管 PD 和两级 JFET 自举放大器 $J1$ 和 $J2$ 组成，是本设计中最重要的部分。$J1$ 和 $J2$ 由电容 $C2$ 连接，$R7$ 用于提高电路的输入阻抗。自举反馈的一个关键组件是电容 $C1$。调整 $C1$ 不仅可以改变电路的增益，还可以补偿自举放大部分的高频相位迟滞，提高探测器的带宽。选用 NE3509M04 作为两级自举放大器的 JFET。在具体的实验研究中，我们发现 NE3509M14 具有超低噪声的特点，也适用于两级自举电路。

直流信号通过 OP27 进行放大，基于元件的高频性能，我们用电感 $L1$、$L2$（值为 330μH）和电容 $C5$（值为 10nF）的组合来实现不同信号的放大，以便提供用于对准和锁相的直流电压，且直流与交流的增益可分别进行调整。

4.5.2 高频 PCB 设计

由于探测器的输入信号对寄生电容极其敏感，因此对 PCB 设计要求很高。图 4.10 为实际 PCB 布局图，板尺寸为 47.63mm×32mm。

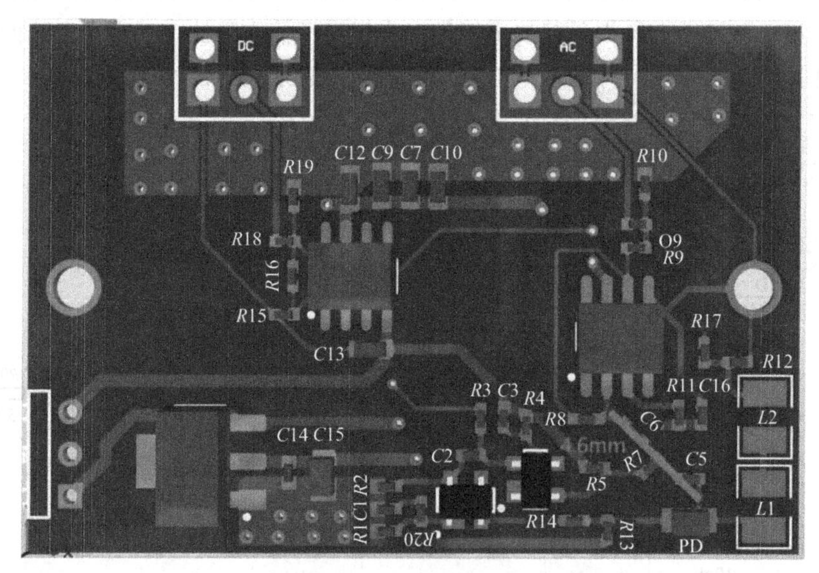

图 4.10 PCB 布局

绿色线为输入信号线长度

在器件布置合理的前提下，光电二极管 PD 与两级自举反馈之间的信号线应尽可能短，以减小输入信号线引入的寄生电容。在我们布置的 PCB 板中，输入信号线的长度为 4.6mm。为了降低寄生电容，消除了 JFET 自举放大器 $J1$ 和 $J2$ 以及 LTC6268-10 周围的接地层。电阻和电容器选择了较小的贴片器件，如 0402。布局应防止干扰，以减少电路中的损耗和引入噪声。最后，整个电路板用金属屏蔽盒屏蔽外界噪声。

4.5.3 自举低噪声光电探测器性能测试

为了验证所设计的光电探测器的优良特性，在实验室搭建光路并进行实验，以下是对实验结果的分析。

(1) 光场探测以及锁定实验装置

当 OPA 运行在参数放大时，可以产生光场的正交幅值压缩状态。实验生成原理如图 4.11 所示。1342nm 和 671nm 双波长激光由双色分束器（BS）分离，然后通过双模清洁器（MC_1，MC_2）过滤光束的空间模式和附加噪声[276]。采用 1342nm 光作为种子光，通过 EOM 调制器进行相位调制。采用驻波腔作为 OPA 腔。利用压电陶瓷（PZT）对 1342nm 的透射率 $T=10\%$、671nm 的反射率 $R>99.9\%$ 的 M_2（作为输出镜）进行控制。输入镜 M_1 在 1342nm 处涂覆反射率 $R>99.8\%$，在 671nm 处涂覆透射率 $T=20\%$。输出光场经过高反射镜的透射部分被探测器（PD）接收进行 PDH 锁定，而反射部分进入 BHD 测量正交分量的量子涨落噪声。

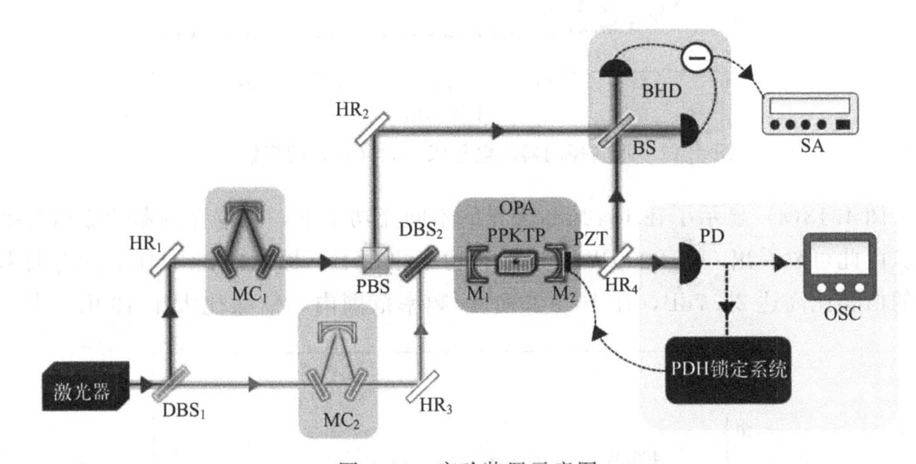

图 4.11 实验装置示意图

激光器—Nd：YVO4/LiB3O5；DBS_1、DBS_2—双色分束器；PBS—偏振分束棱镜；PZT—压电陶瓷；HR_1、HR_2、HR_3—高反镜；HR_4—反射率高于 99.5%（1342nm）的反射镜；MC_1、MC_2—模式清洁器；M_1、M_2—腔镜；BS—分束器；OPA—光学参量放大器；BHD—平衡零拍探测器；PD—两级自举低噪声光电探测器；SA—频谱分析仪；OSC—示波器

(2) 实验结果分析

为了验证非单位增益自举反馈在降低光电探测器电子学噪声上的优势，对比测量无自举反馈、传统单位增益自举反馈、二级自举反馈情况下，探测器在 1～30MHz 频率范围的电子学噪声，分别如图 4.12 中曲线所示。由此可以看出，在分析频率为 20MHz 时，无自举反馈的探测器的电子学噪声为

−78.1dBm（0dBm=1mW），传统单位增益自举反馈的探测器的电子学噪声为−80.5dBm，降低了2.4dBm，而非单位增益自举反馈（二级自举反馈）的探测器的电子学噪声为−83.7dBm，在传统单位增益自举反馈的基础上又降低了3.2dBm。因此，基于NE3509M04的两级自举放大，对电路噪声具有明显的抑制作用。

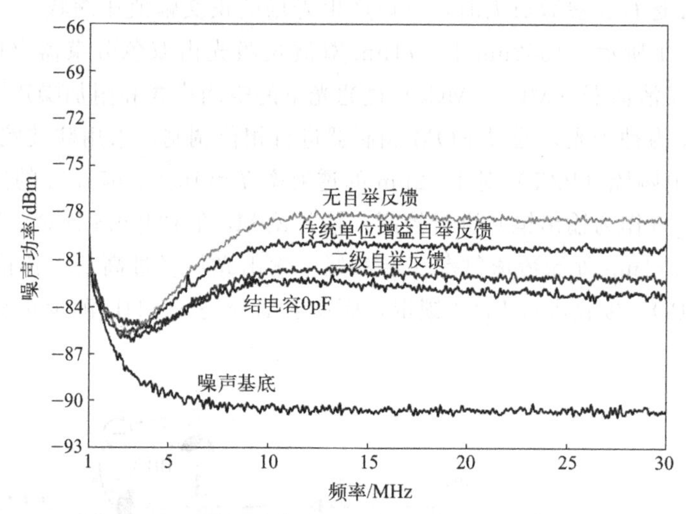

图4.12　不同探测器的电子噪声图（无光功率输入）

图4.13(a)显示了在1342nm激光的不同光功率下，光电探测器的输出功率谱。由此可以看出，在800μW附近饱和功率注入下，探测器在3MHz分析频率处的信噪比高达26.7dB，在10～20MHz频率范围内，信噪比大于19dB。当入

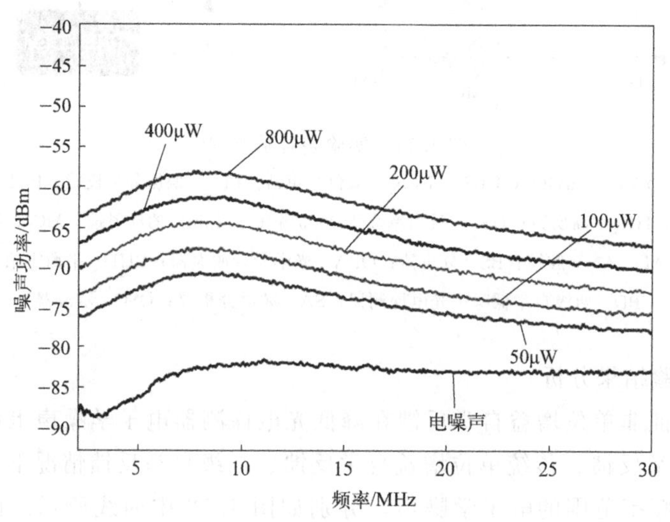

(a) 自举低噪声光电探测器在不同激光功率下的输出噪声谱

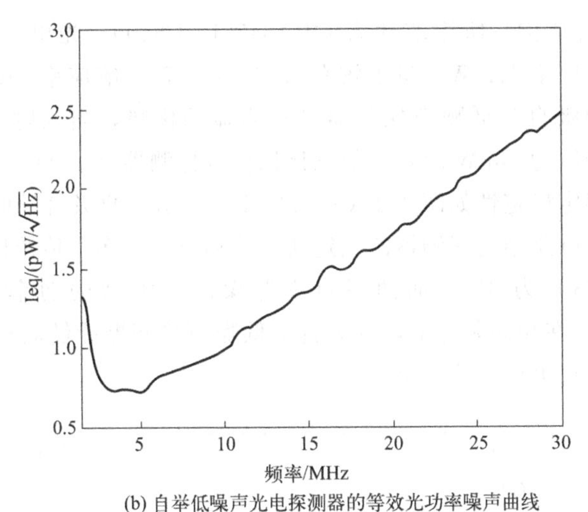

(b) 自举低噪声光电探测器的等效光功率噪声曲线

图 4.13 输出噪声谱和等效光功率噪声曲线

射光功率范围为 50～800μW 时，探测器也表现出良好的线性响应性。激光功率增加一倍，噪声曲线增大 3dB。同时绘制出探测器的等效光功率噪声谱，如图 4.13(b) 所示，等效光功率噪声在 15MHz 范围内小于 1.4pW/$\sqrt{Hz}$，在 30MHz 范围内小于 2.4pW/$\sqrt{Hz}$。

在基于 OPA 的压缩态光场产生系统中，低噪声探测器作为光场信号接收器，在 OPA 锁定过程中起着关键作用。为了进一步演示所研制的探测器在 OPA 锁定过程中的优异特性，我们使用了如图 4.11 所示的实验装置，对研制的自举低噪声探测器进行了测试。结果如图 4.14 所示，传统的探测器采用较为常规的

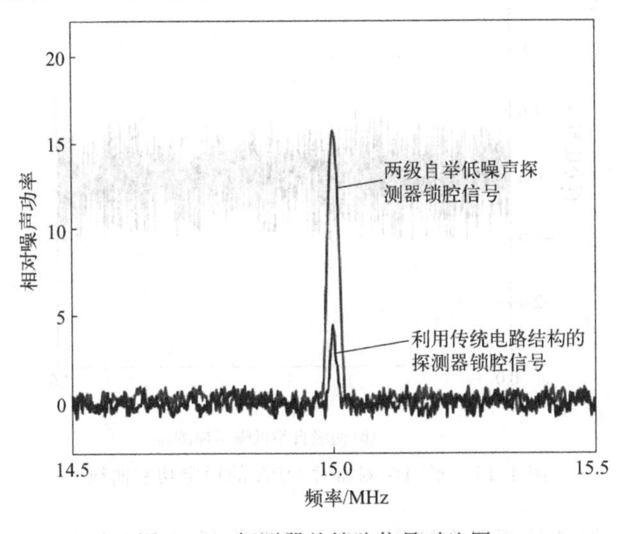

图 4.14 探测器的锁腔信号对比图

跨阻抗放大电路结构，所用芯片为 OPA847/LTC6409，光电二极管采用的是 KPDE008A（响应率 1A/W，量子效率 0.8），G8376（响应率 1A/W）[51,73]。由图可以看出，两级自举低噪声探测器具有明显的优势，当入射光强为 200nW，负载调制信号强度为 10pW 时，其信噪比比传统探测器高了 11.8dB。

探测器的锁定稳定性如图 4.15(a) 和（b）所示。两级自举低噪声探测器的光场输出比传统电路结构探测器的锁定功率波动要小得多。传统检测器的功率波动均方根（*RMS*）为 3%，而两级自举低噪声检测器的功率波动均方根为 0.8%。这表明，在相同条件下，两级自举低噪声检测器能够获得高信噪比的锁定信号，从而实现更稳定的锁定。

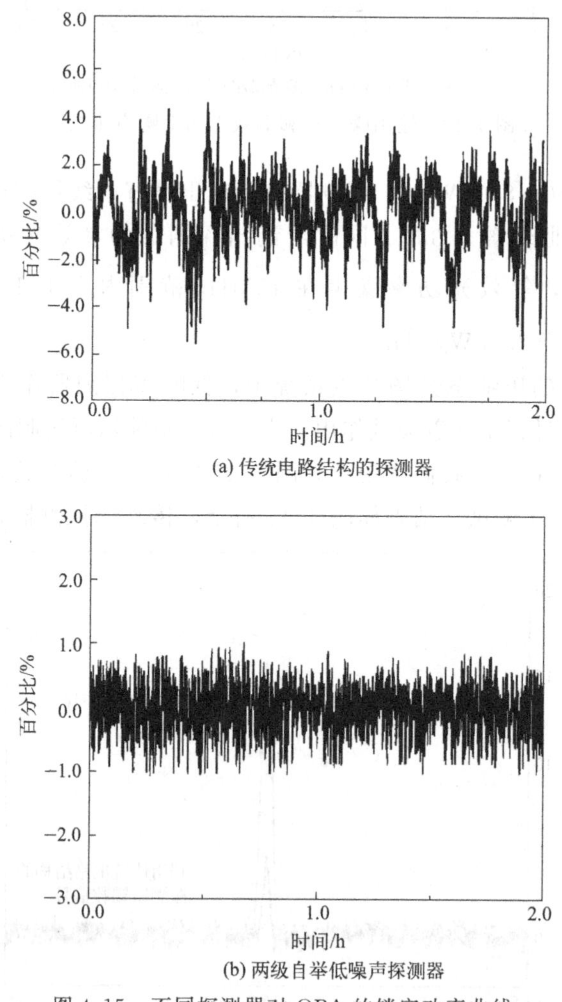

(a) 传统电路结构的探测器

(b) 两级自举低噪声探测器

图 4.15 不同探测器对 OPA 的锁定功率曲线

两级自举反馈使检测器在锁相过程中显著降低了正交分量的相位抖动，增强了压缩光场的压缩程度。结果如图 4.16(a) 和 (b) 所示。在相同条件下，在 3MHz 的分析频率下，可以在 −6.2dB 和 −7.5dB 处测量到光的正交幅值压缩状态。相位涨落的均方根（*RMS*）约等于 1.4[63]。光场压缩度可显著提高 34.9% 以上。

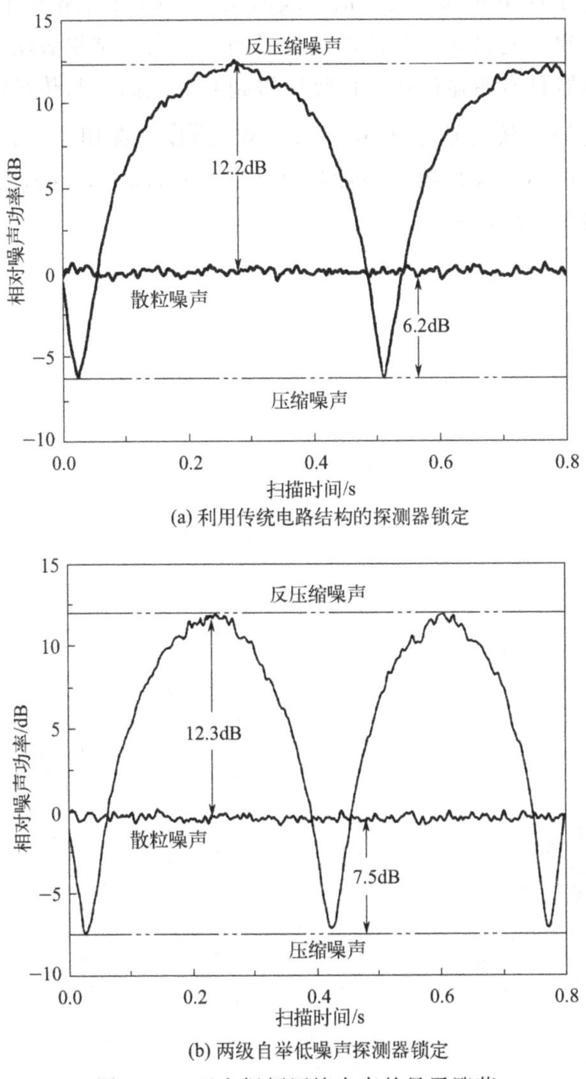

图 4.16 正交振幅压缩光束的量子涨落

4.6 本章小结

本章介绍了基于跨阻抗放大电路和自举放大电路相结合设计出的光电探测

器，可用于1～30MHz内光场压缩态的噪声测量，并将其应用于OPA的锁腔过程。同时介绍了相关低噪声器件选择的原则，包括PIN光电二极管FD100的选取，运算放大器LTC6268-10的选取以及电路中其他电阻、电感、电容的选取等。描述了自举放大电路设计的原理，并对其进行了详细分析。此外，也对高频PCB的设计进行了简单介绍，比如信号线的长短、高频电路设计的注意事项等。最后在实验室搭建了光路并对其性能进行了测试，实验结果表明，所设计的自举低噪声光电探测器具有明显优势，信噪比得到明显提高。与传统电路结构的光电探测器相比，它的等效光功率噪声为2.4pW/$\sqrt{Hz}$，在用于OPA进行锁定时，其锁定功率波动很小，且光场压缩度提高了34.9%以上，在连续变量量子光学实验领域具有很大实用价值。

第5章 利用连续变量偏振纠缠态实现量子网络中确定性的纠缠分发

5.1 概述

量子光学是以量子理论研究光的相干统计、传输、测量以及光与物质相互作用等基础问题的一门学科。20 世纪 60 年代激光的出现是量子光学发展的转折点。量子科学技术的迅速发展也促成了量子信息学，它主要涉及量子力学理论与信息科学技术。量子信息是使用量子系统作为信息载体来解决问题和处理数据的前沿学科，量子信息系统能够安全地传输数据，且能解决经典计算机所实现不了的问题。量子信息学领域也正在迅速发展，它有三个主要目标：模拟常规计算无法实现的量子系统，解决量子计算的数学难题和远距离量子保密通信。而光量子信息学是量子信息学的重要内容之一[277]。光量子信息学中的一个重要研究内容是如何利用光场的非经典光场或单光子形成的纠缠态来构建量子网络。因此，制备出各种光场的压缩态和纠缠态，并可将之直接应用于量子光通信，在光量子信息学研究中也有着极为重要的研究意义。量子纠缠是量子理论中的重要内容之一，在量子通信[278,279]、量子计算[54] 和量子计量[222,280,281] 中呈现出广泛的应用前景。光具有传输速度快、与环境相互作用弱的优点，是量子信息[95,282-284] 的理想载体。在通信波长上使用光量子纠缠为实现量子通信协议提供了可能，出现如量子密钥分配[285]、量子隐形传态[52,286] 和量子秘密共享[287] 等技术与应用。偏振纠缠态光场使用 stokes 算符描述，其量子起伏可与原子自旋波起伏相互映射，另外偏振纠缠态的测量方式比较简单，在测量端无需引入强本底光，可克服光场经长距离光纤传输后的相位抖动问题，因此偏振纠缠态光场是进行光纤中远距离纠缠分发的理想非经典光源，是构建实用化量子网络的重要资源之一。

多粒子纠缠具有较为特殊的结构和性质，是构建量子信息网络的重要基础。随着量子信息网络的快速发展，对量子网络的实用化提出更高的要求，制备多组分纠缠态光场可有效构建多个量子节点间的纠缠。因此，多组分纠缠态光场的制备变得十分重要。连续变量多组分纠缠态在实验和理论上的研究均已取得了重大进展。2004 年，潘建伟小组将三光子和四光子的 GHZ 纠缠方案推广到五光子，通过实验获得了五光子 GHZ 纠缠态[136]。在连续变量领域，2007 年，山西大学苏晓龙组通过实验得到了四组分 GHZ 纠缠态和四组分 Cluster 纠缠态[288]。2008 年，M. Yukawa 等人通过实验制备了连续变量四组分 Cluster 纠缠态[289]。2018 年，潘建伟小组使用六个参量下转换双光子纠缠光源的方法制备出偏振纠缠的十二光子纠缠态[290]。2018 年，潘建伟小组通过偏振、路径、轨道角动量三个自由度实现了十八量子比特纠缠态的制备[291]。

多组分纠缠包括 Greenberger-Honrne-Zeilinger（GHZ）纠缠态，Cluster 纠缠态等。连续变量 GHZ 纠缠态光场是 N 个子系统正交相位（振幅）之和以及两两相对正交振幅（相位）之差的本征态[288]。当正交分量的关联方差小于 SNL 时，则这个系统是类 GHZ 纠缠态[292]。Cluster 态是仅发生在相邻模式之间的一种具有高度纠缠特征的纠缠态，被用于量子网络通信。Cluster 态可通过压缩态光场和相邻两模之间的量子非破坏（QND）耦合得到。当 $N\leqslant3$ 时，连续变量 GHZ 态和 Cluster 态是等价的，当 $N>3$ 时，则两个态具有不同的特性。GHZ 态和 Cluster 态不仅在量子计算中有广泛的应用，而且具有相似的制备原理，这可以对它们的纠缠度进行有意义的比较。在无限压缩下对比连续变量 GHZ 态和 Cluster 态的纠缠性质，发现 Cluster 纠缠态有更好的纠缠保持特性。破坏 N 组分 Cluster 纠缠态的最小测量数是 $N/2$，而对于 N 组分 GHZ 态，一次局部测量就足以将其纠缠特性破坏[293]。GHZ 态可用于验证量子力学的非局域性，也可用于量子密钥共享、量子隐形传态和量子计算等领域。

5.2 连续变量类 GHZ 和类 Cluster 四组分正交纠缠态的产生原理

纠缠是量子通信[249,278] 和量子计算[54] 等领域的重要量子资源之一。利用不同类型的纠缠态，人们可以实现快速量子并行计算[294,295]、量子保密通信[296,297]。在所有的纠缠中，GHZ 纠缠态是常用的量子资源之一。GHZ 态的一般形式为[298]：$|GHZ\rangle=(|0\rangle^{\otimes N}+|1\rangle^{\otimes N})/\sqrt{2}$。对于 N 粒子 GHZ 态，它的最大纠缠度有 $2N$ 个，其中 $N>2$。GHZ 态的制备与分类最早可以追溯到 1997 年，

Zeilinger 小组最先提出了一种可实际应用的三光子 GHZ 态，然而由于受纠缠源的品质和光子探测器性能等因素影响，此时实验上还没有制备出 GHZ 态。1999 年，Bouwmeester 等人利用 BBO 晶体成功制备出了 GHZ 态[299]。GHZ 态不仅可以用来验证量子力学非局域性，也可用于许多量子信息过程，如量子密钥分发、量子计算等。为了充分利用多光子（多组分）GHZ 纠缠态，需建立 GHZ 态与原子之间的相互作用，这也引发了很多研究人员的关注。人们通过不同的平台实现了多粒子纠缠[300,301]。如最近，多达 20 个量子位[302,303] 以高于 0.529 的保真度建立量子纠缠，一系列相关的工作为发展实用化量子计算机和量子通信网络提供了理论实验参考。此外，Cluster 纠缠态也是量子计算领域重要的量子资源，由于 Cluster 纠缠态具有较高的纠缠特性，因此，对该纠缠态的任何一个光学模进行测量时，仅仅是对相邻光学模的量子关联产生破坏，而不会对其他模式之间的量子关联造成影响[304]。连续变量 Cluster 态的表达式为[305]：$\hat{y}_a - \sum \hat{x}_b \equiv \hat{\delta}_a \to 0$。式中，$a \in \boldsymbol{G}$，表示 Cluster 纠缠态的子模式；$b \in \boldsymbol{N}_a$，表示为与模式 a 相邻的其他子模式。对于多组分 Cluster 纠缠态，每个子模对应的正交分量都满足上式。

5.2.1 连续变量类 GHZ 态产生原理

光场的正交振幅和正交位相可以用湮灭算符 $\hat{a}$ 和产生算符 $\hat{a}^\dagger$ 表示为：

$$\hat{X}_i = \frac{1}{2}(\hat{a}^\dagger + \hat{a})$$

$$\hat{Y}_i = -\frac{\mathrm{i}}{2}(\hat{a}^\dagger - \hat{a}) \tag{5.1}$$

当光场为相干态或真空态时，量子涨落方差为：$V(\hat{X}) = V(\hat{Y}) = \frac{1}{4}$。

在连续变量领域，如果 N 粒子系统的正交振幅和正交位相满足以下关系式：

$$\begin{matrix} X_1 + X_2 + \cdots + X_N < SNL \\ Y_i - Y_j < SNL \end{matrix} \quad \text{或者} \quad \begin{matrix} Y_1 + Y_2 + \cdots + Y_N < SNL \\ X_i - X_j < SNL \end{matrix}$$

式中，i，$j = 1$，2，…，N，则整个系统为 GHZ 纠缠态。

图 5.1 提供了四组分纠缠态的产生原理图。在量子网络中，由两个 NOPA 产生四个正交压缩态光场，并将其转化为光场空间分离的正交纠缠态。通过控制分束器的干涉相位，可以得到类 GHZ 和类 Cluster 四组分纠缠态。其中，NOPA 由一个Ⅱ类非线性晶体和一个光学腔组成。当 NOPA1 和 NOPA2 处于参量反放大状态时，可以产生光场的两个正交相位压缩态（$\hat{a}_1$，$\hat{a}_4$）和两个正交振幅压缩态（$\hat{a}_2$，$\hat{a}_3$）。其正交分量分别为：

$$X_{a_1}=e^r X_{a_1}^{(0)}, Y_{a_1}=e^{-r} Y_{a_1}^{(0)}$$
$$X_{a_2}=e^{-r} X_{a_2}^{(0)}, Y_{a_2}=e^r Y_{a_2}^{(0)}$$
$$X_{a_3}=e^{-r} X_{a_3}^{(0)}, Y_{a_3}=e^r Y_{a_3}^{(0)} \tag{5.2}$$
$$X_{a_4}=e^r X_{a_4}^{(0)}, Y_{a_4}=e^{-r} Y_{a_4}^{(0)}$$

式中，$X_i^{(0)}$ 和 $Y_i^{(0)}(i=a,b)$ 表示输入场 $\hat{a}$ 和 $\hat{b}$ 的正交振幅和正交位相。光束 $\hat{a}_1 \sim \hat{a}_4$ 在分束器网络上进行干涉。当 BS1 上的 $\hat{a}_2$ 和 $\hat{a}_3$ 之间的相位差 θ_1 控制为$\left(\frac{1}{2}+k\right)\pi$（$k$ 是一个整数），BS2（3）上的相位差 $\theta_{2(3)}$ 都控制为 $2k\pi$ 时，生成一个类 GHZ 四组分正交纠缠态。然而，如果只将 BS3 上的 $\hat{a}_4$ 和 $\hat{a}_6$ 之间的相位差 θ_3 改为$\left(\frac{1}{2}+k\right)\pi$ 时，就可以产生一个类 Cluster 的四组分正交纠缠态。

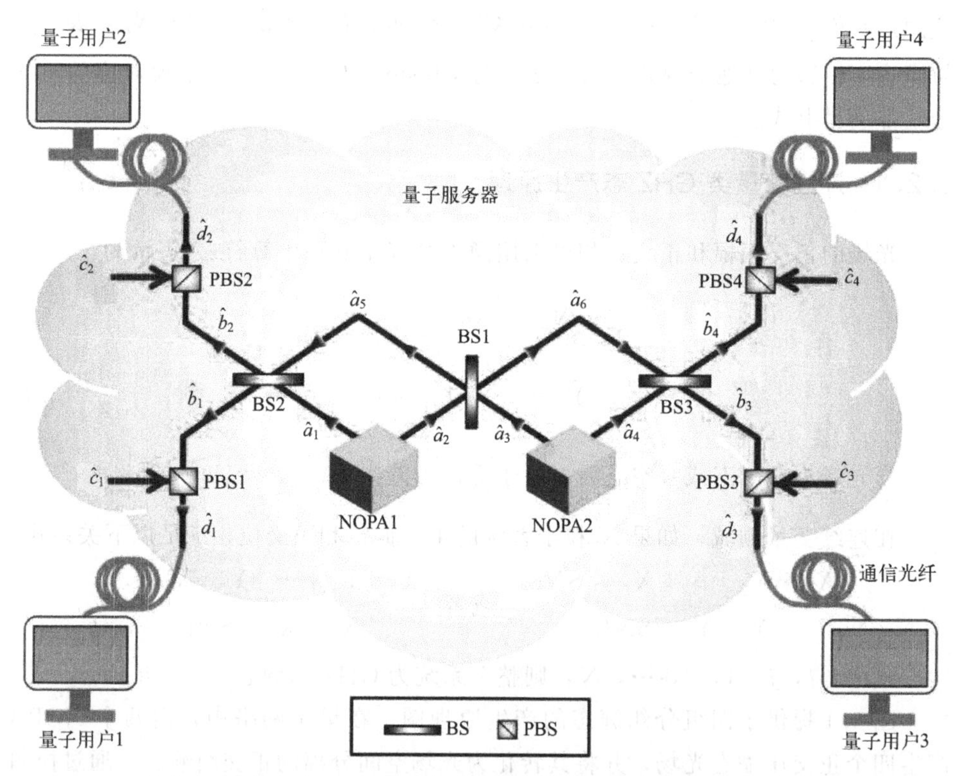

图 5.1　利用两种 NOPA 和分束器网络研究连续变量类 GHZ 和类 Cluster 四组分偏振纠缠光场的原理图

BS1、BS2、BS3—3 分束器；PBS—偏振光分束器

输出光场 $\hat{a}_5$ 和 $\hat{a}_6$ 可以表示为：

$$\hat{a}_5=\frac{1}{\sqrt{2}}(\hat{a}_2+\mathrm{i}\hat{a}_3)$$
$$\hat{a}_6=\frac{1}{\sqrt{2}}(\hat{a}_2-\mathrm{i}\hat{a}_3) \tag{5.3}$$

其正交分量表示为：

$$\hat{X}_5=\frac{1}{\sqrt{2}}(\sqrt{\xi_2}\,\mathrm{e}^{-r_2}\hat{X}_{a_2}^{(0)}+\sqrt{1-\xi_2}\,\hat{X}_{V_2}-\sqrt{\xi_2}\,\mathrm{e}^{r_3}\hat{Y}_{a_3}^{(0)}-\sqrt{1-\xi_2}\,\hat{Y}_{V_3})$$
$$\hat{Y}_5=\frac{1}{\sqrt{2}}(\sqrt{\xi_2}\,\mathrm{e}^{r_2}\hat{Y}_{a_2}^{(0)}+\sqrt{1-\xi_2}\,\hat{Y}_{V_2}-\sqrt{\xi_2}\,\mathrm{e}^{-r_3}\hat{X}_{a_3}^{(0)}-\sqrt{1-\xi_2}\,\hat{X}_{V_3})$$
$$\hat{X}_6=\frac{1}{\sqrt{2}}(\sqrt{\xi_2}\,\mathrm{e}^{-r_2}\hat{X}_{a_2}^{(0)}+\sqrt{1-\xi_2}\,\hat{X}_{V_2}-\sqrt{\xi_2}\,\mathrm{e}^{r_3}\hat{Y}_{a_3}^{(0)}-\sqrt{1-\xi_2}\,\hat{Y}_{V_3})$$
$$\hat{Y}_6=\frac{1}{\sqrt{2}}(\sqrt{\xi_2}\,\mathrm{e}^{r_2}\hat{Y}_{a_2}^{(0)}+\sqrt{1-\xi_2}\,\hat{Y}_{V_2}-\sqrt{\xi_2}\,\mathrm{e}^{-r_3}\hat{X}_{a_3}^{(0)}-\sqrt{1-\xi_2}\,\hat{X}_{V_3}) \tag{5.4}$$

式中，$r_{2,3}$ 是光场 $\hat{a}_{2,3}$ 的压缩因子，它取决于 NOPA 中参数相互作用的强度和持续时间。光学器件中的传输损耗是不可避免的，ξ_2 表示从 NOPA1(2) 到 BS1 的光传输效率；$\hat{X}_{V_i}$ 和 $\hat{Y}_{V_i}$ 是由损耗引起的真空场的正交振幅和正交位相。

利用上述方法得到类 GHZ 或类 Cluster 四组分正交纠缠态的输出光场为：

$$b_1=\frac{1}{\sqrt{2}}(\hat{a}_1+\hat{a}_5\mathrm{e}^{\mathrm{i}\theta_2})$$
$$b_2=\frac{1}{\sqrt{2}}(\hat{a}_1-\hat{a}_5\mathrm{e}^{\mathrm{i}\theta_2})$$
$$b_3=\frac{1}{\sqrt{2}}(\hat{a}_6+\hat{a}_4\mathrm{e}^{\mathrm{i}\theta_3})$$
$$b_4=\frac{1}{\sqrt{2}}(\hat{a}_6-\hat{a}_4\mathrm{e}^{\mathrm{i}\theta_3}) \tag{5.5}$$

对于类 GHZ 纠缠态，即当 $\theta_2=\theta_3=2k\pi$ 时，其正交分量分别为：

$$X_{b_1}^G=\sqrt{\frac{\eta}{2}}(\sqrt{\xi_3}\,\hat{X}_{a_5}+\sqrt{1-\xi_3}\,\hat{X}_{V_5}-\sqrt{\xi_1}\,\hat{X}_{a_1}+\sqrt{1-\xi_1}\,\hat{X}_{V_1})+\sqrt{1-\eta}\hat{X}_{V_7}$$
$$Y_{b_1}^G=\sqrt{\frac{\eta}{2}}(\sqrt{\xi_3}\,\hat{Y}_{a_5}+\sqrt{1-\xi_3}\,\hat{Y}_{V_5}-\sqrt{\xi_1}\,\hat{Y}_{a_1}+\sqrt{1-\xi_1}\,\hat{Y}_{V_1})+\sqrt{1-\eta}\hat{Y}_{V_7}$$
$$X_{b_2}^G=\sqrt{\frac{\eta}{2}}(\sqrt{\xi_3}\,\hat{X}_{a_5}+\sqrt{1-\xi_3}\,\hat{X}_{V_5}-\sqrt{\xi_1}\,\hat{X}_{a_1}+\sqrt{1-\xi_1}\,\hat{X}_{V_1})+\sqrt{1-\eta}\hat{X}_{V_8}$$
$$Y_{b_2}^G=\sqrt{\frac{\eta}{2}}(\sqrt{\xi_3}\,\hat{Y}_{a_5}+\sqrt{1-\xi_3}\,\hat{Y}_{V_5}-\sqrt{\xi_1}\,\hat{Y}_{a_1}-\sqrt{1-\xi_1}\,\hat{Y}_{V_1})+\sqrt{1-\eta}\hat{Y}_{V_8}$$

$$X_{b_3}^G=\sqrt{\frac{\eta}{2}}(\sqrt{\xi_3}\hat{X}_{a_6}+\sqrt{1-\xi_3}\hat{X}_{V_6}-\sqrt{\xi_4}\hat{X}_{a_4}-\sqrt{1-\xi_4}\hat{X}_{V_4})+\sqrt{1-\eta}\hat{X}_{V_9}$$

$$Y_{b_3}^G=\sqrt{\frac{\eta}{2}}(\sqrt{\xi_3}\hat{Y}_{a_6}+\sqrt{1-\xi_3}\hat{Y}_{V_6}-\sqrt{\xi_4}\hat{Y}_{a_4}-\sqrt{1-\xi_4}\hat{Y}_{V_4})+\sqrt{1-\eta}\hat{Y}_{V_9}$$

$$X_{b_4}^G=\sqrt{\frac{\eta}{2}}(\sqrt{\xi_3}\hat{X}_{a_6}+\sqrt{1-\xi_3}\hat{X}_{V_6}+\sqrt{\xi_4}\hat{X}_{a_4}+\sqrt{1-\xi_4}\hat{X}_{V_4})+\sqrt{1-\eta}\hat{X}_{V_{10}}$$

$$Y_{b_4}^G=\sqrt{\frac{\eta}{2}}(\sqrt{\xi_3}\hat{Y}_{a_6}+\sqrt{1-\xi_3}\hat{Y}_{V_6}+\sqrt{\xi_4}\hat{Y}_{a_4}+\sqrt{1-\xi_4}\hat{Y}_{V_4})+\sqrt{1-\eta}\hat{Y}_{V_{10}}$$

(5.6)

式中，ξ_3 表示从BS1到BS2(3)的传输效率；$\xi_{1(4)}$ 分别表示从NOPA1(2)到BS2(3)的传输效率；η 是探测效率。由于两个NOPA腔是相同的，则令 $r=r_{1\text{-}4}$。上角标“G”表示的是类GHZ态。由于连续变量类GHZ态是 N 个子系统正交振幅（位相）之和及两两相对正交位相（振幅）之差的本征态[108]，所以其正交振幅之和与正交位相之差分别为：

$$\begin{aligned}X^G&=X_{b_1}+X_{b_2}+X_{b_3}+X_{b_4}\\&=2\sqrt{\eta}\{\sqrt{\xi_3\xi_2}[\mathrm{e}^{-r_2}X_{a_2}^{(0)}+\sqrt{\xi_3(1-\xi_2)}\hat{X}_{V_2}\\&\quad+\sqrt{1-\eta}(\hat{X}_{V_7}+\hat{X}_{V_8}+\hat{X}_{V_9}+\hat{X}_{V_{10}})+\sqrt{1-\xi_3}(\hat{X}_{V_5}+\hat{X}_{V_6})]\}\end{aligned}$$

$$\hat{Y}_1^G=Y_{b_1}-Y_{b_2}=\sqrt{2\eta}(\xi_1\mathrm{e}^{-r_1}\hat{Y}_{a_1}^0+\sqrt{1-\xi_1}Y_{V_1})+\sqrt{1-\eta}(\hat{Y}_{V_7}-\hat{Y}_{V_8})$$

$$V(\hat{Y}_1^G)=\frac{1}{2}\eta\xi_1\mathrm{e}^{-2r_1}+\frac{1}{2}(1-\eta\xi_1)$$

$$\begin{aligned}\hat{Y}_2^G=Y_{b_1}-Y_{b_3}=\sqrt{\frac{\eta}{2}}&\left[2\sqrt{\frac{\xi_2\xi_3}{2}}\mathrm{e}^{-r_3}X_{a_3}^{(0)}+2\sqrt{\frac{\xi_3(1-\xi_2)}{2}}\hat{Y}_{V_3}+\sqrt{1-\xi_3}(\hat{Y}_{V_5}-\hat{Y}_{V_6})\right.\\&\left.+\sqrt{\xi_1}\mathrm{e}^{-r_1}Y_{a_1}^{(0)}+\sqrt{\xi_4}\mathrm{e}^{-r_4}Y_{V_4}^{(0)}+\sqrt{1-\xi_1}Y_{V_1}+\sqrt{1-\xi_4}Y_{V_4}\right]\\&+\sqrt{1-\eta}\ (\hat{Y}_{V_7}-\hat{Y}_{V_9})\end{aligned}$$

$$V(\hat{Y}_2^G)=\frac{1}{4}\eta\xi_2\xi_3\mathrm{e}^{-2r_3}+\frac{1}{8}\eta\xi_1\mathrm{e}^{-2r_1}+\frac{1}{8}\eta\xi_4\mathrm{e}^{-2r_4}-\frac{1}{4}\eta\xi_2\xi_3-\frac{1}{8}\eta\xi_1-\frac{1}{8}\eta\xi_4+\frac{1}{2}$$

$$\begin{aligned}\hat{Y}_3^G=Y_{b_1}-Y_{b_3}=\sqrt{\frac{\eta}{2}}&\left[2\sqrt{\frac{\xi_2\xi_3}{2}}\mathrm{e}^{-r_3}X_{a_3}^{(0)}+2\sqrt{\frac{\xi_3(1-\xi_2)}{2}}Y_{V_3}+\sqrt{1-\xi_3}(\hat{Y}_{V_5}-\hat{Y}_{V_6})\right.\\&\left.+\sqrt{\xi_1}\mathrm{e}^{-r_1}Y_{a_1}^{(0)}+\sqrt{\xi_4}\mathrm{e}^{-r_4}Y_{V_4}^{(0)}+\sqrt{1-\xi_1}Y_{V_1}-\sqrt{1-\xi_4}Y_{V_4}\right]\\&+\sqrt{1-\eta}(\hat{Y}_{V_7}-\hat{Y}_{V_{10}})\end{aligned}$$

$$V(\hat{Y}_3^G)=\frac{1}{4}\eta\xi_2\xi_3\mathrm{e}^{-2r_3}+\frac{1}{8}\eta\xi_1\mathrm{e}^{-2r_1}+\frac{1}{8}\eta\xi_4\mathrm{e}^{-2r_4}-\frac{1}{4}\eta\xi_2\xi_3-\frac{1}{8}\eta\xi_1-\frac{1}{8}\eta\xi_4+\frac{1}{2}$$

$$\hat{Y}_4^G = Y_{b_2} - Y_{b_3} = \sqrt{\frac{\eta}{2}}\left[2\sqrt{\frac{\xi_2\xi_3}{2}}e^{-r_3}X_{a_3}^{(0)} + 2\sqrt{\frac{\xi_3(1-\xi_2)}{2}}X_{V_3} + \sqrt{1-\xi_3}(\hat{Y}_{V_5} - \hat{Y}_{V_6})\right.$$

$$\left. - \sqrt{\xi_1}e^{-r_1}Y_{a_1}^{(0)} + \sqrt{\xi_4}e^{-r_4}Y_{V_4}^{(0)} - \sqrt{1-\xi_1}Y_{V_1} + \sqrt{1-\xi_4}Y_{V_4}\right]$$

$$+ \sqrt{1-\eta}\ (\hat{Y}_{V_8} - \hat{Y}_{V_9})$$

$$V(\hat{Y}_4^G) = \frac{1}{4}\eta\xi_2\xi_3 e^{-2r_3} + \frac{1}{8}\eta\xi_1 e^{-2r_1} + \frac{1}{8}\eta\xi_4 e^{-2r_4} - \frac{1}{4}\eta\xi_2\xi_3 - \frac{1}{8}\eta\xi_1 - \frac{1}{8}\eta\xi_4 + \frac{1}{2}$$

$$\hat{Y}_5^G = Y_{b_2} - Y_{b_4} = \sqrt{\frac{\eta}{2}}\left[2\sqrt{\frac{\xi_2\xi_3}{2}}e^{-r_3}X_{a_3}^{(0)} + 2\sqrt{\frac{\xi_3(1-\xi_2)}{2}}Y_{V_3} + \sqrt{1-\xi_3}(\hat{Y}_{V_5} - \hat{Y}_{V_6})\right.$$

$$\left. - \sqrt{\xi_1}e^{-r_1}Y_{a_1}^{(0)} - \sqrt{\xi_4}e^{-r_4}Y_{V_4}^{(0)} - \sqrt{1-\xi_1}Y_{V_1} - \sqrt{1-\xi_4}Y_{V_4}\right]$$

$$+ \sqrt{1-\eta}\ (\hat{Y}_{V_8} - \hat{Y}_{V_{10}})$$

$$V(\hat{Y}_5^G) = \frac{1}{4}\eta\xi_2\xi_3 e^{-2r_3} + \frac{1}{8}\eta\xi_1 e^{-2r_1} + \frac{1}{8}\eta\xi_4 e^{-2r_4} - \frac{1}{4}\eta\xi_2\xi_3 - \frac{1}{8}\eta\xi_1 - \frac{1}{8}\eta\xi_4 + \frac{1}{2}$$

$$\hat{Y}_6^G = Y_{b_3} - Y_{b_4} = -\sqrt{2\eta}(\sqrt{\xi_4}e^{-r_4}Y_{a_4}^{(0)} + \sqrt{1-\xi_4}Y_{V_4}) + \sqrt{1-\eta}(\hat{Y}_{V_9} - \hat{Y}_{V_{10}})$$

$$V(\hat{Y}_6^G) = \frac{1}{2}\eta\xi_4 e^{-2r_1} + \frac{1}{2}(1-\eta\xi_4) \tag{5.7}$$

当$r\to\infty$、$\xi_{1\text{-}4}\to 1$、$\eta\to 1$时，此纠缠态趋近于理想状态。由上式可知，Y_1和Y_6的噪声依赖于光场$\hat{a}_1$和$\hat{a}_4$的正交位相分量噪声。正交振幅之和的噪声依赖于光场$\hat{a}_2$的正交振幅分量的噪声。其余方程中相位差的噪声取决于多束光场的正交振幅和正交相位分量的噪声。

5.2.2 连续变量类 Cluster 态产生原理

将 BS3 上$\hat{a}_4$和$\hat{a}_6$之间的相位差θ_3改为$\left(\frac{1}{2}+k\right)\pi$，而其他光学元件的参数不变，就可以得到的类 Cluster 正交纠缠态。其输出光场b_j（$j=1,2,3,4$）的表达式为：

$$b_1 = \frac{1}{\sqrt{2}}(\hat{a}_1 + \hat{a}_5) = \sqrt{\frac{\eta}{2}}\left[\sqrt{\xi_3}\hat{X}_{a_5} + \sqrt{1-\xi_3}\hat{X}_{V_5} + i(\sqrt{\xi_3}\hat{X}_{a_5} + \sqrt{1-\xi_3}\hat{Y}_{V_5})\right.$$

$$\left. + \sqrt{\xi_1}\hat{X}_{a_1} + \sqrt{1-\xi_1}\hat{X}_{V_1} + i(\sqrt{\xi_1}\hat{Y}'_{a_1} + \sqrt{1-\xi_1}\hat{Y}_{V_1})\right]$$

$$+ \sqrt{1-\eta}\hat{X}_{V_7} + i\sqrt{1-\eta}\hat{Y}_{V_7}$$

$$b_2 = \frac{1}{\sqrt{2}}(\hat{a}_1 - \hat{a}_5) = \sqrt{\frac{\eta}{2}}\left[\sqrt{\xi_3}\hat{X}_{a_5} + \sqrt{1-\xi_3}\hat{X}_{V_5} + i(\sqrt{\xi_3}\hat{X}_{a_5} + \sqrt{1-\xi_3}\hat{Y}_{V_5})\right.$$

$$\left. - \sqrt{\xi_1}\hat{X}_{a_1} - \sqrt{1-\xi_1}\hat{X}_{V_1} - i(\sqrt{\xi_1}\hat{Y}'_{a_1} + \sqrt{1-\xi_1}\hat{Y}_{V_1})\right]$$

$$+\sqrt{1-\eta}\hat{X}_{V_8}+\mathrm{i}\sqrt{1-\eta}\hat{Y}_{V_8}$$

$$b_3=\frac{1}{\sqrt{2}}(\hat{a}_6+i\hat{a}_4)=\sqrt{\frac{\eta}{2}}[\sqrt{\xi_3}\hat{X}_{a_6}+\sqrt{1-\xi_3}\hat{X}_{V_6}+\mathrm{i}(\sqrt{\xi_3}\hat{Y}_{a_6}+\sqrt{1-\xi_3}\hat{Y}_{V_6})$$

$$+\mathrm{i}(\sqrt{\xi_4}\hat{X}_{a_4}+\sqrt{1-\xi_4}\hat{X}_{V_4})-\sqrt{\xi_4}\hat{Y}'_{a_4}-\sqrt{1-\xi_4}\hat{Y}_{V_4}]$$

$$+\sqrt{1-\eta}\hat{X}_{V_9}+\mathrm{i}\sqrt{1-\eta}\hat{Y}_{V_9}$$

$$b_4=\frac{1}{\sqrt{2}}(\hat{a}_6-i\hat{a}_4)=\sqrt{\frac{\eta}{2}}[\sqrt{\xi_3}\hat{X}_{a_6}+\sqrt{1-\xi_3}\hat{X}_{V_6}+\mathrm{i}(\sqrt{\xi_3}\hat{Y}_{a_6}-\sqrt{1-\xi_3}\hat{Y}_{V_6})$$

$$+\mathrm{i}(\sqrt{\xi_4}\hat{X}_{a_4}+\sqrt{1-\xi_4}\hat{X}_{V_4})+\sqrt{\xi_4}\hat{Y}_{a_4}+\sqrt{1-\xi_4}\hat{Y}_{V_4}]$$

$$+\sqrt{1-\eta}\hat{X}_{V_{10}}+\mathrm{i}\sqrt{1-\eta}\hat{Y}_{V_{10}} \tag{5.8}$$

输出场 b_j 的正交振幅和正交位相分别为：

$$X_{b_1}^C=\sqrt{\frac{\eta}{2}}(\sqrt{\xi_3}\hat{X}_{a_5}+\sqrt{1-\xi_3}\hat{X}_{V_5}+\sqrt{\xi_1}\hat{X}_{a_1}+\sqrt{1-\xi_1}\hat{X}_{V_1})+\sqrt{1-\eta}\hat{X}_{V_7}$$

$$Y_{b_1}^C=\sqrt{\frac{\eta}{2}}(\sqrt{\xi_3}\hat{Y}_{a_5}+\sqrt{1-\xi_3}\hat{Y}_{V_5}+\sqrt{\xi_1}\hat{Y}_{a_1}+\sqrt{1-\xi_1}\hat{Y}_{V_1})+\sqrt{1-\eta}\hat{Y}_{V_7}$$

$$X_{b_2}^C=\sqrt{\frac{\eta}{2}}(\sqrt{\xi_3}\hat{X}_{a_5}+\sqrt{1-\xi_3}\hat{X}_{V_5}-\sqrt{\xi_1}\hat{X}_{a_1}-\sqrt{1-\xi_1}\hat{X}_{V_1})+\sqrt{1-\eta}\hat{X}_{V_8}$$

$$Y_{b_2}^C=\sqrt{\frac{\eta}{2}}(\sqrt{\xi_3}\hat{Y}_{a_5}+\sqrt{1-\xi_3}\hat{Y}_{V_5}-\sqrt{\xi_1}\hat{Y}_{a_1}-\sqrt{1-\xi_1}\hat{Y}_{V_1})+\sqrt{1-\eta}\hat{Y}_{V_8}$$

$$X_{b_3}^C=\sqrt{\frac{\eta}{2}}(\sqrt{\xi_3}\hat{X}_{a_6}+\sqrt{1-\xi_3}\hat{X}_{V_6}-\sqrt{\xi_4}\hat{Y}_{a_4}-\sqrt{1-\xi_4}\hat{Y}_{V_4})+\sqrt{1-\eta}\hat{X}_{V_9}$$

$$Y_{b_3}^C=\sqrt{\frac{\eta}{2}}(\sqrt{\xi_3}\hat{Y}_{a_6}+\sqrt{1-\xi_3}\hat{Y}_{V_6}+\sqrt{\xi_4}\hat{X}_{a_4}+\sqrt{1-\xi_4}\hat{X}_{V_4})+\sqrt{1-\eta}\hat{Y}_{V_9}$$

$$X_{b_4}^C=\sqrt{\frac{\eta}{2}}(\sqrt{\xi_3}\hat{X}_{a_6}+\sqrt{1-\xi_3}\hat{X}_{V_6}+\sqrt{\xi_4}\hat{Y}_{a_4}+\sqrt{1-\xi_4}\hat{Y}_{V_4})+\sqrt{1-\eta}\hat{X}_{V_{10}}$$

$$Y_{b_4}^C=\sqrt{\frac{\eta}{2}}(\sqrt{\xi_3}\hat{Y}_{a_6}+\sqrt{1-\xi_3}\hat{Y}_{V_6}-\sqrt{\xi_4}\hat{X}_{a_4}-\sqrt{1-\xi_4}\hat{X}_{V_4})+\sqrt{1-\eta}\hat{Y}_{V_{10}} \tag{5.9}$$

联立这两个方程组，可得到此态方差之间的关系式分别为：

$$Y^C=Y_{b_1}-Y_{b_2}=\sqrt{2\eta}(\sqrt{\xi_1}\hat{Y}_{a_1}+\sqrt{1-\xi_1}\hat{Y}_{V_1})+\sqrt{1-\eta}(\hat{Y}_{V_7}-\hat{Y}_{V_8})$$

$$=\sqrt{2\eta}(\sqrt{\xi_1}\mathrm{e}^{-r_1}\hat{Y}_{a_1}^{(0)}+\sqrt{1-\xi_1}\hat{Y}_{V_1})+\sqrt{1-\eta}(\hat{Y}_{V_7}-\hat{Y}_{V_8})$$

$$V(Y^C)=\frac{1}{2}\eta\xi_1\mathrm{e}^{-2r_1}+\frac{1}{2}(1-\eta\xi_1)$$

$$X_1^C=X_{b_1}+X_{b_2}+X_{b_3}=\frac{3}{2}\sqrt{\eta}(\sqrt{\xi_2\xi_3}\mathrm{e}^{-r_2}X_{a_2}^C+\sqrt{(1-\xi_2)\xi_3}\hat{X}_{V_2})$$

$$+\frac{1}{2}\sqrt{\eta}(\sqrt{\xi_2\xi_3}\,e^{r_3}\hat{Y}_{a_3}^{(0)}+\sqrt{(1-\xi_2)\xi_3}\,\hat{Y}_{V_3})$$

$$+\frac{\sqrt{2\eta}}{2}[\sqrt{1-\xi_3}(2\hat{X}_{V_5}+\hat{X}_{V_6})-\sqrt{\xi_4}\,e^{-r_4}\hat{Y}_{a_4}^{(0)}-\sqrt{1-\xi_4}\,\hat{Y}_{V_4}]$$

$$+\sqrt{1-\eta}(\hat{X}_{V_7}+\hat{X}_{V_8}+\hat{X}_{V_9})$$

$$V(X_1^C)=\frac{9}{16}\eta\xi_2\xi_3 e^{-2r_2}+\frac{1}{16}\eta\xi_2\xi_3 e^{2r_3}+\frac{1}{8}\eta\xi_4 e^{-2r_4}-\frac{5}{8}\eta\xi_2\xi_3-\frac{1}{8}\eta\xi_4+\frac{3}{4}$$

$$Y_1^C=-Y_{b_2}+Y_{b_3}+Y_{b_4}=\frac{1}{2}\sqrt{\eta}(\sqrt{\xi_2\xi_3}\,e^{r_2}\hat{Y}_{a_2}^{(0)}+\sqrt{(1-\xi_2)\xi_3}\,\hat{Y}_{V_2})$$

$$-\frac{3}{2}\sqrt{\eta}(\sqrt{\xi_2\xi_3}\,e^{-r_3}\hat{X}_{a_3}^{(0)}+\sqrt{(1-\xi_2)\xi_3}\,\hat{X}_{V_3})$$

$$+\frac{\sqrt{2\eta}}{2}[\sqrt{1-\xi_3}(2\hat{X}_{V_6}-\hat{X}_{V_5})+\sqrt{\xi_1}\,e^{-r_1}\hat{Y}_{a_1}^{(0)}]$$

$$+\sqrt{1-\xi_1}\,\hat{Y}_{V_1}+\sqrt{1-\eta}(\hat{Y}_{V_9}+\hat{Y}_{V_{10}}-\hat{Y}_{V_8})$$

$$V(Y_1^C)=\frac{1}{16}\eta\xi_2\xi_3 e^{2r_2}+\frac{9}{16}\eta\xi_2\xi_3 e^{-2r_3}+\frac{1}{8}\eta\xi_1 e^{-2r_1}-\frac{5}{8}\eta\xi_2\xi_3-\frac{1}{8}\eta\xi_1+\frac{1}{2}\eta+\frac{1}{4}$$

$$X^C=X_{b_3}-X_{b_4}=-\sqrt{2\eta}(\sqrt{\xi_4}\,\hat{Y}_{a_4}+\sqrt{1-\xi_4}\,\hat{Y}_{V_4})+\sqrt{1-\eta}(\hat{X}_{V_9}-\hat{X}_{V_{10}})$$

$$=-\sqrt{2\eta}(\sqrt{\xi_4}\,e^{-r_4}\hat{Y}_{a_4}^{(0)}+\sqrt{1-\xi_4}\,\hat{Y}_{V_4})+\sqrt{1-\eta}(\hat{X}_{V_9}-\hat{X}_{V_{10}})$$

$$V(X^C)=\frac{1}{2}\eta\xi_1 e^{-2r_4}+\frac{1}{2}\eta(1-\eta\xi_4) \tag{5.10}$$

式中，上角标“C”代表着类 Cluster 态。由上几式可以看出，X 和 Y 分别依赖于 a_1 和 a_4 的压缩分量，而 X_1 和 Y_1 分别依赖于光场 a_2、a_3、a_4 和 a_1、a_2、a_4 的压缩分量。同样，在 $r\to\infty$，$\xi_{1\text{-}4}\to 1$，$\eta\to 1$ 时，类 Cluster 态趋近于理想纠缠状态。

5.2.3 四组分正交纠缠态不可分判据

纠缠的不可分判据是验证纠缠是否成立的重要条件。2003 年，Van Loock 等人给出了类 GHZ 四组分正交纠缠态的不可分判据[181]：

$$V(\hat{Y}_{b_1}-\hat{Y}_{b_2})+V(\hat{X}_{b_1}+\hat{X}_{b_2}+g_3\hat{X}_{b_3}+g_4\hat{X}_{b_4})\geqslant 1$$

$$V(\hat{Y}_{b_2}-\hat{Y}_{b_3})+V(g_1\hat{X}_{b_1}+\hat{X}_{b_2}+\hat{X}_{b_3}+g_4\hat{X}_{b_4})\geqslant 1$$

$$V(\hat{Y}_{b_3}-\hat{Y}_{b_4})+V(g_1\hat{X}_{b_1}+g_2\hat{X}_{b_2}+\hat{X}_{b_3}+\hat{X}_{b_4})\geqslant 1$$

$$V(\hat{Y}_{b_1}-\hat{Y}_{b_4})+V(\hat{X}_{b_1}+g_2\hat{X}_{b_2}+g_3\hat{X}_{b_3}+\hat{X}_{b_4})\geqslant 1 \tag{5.11}$$

式中，$g_i(i=1,2,3,4)$ 表示增益因子。如果输出场 $\hat{b}_j(j=1,2,3,4)$ 同时违反了不等式(5.11) 中的任意三个不等式，则这四种光学模均为连续变量类 GHZ 正交纠缠态。

2007年，山西大学苏晓龙组给出了类Cluster四组分纠缠态的不可分判据：

$$V(X_{b_1}^C+X_{b_2}^C+g_3X_{b_3}^C)+V(Y_{b_1}^C-Y_{b_2}^C)\geqslant 1$$

$$V(X_{b_3}^C-X_{b_4}^C)+V(-g_2Y_{b_2}^C+Y_{b_3}^C+Y_{b_4}^C)\geqslant 1$$

$$V(g_1X_{b_1}^C+X_{b_2}^C+2X_{b_3}^C)+V(-g_2Y_{b_2}^C+Y_{b_3}^C+g_4Y_{b_4}^C)\geqslant 2 \tag{5.12}$$

如果输出场同时违背以上三个不等式，则所产生的纠缠态为类Cluster四组分纠缠态。因此，我们可以选择适当的压缩参数r，且调节增益因子g_i，使得各相关联的方差低于量子噪声极限，以满足四组分正交纠缠态的不可分判据，而此时的增益因子称为最佳增益因子g_{opt}。

5.3 连续变量类GHZ和类Cluster四组分偏振纠缠态的产生与分发

由于正交纠缠态的测量往往需要一个强的本地光场，因此利用正交纠缠开展在量子网络中的纠缠分发相对需要更为复杂的测量系统。此外，量子网络还需要能够直接与量子节点相互作用的量子光场。通过光学参量转换、耦合光纤Sagnac效应产生的偏振压缩光场，可用于量子信息通信[306,307]。随着量子网络的发展，迫切需要实现多组分纠缠的确定性分发，进而构建稳定的量子节点间的纠缠关联。利用连续变量多组分偏振纠缠态探测方式简单，具有不需要本地强振荡光的优点，可以克服光场在光纤中长距离传输后的相位涨落，能够在包含商业光纤通道的城域量子网络实现远距离纠缠分发。另外，与多组分正交纠缠相比，连续变量多组分偏振纠缠态光场之间存在着另一种类型的量子关联，它与原子自旋均使用斯托克斯参量描述光场与原子的量子起伏，可以互相映射，从而能够直接与原子节点[191]相互作用。这里，我们在实验上提出了一个可行的方案，利用连续变量多组分偏振态在多用户间进行纠缠分发。方案通过将四组分正交纠缠转化为连续变量多组分偏振纠缠，然后将其通过光纤通道在四用户间进行纠缠分发。通过控制分束器的状态，可以方便地实现两种不同的连续变量类GHZ和类Cluster偏振纠缠态的长距离分发。基于类GHZ态和类Cluster态的Stokes算符的四组分不可分判据，验证了这两种偏振纠缠态的分发方案的可行性。此外，连续变量偏振纠缠分发的方案是可扩展的。由于实验[54,308]制备了具有多组分光学模的正交纠缠，因此该方案可以直接扩展到具有更多光场模的偏振纠缠态，可应用于受控量子隐形传态网络[309]、量子秘密共享网络[287]和单向量子计算[310]中。因此，该方案为实验的实现提供了直接的参考，为实际应用提供了有价值和可扩展的量子资源。

5.3.1 连续变量类GHZ四组分偏振纠缠态的产生原理

根据Stokes算符的定义可知，任何一个偏振模可由一个水平和一个竖直的偏振模以及他们之间的位相差表示。因此，可以通过在偏振分束器上将偏振方向水平的正交纠缠态 $\hat{b}$ 与偏振方向竖直的强相干光场 $\hat{c}$ 耦合，得到偏振纠缠态 $\hat{d}$，原理，如图 5.1 所示。

由于斯托克算符的量子涨落可以写成：

$$V_0=V_1=\alpha_V^2\delta^2\hat{X}_V+\alpha_H^2\delta^2\hat{X}_H$$

$$V_0(\varphi)=V_3\left(\varphi+\frac{\pi}{2}\right)=(\alpha_V^2\delta^2\hat{X}_V+\alpha_H^2\delta^2\hat{X}_H)\cos^2\varphi+(\alpha_V^2\delta^2\hat{X}_V+\alpha_H^2\delta^2\hat{X}_H)\sin^2\varphi \tag{5.13}$$

由于相干光的功率远远大于光的正交纠缠态（$\alpha_c \gg \alpha_b$），且将竖直方向和水平方向之间的相位差 φ 控制为$\frac{\pi}{2}$，因此，类 GHZ 态四组分偏振纠缠态的 Stokes 算符的量子关联方差可以表示为：

$$\begin{aligned}\delta^2\hat{S}_{3d_1}&=4\alpha_c^2\delta^2X_{b_1}\\&=4\alpha_c^2\delta^2\left[\sqrt{\frac{\eta}{2}}(\sqrt{\xi_3}\hat{X}_{a_5}+\sqrt{1-\xi_3}\hat{X}_{V_5}+\sqrt{\xi_1}\hat{X}_{a_1}+\sqrt{1-\xi_1}\hat{X}_{V_1})+\sqrt{1-\eta}\hat{X}_{V_7}\right]\\&=4\alpha_c^2\left(\frac{1}{16}\eta\xi_2\xi_3\mathrm{e}^{-2r_2}+\frac{1}{16}\eta\xi_2\xi_3\mathrm{e}^{2r_3}+\frac{1}{8}\eta\xi_1\mathrm{e}^{2r_1}-\frac{1}{8}\eta\xi_2\xi_3-\frac{1}{8}\eta\xi_1+\frac{1}{4}\right)\end{aligned}$$

$$\begin{aligned}\delta^2\hat{S}_{2d_1}&=4\alpha_c^2\delta^2Y_{b_1}\\&=4\alpha_c^2\delta^2\left[\sqrt{\frac{\eta}{2}}(\sqrt{\xi_3}\hat{Y}_{a_5}+\sqrt{1-\xi_3}\hat{Y}_{V_5}+\sqrt{\xi_1}\hat{Y}_{a_1}+\sqrt{1-\xi_1}\hat{Y}_{V_1})+\sqrt{1-\eta}\hat{Y}_{V_7}\right]\\&=4\alpha_c^2\left(\frac{1}{16}\eta\xi_2\xi_3\mathrm{e}^{2r_2}+\frac{1}{16}\eta\xi_2\xi_3\mathrm{e}^{-2r_3}+\frac{1}{8}\eta\xi_1\mathrm{e}^{-2r_1}-\frac{1}{8}\eta\xi_2\xi_3-\frac{1}{8}\eta\xi_1+\frac{1}{4}\right)\end{aligned}$$

$$\begin{aligned}\delta^2\hat{S}_{3d_2}&=4\alpha_c^2\delta^2X_{b_2}\\&=4\alpha_c^2\delta^2\left[\sqrt{\frac{\eta}{2}}(\sqrt{\xi_3}\hat{X}_{a_5}+\sqrt{1-\xi_3}\hat{X}_{V_5}-\sqrt{\xi_1}\hat{X}_{a_1}-\sqrt{1-\xi_1}\hat{X}_{V_1})+\sqrt{1-\eta}\hat{X}_{V_8}\right]\\&=4\alpha_c^2\left(\frac{1}{16}\eta\xi_2\xi_3\mathrm{e}^{-2r_2}+\frac{1}{16}\eta\xi_2\xi_3\mathrm{e}^{2r_3}+\frac{1}{8}\eta\xi_1\mathrm{e}^{2r_1}-\frac{1}{8}\eta\xi_2\xi_3-\frac{1}{8}\eta\xi_1+\frac{1}{4}\right)\end{aligned}$$

$$\begin{aligned}\delta^2\hat{S}_{2d_2}&=4\alpha_c^2\delta^2Y_{b_2}\\&=4\alpha_c^2\delta^2\left[\sqrt{\frac{\eta}{2}}(\sqrt{\xi_3}\hat{Y}_{a_5}+\sqrt{1-\xi_3}\hat{Y}_{V_5}-\sqrt{\xi_1}\hat{Y}_{a_1}-\sqrt{1-\xi_1}\hat{Y}_{V_1})+\sqrt{1-\eta}\hat{Y}_{V_3}\right]\\&=4\alpha_c^2\left(\frac{1}{16}\eta\xi_2\xi_3\mathrm{e}^{2r_2}+\frac{1}{16}\eta\xi_2\xi_3\mathrm{e}^{-2r_3}+\frac{1}{8}\eta\xi_1\mathrm{e}^{-2r_1}-\frac{1}{8}\eta\xi_2\xi_3-\frac{1}{8}\eta\xi_1+\frac{1}{4}\right)\end{aligned}$$

$$\begin{aligned}\delta^2\hat{S}_{3d_3}&=4\alpha_c^2\delta^2X_{b_3}\\&=4\alpha_c^2\delta^2\left[\sqrt{\frac{\eta}{2}}(\sqrt{\xi_3}\hat{X}_{a_6}+\sqrt{1-\xi_3}\hat{X}_{V_6}+\sqrt{\xi_4}\hat{X}_{a_4}+\sqrt{1-\xi_4}\hat{X}_{V_4})+\sqrt{1-\eta}\hat{X}_{V_9}\right]\end{aligned}$$

$$=4\alpha_c^2\left(\frac{1}{16}\eta\xi_2\xi_3 e^{-2r_2}+\frac{1}{16}\eta\xi_2\xi_3 e^{2r_3}+\frac{1}{8}\eta\xi_1 e^{2r_4}-\frac{1}{8}\eta\xi_2\xi_3-\frac{1}{8}\eta\xi_4+\frac{1}{4}\right)$$

$$\begin{aligned}\delta^2\hat{S}_{2d_3}&=4\alpha_c^2\delta^2 Y_{b_3}\\&=4\alpha_c^2\delta^2\left[\sqrt{\frac{\eta}{2}}\left(\sqrt{\xi_3}\hat{Y}_{a_6}+\sqrt{1-\xi_3}\hat{Y}_{V_6}+\sqrt{\xi_4}\hat{Y}_{a_4}+\sqrt{1-\xi_4}\hat{Y}_{V_4}\right)+\sqrt{1-\eta}\hat{Y}_{V_9}\right]\\&=4\alpha_c^2\left(\frac{1}{16}\eta\xi_2\xi_3 e^{2r_2}+\frac{1}{16}\eta\xi_2\xi_3 e^{-2r_3}+\frac{1}{8}\eta\xi_1 e^{-2r_4}-\frac{1}{8}\eta\xi_2\xi_3-\frac{1}{8}\eta\xi_4+\frac{1}{4}\right)\end{aligned}$$

$$\begin{aligned}\delta^2\hat{S}_{3d_4}&=4\alpha_c^2\delta^2 X_{b_4}\\&=4\alpha_c^2\delta^2\left[\sqrt{\frac{\eta}{2}}\left(\sqrt{\xi_3}\hat{X}_{a_6}+\sqrt{1-\xi_3}\hat{X}_{V_6}-\sqrt{\xi_4}\hat{X}_{a_4}-\sqrt{1-\xi_4}\hat{X}_{V_4}\right)+\sqrt{1-\eta}\hat{X}_{V_{10}}\right]\\&=4\alpha_c^2\left(\frac{1}{16}\eta\xi_2\xi_3 e^{-2r_2}+\frac{1}{16}\eta\xi_2\xi_3 e^{2r_3}+\frac{1}{8}\eta\xi_1 e^{2r_4}-\frac{1}{8}\eta\xi_2\xi_3-\frac{1}{8}\eta\xi_4+\frac{1}{4}\right)\end{aligned}$$

$$\begin{aligned}\delta^2\hat{S}_{2d_4}&=4\alpha_c^2\delta^2 Y_{b_4}\\&=4\alpha_c^2\delta^2\left[\sqrt{\frac{\eta}{2}}\left(\sqrt{\xi_3}\hat{Y}_{a_6}+\sqrt{1-\xi_3}\hat{Y}_{V_6}-\sqrt{\xi_4}\hat{Y}_{a_4}-\sqrt{1-\xi_4}\hat{Y}_{V_4}\right)+\sqrt{1-\eta}\hat{Y}_{V_{10}}\right]\\&=4\alpha_c^2\left(\frac{1}{16}\eta\xi_2\xi_3 e^{2r_2}+\frac{1}{16}\eta\xi_2\xi_3 e^{-2r_3}+\frac{1}{8}\eta\xi_1 e^{-2r_4}-\frac{1}{8}\eta\xi_2\xi_3-\frac{1}{8}\eta\xi_4+\frac{1}{4}\right)\end{aligned}\tag{5.14}$$

式中，$\delta^2\hat{S}_{2d_{i(j)}}$ 和 $\delta^2\hat{S}_{3d_{i(j)}}$ $(i,j=1,2,3,4)$ 是光束 $\hat{d}_{1(2,3,4)}$ Stokes 算符的方差；$\delta^2\hat{X}_{b_{1(2,3,4)}}$ 和 $\delta^2\hat{Y}_{b_{1(2,3,4)}}$ 为纠缠态光场 $\hat{b}_{1(2,3,4)}$ 的正交振幅和正交位相的方差。从式(5.14) 可以看出，$\hat{S}_0$ 和 $\hat{S}_1$ 的方差只依赖于相干态光场 $\hat{b}_{1(2,3,4)}$ 的正交振幅分量，$\hat{S}_2$ 和 $\hat{S}_3$ 的方差依赖于 NOPAs 的正交分量。因此，我们主要关注 $\hat{S}_2$ 和 $\hat{S}_3$ 的相关联方差。

5.3.2 连续变量类 Cluster 四组分偏振纠缠态的产生原理

将连续变量类 Cluster 四组分正交纠缠态与一束强相干光以位相差为 $\frac{\pi}{2}$ 在 50/50 分束器上进行干涉，输出场即为类 Cluster 四组分偏振纠缠态。类 Cluster 四组分偏振纠缠态的 Stokes 算符的量子关联方差可以表示为：

$$\begin{aligned}\delta^2(\hat{S}_{2d_7})&=4\alpha_c^2\delta^2 Y_{b_7}\\&=4\alpha_c^2\delta^2\left[\sqrt{\frac{\eta}{2}}\left(\sqrt{\xi_3}\hat{Y}_{a_6}+\sqrt{1-\xi_3}\hat{Y}_{V_6}+\sqrt{\xi_4}\hat{X}_{a_4}+\sqrt{1-\xi_4}\hat{X}_{V_4}\right)+\sqrt{1-\eta}\hat{Y}_{V_9}\right]\\&=\frac{1}{4}\alpha_c^2\left(\eta\xi_2\xi_3 e^{2r_2}+\eta\xi_2\xi_3 e^{-2r_3}+2\eta\xi_1 e^{2r_4}-2\eta\xi_2\xi_3-2\eta\xi_4+4\right)\end{aligned}$$

$$
\begin{aligned}
\delta^2(\hat{S}_{2d_8}) &= 4\alpha_c^2\delta^2 Y_{b_8} \\
&= 4\alpha_c^2\delta^2\left[\sqrt{\frac{\eta}{2}}(\sqrt{\xi_3}\hat{Y}_{a_6}+\sqrt{1-\xi_3}\hat{Y}_{V_6}-\sqrt{\xi_4}\hat{X}_{a_4}-\sqrt{1-\xi_4}\hat{X}_{V_4})+\sqrt{1-\eta}\hat{Y}_{V_{10}}\right] \\
&= \frac{1}{4}\alpha_c^2(\eta\xi_2\xi_3 e^{2r_2}+\eta\xi_2\xi_3 e^{-2r_3}+2\eta\xi_1 e^{2r_4}-2\eta\xi_2\xi_3-2\eta\xi_4+4)
\end{aligned}
$$

$$
\begin{aligned}
\delta^2(\hat{S}_{3d_5}) &= 4\alpha_c^2\delta^2 Y_{b_5} \\
&= 4\alpha_c^2\delta^2\left[\sqrt{\frac{\eta}{2}}(\sqrt{\xi_3}\hat{X}_{a_5}+\sqrt{1-\xi_3}\hat{X}_{V_5}+\sqrt{\xi_1}\hat{X}_{a_1}+\sqrt{1-\xi_1}\hat{X}_{V_1})+\sqrt{1-\eta}\hat{X}_{V_7}\right] \\
&= \frac{1}{4}\alpha_c^2(\eta\xi_2\xi_3 e^{-2r_2}+\eta\xi_2\xi_3 e^{2r_3}+2\eta\xi_1 e^{2r_1}-2\eta\xi_2\xi_3-2\eta\xi_1+4)
\end{aligned}
$$

$$
\begin{aligned}
\delta^2(\hat{S}_{3d_6}) &= 4\alpha_c^2\delta^2 Y_{b_6} \\
&= 4\alpha_c^2\delta^2\left[\sqrt{\frac{\eta}{2}}(\sqrt{\xi_3}\hat{X}_{a_5}+\sqrt{1-\xi_3}\hat{X}_{V_5}-\sqrt{\xi_1}\hat{X}_{a_1}-\sqrt{1-\xi_1}\hat{X}_{V_1})+\sqrt{1-\eta}\hat{X}_{V_8}\right] \\
&= \frac{1}{4}\alpha_c^2(\eta\xi_2\xi_3 e^{-2r_2}+\eta\xi_2\xi_3 e^{2r_3}+2\eta\xi_1 e^{2r_1}-2\eta\xi_2\xi_3-2\eta\xi_1+4)
\end{aligned}
$$

$$
\begin{aligned}
\delta^2(\hat{S}_{3d_7}) &= 4\alpha_c^2\delta^2 Y_{b_7} \\
&= 4\alpha_c^2\delta^2\left[\sqrt{\frac{\eta}{2}}(\sqrt{\xi_3}\hat{X}_{a_6}+\sqrt{1-\xi_3}\hat{X}_{V_6}-\sqrt{\xi_4}\hat{Y}_{a_4}-\sqrt{1-\xi_4}\hat{Y}_{V_4})+\sqrt{1-\eta}\hat{X}_{V_9}\right] \\
&= \frac{1}{4}\alpha_c^2(\eta\xi_2\xi_3 e^{-2r_2}+\eta\xi_2\xi_3 e^{2r_3}+2\eta\xi_1 e^{-2r_4}-2\eta\xi_2\xi_3-2\eta\xi_4+4)
\end{aligned}
$$

$$
\begin{aligned}
\delta^2(\hat{S}_{3d_8}) &= 4\alpha_c^2\delta^2 Y_{b_8} \\
&= 4\alpha_c^2\delta^2\left[\sqrt{\frac{\eta}{2}}(\sqrt{\xi_3}\hat{X}_{a_6}+\sqrt{1-\xi_3}\hat{X}_{V_6}+\sqrt{\xi_4}\hat{Y}_{a_4}+\sqrt{1-\xi_4}\hat{Y}_{V_4})+\sqrt{1-\eta}\hat{X}_{V_{10}}\right] \\
&= \frac{1}{4}\alpha_c^2(\eta\xi_2\xi_3 e^{-2r_2}+\eta\xi_2\xi_3 e^{2r_3}+2\eta\xi_1 e^{-2r_4}-2\eta\xi_2\xi_3-2\eta\xi_4+4)
\end{aligned} \quad (5.15)
$$

同样，从式(5.15)可以看出，$\hat{S}_0$ 和 $\hat{S}_1$ 的方差只依赖于相干态光场 $\hat{c}_{1(2,3,4)}$ 的正交振幅分量，$\hat{S}_2$ 和 $\hat{S}_3$ 的方差依赖于 NOPAs 的正交分量。因此，我们主要关注 $\hat{S}_2$ 和 $\hat{S}_3$ 的相关联方差。

5.3.3 连续变量类 GHZ 和类 Cluster 四组分偏振纠缠态在光纤中的传输

量子网络可实现在多个远程用户之间确定性的纠缠分发。纠缠态光场在长距离上的分发，不仅对理解退相干等物理机制有重要意义，而且在量子网络的应用中具有至关重要的意义[51,173,311]。目前为止，通过光纤和自由空间量子通道的离散变量纠缠分发已经取得了很大的进展[312,313]，而连续变量量子信息由于具有产生确定性、易于操作和测量等优点，为相关研究提供了新的研究方向，目前在实验上已经实现了 20km 以上两组分纠缠的确定性分发[314]。

连续变量偏振纠缠传输效率与传输距离的关系为：$t=10^{-\frac{\xi l}{10}}$，式中，t 为光纤的传输效率；ξ 为传输损耗；l 为传输距离。在本方案中，在 1550nm 光纤中较为典型的传输损耗为 0.2dB/km，采用该参数来量化两种偏振纠缠态的传输距离。当偏振纠缠态光场在光纤中传播时，连续变量类 GHZ 四组分偏振纠缠态的 Stokes 算符的量子涨落方差可以表示为：

$$
\begin{aligned}
\delta^2(\hat{S}_{2d_i^G}) &= \frac{\alpha_c^2}{4}[t(\eta\xi_2\xi_3 e^{2r_2}+\eta\xi_2\xi_3 e^{-2r_3}+2\eta\xi_1 e^{-2r_1}-2\eta\xi_2\xi_3-2\eta\xi_1)+4] \\
\delta^2(\hat{S}_{2d_j^G}) &= \frac{\alpha_c^2}{4}[t(\eta\xi_2\xi_3 e^{2r_2}+\eta\xi_2\xi_3 e^{-2r_3}+2\eta\xi_4 e^{-2r_4}-2\eta\xi_2\xi_3-2\eta\xi_4)+4] \\
\delta^2(\hat{S}_{3d_i^G}) &= \frac{\alpha_c^2}{4}[t(\eta\xi_2\xi_3 e^{-2r_2}+\eta\xi_2\xi_3 e^{2r_3}+2\eta\xi_1 e^{2r_1}-2\eta\xi_2\xi_3-2\eta\xi_1)+4] \\
\delta^2(\hat{S}_{3d_j^G}) &= \frac{\alpha_c^2}{4}[t(\eta\xi_2\xi_3 e^{-2r_2}+\eta\xi_2\xi_3 e^{2r_3}+2\eta\xi_4 e^{2r_4}-2\eta\xi_2\xi_3-2\eta\xi_4)+4]
\end{aligned}
\tag{5.16}
$$

连续变量类 Cluster 四组分偏振纠缠态的 Stokes 算符的量子涨落方差可以表示为：

$$
\begin{aligned}
\delta^2(\hat{S}_{2d_i^C}) &= \frac{\alpha_c^2}{4}[t(\eta\xi_2\xi_3 e^{2r_2}+\eta\xi_2\xi_3 e^{-2r_3}+2\eta\xi_1 e^{-2r_1}-2\eta\xi_2\xi_3-2\eta\xi_1)+4] \\
\delta^2(\hat{S}_{2d_j^C}) &= \frac{\alpha_c^2}{4}[t(\eta\xi_2\xi_3 e^{2r_2}+\eta\xi_2\xi_3 e^{-2r_3}+2\eta\xi_4 e^{2r_4}-2\eta\xi_2\xi_3-2\eta\xi_4)+4] \\
\delta^2(\hat{S}_{3d_i^C}) &= \frac{\alpha_c^2}{4}[t(\eta\xi_2\xi_3 e^{-2r_2}+\eta\xi_2\xi_3 e^{2r_3}+2\eta\xi_1 e^{2r_1}-2\eta\xi_2\xi_3-2\eta\xi_1)+4] \\
\delta^2(\hat{S}_{3d_j^C}) &= \frac{\alpha_c^2}{4}[t(\eta\xi_2\xi_3 e^{-2r_2}+\eta\xi_2\xi_3 e^{2r_3}+2\eta\xi_4 e^{-2r_4}-2\eta\xi_2\xi_3-2\eta\xi_4)+4]
\end{aligned}
\tag{5.17}
$$

式中，$r_{1(2,3,4)}$ 是 $\hat{a}_{1(2,3,4)}$ 的压缩因子，同样取决于 NOPA 腔中相互作用的强度和持续时间；ξ_2 表示 NOPA1（2）到 BS1 的传输效率、ξ_3 表示 BS1 到 BS2（3）的传输效率；$\xi_{1(2,3,4)}$ 表示 NOPA1（2）到 BS2（3）的光传输效率；η 表示传输效率；$\delta^2(\hat{S}_{2d_{i(j)}^C})$ 和 $\delta^2(\hat{S}_{3d_{i(j)}^C})$ 是光束 $\hat{d}_{1(2,3,4)}$ 的 Stokes 算符的方差。$\pm$ 和 $\mp$ 号的上半部分表示类 GHZ 偏振纠缠态，下半部分则表示的是类 Cluster 偏振纠缠态。

5.3.4 四组分偏振纠缠态不可分判据

不可分判据是验证光场是否纠缠的重要依据。Duan、Van Loock 和 Furusawa 分别提出了二组分和多组分不可分判据[180,181]，Lam 的团队将二组分正交纠缠态的不可分判据推广到了二组分偏振纠缠态[57]。2015 年，山西大学贾晓军组推导了三组分不可分判据[182]。根据文献［16］中的不可分准则和 Stokes 算符的对易关系，可以定义算符的归一化关联方差 $I(\hat{S}_2,\hat{S}_3)$ 为：

$$I_1(\hat{S}_2,\hat{S}_3)=\frac{\delta^2(\hat{S}_{2d_2}-\hat{S}_{2d_3})+\delta^2(\hat{S}_{3d_1}+\hat{S}_{3d_2}+\hat{S}_{3d_3}+\hat{S}_{3d_4})}{2|[\delta\hat{S}_2,\delta\hat{S}_3]|}$$

$$I_2(\hat{S}_2,\hat{S}_3)=\frac{\delta^2(\hat{S}_{2d_1}-\hat{S}_{2d_4})+\delta^2(\hat{S}_{3d_1}+\hat{S}_{3d_2}+\hat{S}_{3d_3}+\hat{S}_{3d_4})}{2|[\delta\hat{S}_2,\delta\hat{S}_3]|}$$

$$I_3(\hat{S}_2,\hat{S}_3)=\frac{\delta^2(\hat{S}_{2d_1}-\hat{S}_{2d_2})+\delta^2(\hat{S}_{3d_1}+\hat{S}_{3d_2}+\hat{S}_{3d_3}+\hat{S}_{3d_4})}{2|[\delta\hat{S}_2,\delta\hat{S}_3]|}$$

$$I_4(\hat{S}_2,\hat{S}_3)=\frac{\delta^2(\hat{S}_{2d_3}-\hat{S}_{2d_4})+\delta^2(\hat{S}_{3d_1}+\hat{S}_{3d_2}+\hat{S}_{3d_3}+\hat{S}_{3d_4})}{2|[\delta\hat{S}_2,\delta\hat{S}_3]|} \tag{5.18}$$

由于

$$V(\hat{Y}_i-\hat{Y}_j)=\langle(\hat{Y}_i-\hat{Y}_j)^2\rangle-\langle\hat{Y}_i-\hat{Y}_j\rangle^2=V(\hat{Y}_i)+V(\hat{Y}_j)+\langle\hat{Y}_i\hat{Y}_j\rangle-\langle\hat{Y}_j\hat{Y}_i\rangle$$

当交叉项为零时，则有：

$$V(\hat{Y}_i-\hat{Y}_j)=V(\hat{Y}_i)+V(\hat{Y}_j) \tag{5.19}$$

同理：$V(\hat{S}_{2d_i}-\hat{S}_{2d_j})=V(\hat{S}_{2d_i})+V(\hat{S}_{2d_j})=4\alpha_c^2[V(\hat{Y}_i)+V(\hat{Y}_j)]=4\alpha_c^2V(\hat{Y}_i-\hat{Y}_j)$。

根据 Stokes 算符的定义和对易关系，联立式(5.16) 与式(5.18)，可以得到类 GHZ 四组分偏振纠缠态不可分判据，其关联方差 $I_m^G(m=1,2,3,4)$ 表示为：

$$I_1^G\equiv\frac{\delta^2(\hat{S}_{2_{d_2^G}}-\hat{S}_{2_{d_3^G}})+\delta^2(g_1\hat{S}_{3_{d_1^G}}+\hat{S}_{3_{d_2^G}}+\hat{S}_{3_{d_3^G}}+g_4\hat{S}_{3_{d_4^G}})}{4|\alpha_c^2-\alpha_a^2|}\geqslant1$$

$$I_2^G\equiv\frac{\delta^2(\hat{S}_{2_{d_1^G}}-\hat{S}_{2_{d_4^G}})+\delta^2(\hat{S}_{3_{d_1^G}}+g_2\hat{S}_{3_{d_2^G}}+g_3\hat{S}_{3_{d_3^G}}+\hat{S}_{3_{d_4^G}})}{4|\alpha_c^2-\alpha_a^2|}\geqslant1$$

$$I_3^G\equiv\frac{\delta^2(\hat{S}_{2_{d_1^G}}-\hat{S}_{2_{d_2^G}})+\delta^2(\hat{S}_{3_{d_1^G}}+\hat{S}_{3_{d_2^G}}+g_3\hat{S}_{3_{d_3^G}}+g_4\hat{S}_{3_{d_4^G}})}{4|\alpha_c^2-\alpha_a^2|}\geqslant1$$

$$I_4^G\equiv\frac{\delta^2(\hat{S}_{2_{d_3^G}}-\hat{S}_{2_{d_4^G}})+\delta^2(g_1\hat{S}_{3_{d_1^G}}+g_2\hat{S}_{3_{d_2^G}}+\hat{S}_{3_{d_3^G}}+\hat{S}_{3_{d_4^G}})}{4|\alpha_c^2-\alpha_a^2|}\geqslant1 \tag{5.20}$$

式中，$d_{1(2,3,4)}^{G}$ 代表类GHZ纠缠态的四种光学模式，g_i ($i=1,2,3,4$) 为增益因子。如果同时违反上述三个不等式，四种光学模均为连续变量类GHZ的四组分偏振纠缠态。

同样，我们也可以得到类Cluster态的Stokes算符的四组分不可分判据，它的关联方差 I_m^C ($m=5,6,7$) 表示为：

$$I_5^G \equiv \frac{\delta^2(\hat{S}_{2_{d_1^C}} - \hat{S}_{2_{d_2^C}}) + \delta^2(g_1\hat{S}_{3_{d_1^C}} + \hat{S}_{3_{d_2^C}} + g_7\hat{S}_{3_{d_3^C}})}{4|\alpha_c^2 - \alpha_a^2|} \geqslant 1$$

$$I_6^G \equiv \frac{\delta^2(\hat{S}_{2_{d_3^C}} - \hat{S}_{2_{d_4^C}}) + \delta^2(-g_6\hat{S}_{2_{d_2^C}} + \hat{S}_{2_{d_3^C}} + \hat{S}_{2_{d_4^C}})}{4|\alpha_c^2 - \alpha_a^2|} \geqslant 1$$

$$I_7^G \equiv \frac{\delta^2(g_5\hat{S}_{3_{d_1^C}} + \hat{S}_{3_{d_2^C}} + 2\hat{S}_{3_{d_3^C}}) + \delta^2(-2\hat{S}_{2_{d_2^C}} + \hat{S}_{2_{d_3^C}} + g_8\hat{S}_{2_{d_4^C}})}{4|\alpha_c^2 - \alpha_a^2|} \geqslant 2 \tag{5.21}$$

式中，$d_{1(2,3,4)}^{C}$ 代表类Cluster纠缠态的四种光学模式；g_i ($i=5,6,7,8$) 为增益因子。如果同时违反上述不等式，则可以验证连续变量类Cluster四组分偏振纠缠态是存在的。

5.3.5 理论计算结果与分析

由于NOPAs和探测系统在相同的状态下工作，假设用 $g=g_i$ ($i=1,2,3,4$) 和 $r=r_{1(2,3,4)}$ 简化计算过程。经过计算后，对于类GHZ偏振纠缠态来说，对比四个不等式，关联方差满足 $I_1=I_2$ 和 $I_3=I_4$；对于类Cluster偏振纠缠态，则有 $I_5=I_6$。通过计算式(5.20) 的最小值，可以得到 $I_{1(2,3,4)}$ 的最佳增益因子的表达式，具体为：

$$g_{opt_1}^{G} = \frac{\eta(\xi_1+\xi_4)e^{4r} + \eta e^{2r}(2\xi_2\xi_3 - \xi_1 - \xi_4) - 2\eta\xi_2\xi_3}{\eta\xi_4(\xi_1+\xi_4)e^{4r} + e^{2r}(4 - 2\eta\xi_2\xi_3 - \eta\xi_1 - \eta\xi_4) + 2\eta\xi_2\xi_3}$$

$$g_{opt_2}^{G} = \frac{(e^{4r}-1)\eta\xi_2\xi_3}{2e^{2r}(1-\eta\xi_2\xi_3) + \eta\xi_2\xi_3(e^{4r}+1)} \tag{5.22}$$

对于类Cluster态，g_6 和 g_7 的表达式基本相同，只是 ξ_1 和 ξ_4 之间存在差异。为了简单起见，令 $\xi_1=\xi_4=\xi$。对于 g_5 和 g_8 也是一样的。通过计算方程 (5.21) 的最小值，可以得到最佳增益因子 g_{opt} 与压缩参数 r 的关系如下：

$$g_{opt_{6(7)}}^{C} = \frac{2\eta\xi_2\xi_3(e^{4r}-1)}{4e^{2r} + 2\eta\xi(1-e^{2r}) + \eta\xi_2\xi_3(e^{2r}-1)^2}$$

$$g_{opt_{5(8)}}^{C}=\frac{2\eta\xi(e^{4r}-e^{2r})-4\eta\xi_2\xi_3+\eta\xi_2\xi_3(e^{2r}+1)^2}{4e^{2r}+2\eta\xi(e^{4r}-e^{2r})+\eta\xi_2\xi_3(e^{2r}-1)^2} \tag{5.23}$$

在这里，选择一个相对容易获得的实验值 $r=1.27$，即光的压缩度约为 11dB 来表征关联方差 I_m（$m=1\sim7$）与分发距离 L 之间的依赖关系。图 5.2 显示了关联方差 I_m（$m=1\sim7$）对光纤分发距离 L 的依赖关系。(i) 对应的是归一化量子噪声极限（SNL)，而 (ii)、(iii) 和 (iv) 分别对应于 $I_{1(2,3,4)}$、$I_{5,6}$ 和 I_7。限制分发距离的主要因素有压缩参数 r、光的传输效率 $\xi_{1(2,3,4)}$、光纤传输效率 t 和探测效率 η。当探测效率 η 和传输效率 $\xi_{1(2,3,4)}$ 均为 0.98 时，类 GHZ 偏振纠缠态的分发距离可达 5.17km，类 Cluster 态的最大分发距离为 4.89km。如果对其中的压缩参数 r、量子网络的光传输效率 $\xi_{1(2,3,4)}$、光纤传输效率 t 和探测效率 η 进行优化，可以提高分发距离。

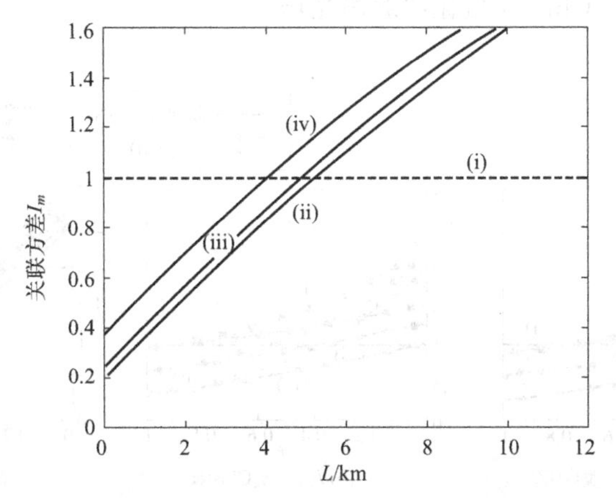

图 5.2　关联方差 I_m 与分发距离 L、压缩因子组合的归一化曲线

$r=1.27$，$g_i=g_{opt}$ 和 $\eta=\xi_{1(2,3,4)}=0.98$

图 5.3 显示了在不同的分发距离 L 下，关联方差 I_m（$m=1\sim7$）与压缩因子 r 的依赖关系，其中分发距离分别为 0km、2km、4km。图 5.3(a) 对应于类 GHZ 偏振纠缠态，图 (b) 和 (c) 对应于类 Cluster 偏振纠缠态。当 $\eta=\xi_{1(2,3,4)}=0.98$，(i) 对应的是量子噪声极限（SNL)，图 (a) 和图 (c) 的 (ii)、(iii) 和 (iv) 中，不同线型的实线与虚线分别代表关联方差 $I_{1(2,3,4)}$、I_7 在 $g=1$ 和 $g=g_{opt}$ 时的拟合曲线。同样，在图 (b) 中 (ii)、(iii)、(iv) 的虚线和实线是关联方差 I_5 对应于 $g=2$ 和 $g=g_{opt}$ 的拟合曲线。对于类 GHZ 偏振纠缠态来说，在传输效率与探测效率均有损耗且增益因子 $g=1$ 的情况下，当传输距离为 0，$r>0.217$ 时，该纠缠态的相关联方差 $I_{1(2,3,4)}$ 小于 1。所以，经过正交纠缠态与强相干态在分束器上耦合得到的四个光学模均具有四组分纠缠特性。当增益因子 $g=g_{opt}^{G}$ 时，只要满足 $r>0$，即可得到类 GHZ 四组分偏振纠缠态。比较图

(a) 在 $L=0\text{km}$ 情况下，可以看出，随着压缩参量 r 的增大，两种情况的关联方差 $I_{1(2,3,4)}$ 趋于相同。因此，在取最佳增益因子时，只要压缩参量不低于0即可测出类GHZ四组分偏振纠缠态，而当增益因子 $g=1$ 时，则有可能测不到量子关联。对于类Cluster偏振纠缠态，在传输效率与探测效率均有损耗且增益因子 $g=1$ 的情况下，当传输距离为0，$r>0.217$ 时，该纠缠态的相关联方差 I_7 小于2。在增益因子 $g=2$ 的情况下，当传输距离为0，$r>0.373$ 时，该纠缠态的相关联方差 $I_{5,6}$ 小于1，即可得到类Cluster偏振纠缠态。当关联方差 $I_{5,6}$ 中的增益因子取最佳值时，只需满足 $r>0$，所输出的光学模具有纠缠特性。而当关联方差 I_7 中的增益因子取最佳的情况下，在满足 $r>0.157$ 时，输出的光场将会违背类Cluster四组分偏振纠缠态的不可分判据。对比三个图可以看出，当压缩参量不低于零时，即可得到类GHZ四组分偏振纠缠态光场，而当压缩参量超过某个值时，会得到类Cluster偏振纠缠态光场。

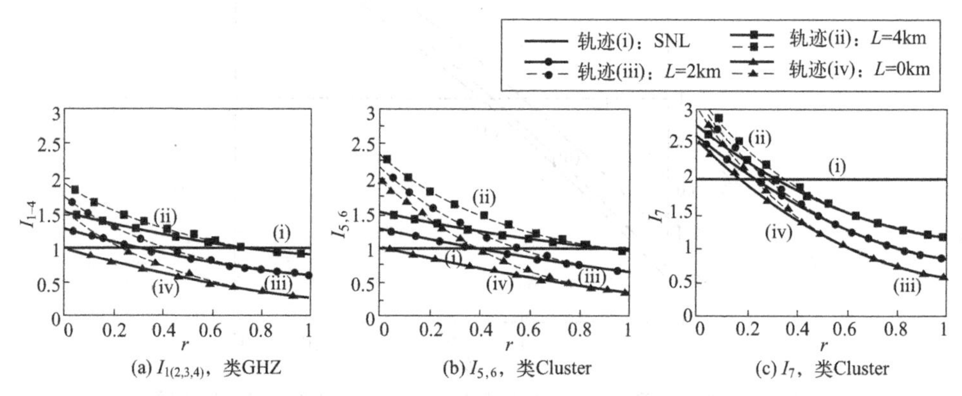

图5.3 当 $L=4\text{km}$，$L=2\text{km}$，$L=0\text{km}$ 时，不同分发距离的关联方差 I_m 与压缩因子 r 组合的归一化曲线

表5.1显示了压缩参数 r 的最小要求与对分发距离 L 的依赖关系。当给出分发距离和增益因子时，压缩参数 r 的最小要求值意味着当压缩参数大于这个最小要求值 r 时，可以违背连续变量偏振纠缠态的不可分判据，实现多组分纠缠的分发。表中部分情况如下：当 $g=1$ 和 r 分别大于0.217、0.407、0.76时，类GHZ偏振纠缠态的分发距离可达到0km、2km、4km；当取最佳增益因子时，最小压缩因子 r 应分别大于0、0.311和0.733，分别对应于大于0km、2km和4km的分发距离。最佳增益因子可以有效地放宽对压缩系数的要求。对于取最佳增益因子的类Cluster偏振纠缠态，压缩因子 r 分别大于0、0.383和0.885时，相关联方差 I_5 和 I_6 可以违反传输距离大于0km、2km和4km的不可分性准则；当 r 的压缩因子分别大于0.157、0.217和0.296时，相关联方差 I_7 可以

违反传输距离大于 0km、2km 和 4km 的不可分离性准则。因此，r 对压缩因子的最小要求分别大于 0.157、0.383 和 0.885，以此保证类 Cluster 偏振纠缠态的成功分发。

表 5.1　压缩参数 r 与分发距离 L 的关系

分发距离 L/km	类 GHZ 态		类 Cluster 态			
	$I_{1(2,3,4)}$		$I_{5,6}$		I_7	
	$g=1$	$g=g_{opt}$	$g=2$	$g=g_{opt}$	$g=1$	$g=g_{opt}$
0	$r>0.217$	$r>0$	$r>0.373$	$r>0$	$r>0.217$	$r>0.157$
2	$r>0.407$	$r>0.311$	$r>0.566$	$r>0.383$	$r>0.266$	$r>0.217$
4	$r>0.760$	$r>0.733$	$r>0.932$	$r>0.885$	$r>0.334$	$r>0.296$

5.4　本章小结

本章提出了一种利用多组分偏振态实现在网络中四个远程用户之间确定性量子纠缠分发的方案。在量子网络中，量子服务器可以制备连续变量偏振纠缠态光场，并将纠缠分配到多个远程用户，这些用户可顺利建立量子关联。通过控制网络中分束器的实验参数，可以实现两种连续变量四组分偏振纠缠态光场的分发，并分别在光纤网络中实现 5.17km 和 4.89km 的分发距离。此外，该方案还可以直接接入现有的商业光纤通信网络开展量子通信相关研究。最后，通过实验上制备具有更多子模的连续变量正交纠缠态，该方法可以直接扩展为制备具有更多子模的偏振纠缠态，并为更多的远程用户分配量子资源，这将为构建实用化量子网络提供重要参考。

参考文献

[1] 蔚娟. 基于压缩态光场的量子增强相位估算 [D]. 太原：山西大学，2020.

[2] 闫子华. 低频压缩光的产生和测量及其高阶模的研究 [D]. 太原：山西大学，2017.

[3] 王运永，韩森，钱进，等. 压缩态光场在激光干涉仪引力波探测器中的应用 [J]. 光学仪器，2019，41 (04)：85-94.

[4] 陈琳. 边界条件下的电磁场的正则量子化 [J]. 铜仁学院学报，2009，11 (06)：129-131+137.

[5] 李强. 实验制备高纯度的双模压缩态光场 [D]. 太原：山西大学，2016.

[6] Compton A H，Heisenberg W. The physical principles of the quantum theory [M]. Berlin，Springer，1984.

[7] Deng W J，Xu Y H，Liu P. The uncertainty relations and minimum uncertainty states [J]. Acta Physica Sinica，2003，52 (12)：2961-2964.

[8] Hans-A Bachor，Timothy C Ralph. A guide to experiments in quantum optics [M]. Weinheim：John Wiley & Sons Inc，2004.

[9] Qu W，Feng F，Song J，et al. Mode-matching and fringe locking technique in preparation of squeezed states of light [J]. Infrared and Laser Engineering，2015，44：2655-2660.

[10] Lu B，Bi S，Feng F，et al. Experimental study on the imaging of the squeezed-state light with a virtual object [J]. Optical Engineering，2012，51.

[11] Feng F，Bi S W，Lu B Z，et al. Long-term stable bright amplitude-squeezed state of light at 1064nm for quantum imaging [J]. Optik，2013，124 (11)：1070-1073.

[12] Feng F，Qu W Y，Song J Z，et al. Theoretical and experimental study on methods for increasing squeezed level in the generation of squeezed light [C]. International Symposium on Photoelectronic Detection and Imaging 2013：Laser Communication Technologies and Systems，Xi'an，2013：8906.

[13] Vahlbruch H，Mehmet M，Chelkowski S，et al. Observation of squeezed light with 10dB quantum-noise reduction [J]. Physical Review Letters，2008，100 (3)：033602.

[14] Wong N C，Hall J L. Servo control of amplitude modulation in frequency-modulation spectroscopy：demonstration of shot-noise-limited detection [J]. Journal of the Optical Society of America B，1985，2 (9)：1527-1533.

[15] 王东. 非简并光学参量振荡器输出场量子纠缠特性的理论与实验研 [D]. 太原：山西大学，2008.

[16] 苏晓龙. 连续变量四组分纠缠光场产生和量子保密通信研究 [D]. 太原：山西大学，2007.

[17] Franken P A，Hill A E，Peters C W，et al. Generation of optical harmonics [J]. Physical Review Letters，1961，7 (4)：118-119.

[18] Giordmaine J A. Mixing of light beams in crystals [J]. Physical Review Letters，1962，8 (1)：19-20.

[19] Armstrong J A，Bloembergen N，Ducuing J，et al. Interactions between light waves in a non-

linear dielectric [J]. Physical Review, 1962, 127 (6): 1918-1939.

[20] Craxton R. High efficiency frequency tripling schemes for high-power Nd: Glass lasers [J]. IEEE Journal of Quantum Electronics, 1981, 17 (9): 1771-1782.

[21] Tamaki Y, Obara M, Midorikawa K. Second-harmonic generation from Intense, 100-fs Ti: sapphire laser pulses in potassium dihydrogen phosphate, cesium lithium borate and β-barium metaborate [J]. Japanese Journal of Applied Physics, 1998, 37 (9R): 4801.

[22] Varoquaux G, Zahzam N, Chaibi W, et al. An ultra-cold atom source for long-baseline interferometric inertial sensors in reduced gravity [C]. Rencontres de Moriond Gravitational Waves and Experimental Gravity, 2007.

[23] Hosseini M, Sparkes B M, Campbell G, et al. High efficiency coherent optical memory with warm rubidium vapour [J]. Nature Communications, 2011, 2 (1): 174.

[24] Yang W, Wang Y, Zheng Y, et al. Comparative study of the frequency-doubling performanceon ring and linear cavity at short wavelength region [J]. Optics Express, 2015, 23 (15): 19624-19633.

[25] Tian J, Yang C, Xue J, et al. High-efficiency blue light generation at 426nmin low pump regime [J]. Journal of Optics, 2016, 18 (5): 055506.

[26] Ou Z Y, Pereira S F, Kimble H J, et al. Realization of the Einstein-Podolsky-Rosen paradox for continuous variables [J]. Physical Review Letters, 1992, 68 (25): 3663-3666.

[27] Harrison F E, Walls D F. QND measurement of intensity difference fluctuations [J]. Optics Communications, 1996, 123 (1): 331-343.

[28] Milburn G J, Walls D F. Squeezed states and intensity fluctuations in degenerate parametric oscillation [J]. Physical Review A, 1983, 27 (1): 392-394.

[29] Glauber R J. The quantum theory of optical coherence [J]. Physical Review, 1963, 130 (6): 2529-2539.

[30] Stoler D. Equivalence classes of minimum uncertainty packets [J]. Physical Review D, 1970, 1 (12): 3217-3219.

[31] Yuen H P. Two-photon coherent states of the radiation field [J]. Physical Review A, 1976, 13 (6): 2226-2243.

[32] Slusher R E, Hollberg L W, Yurke B, et al. Observation of squeezed states generated by four-wave mixing in an optical cavity [J]. Physical Review Letters, 1985, 55 (22): 2409-2412.

[33] Wu L A, Kimble H J, Hall J L, et al. Generation of squeezed states by parametric down conversion [J]. Physical Review Letters, 1986, 57 (20): 2520-2523.

[34] Xiao M, Wu L A, Kimble H J. Precision measurement beyond the shot-noise limit [J]. Physical Review Letters, 1987, 59 (3): 278-281.

[35] Bencheikh K, Levenson J A, Grangier P, et al. Quantum nondemolition demonstration via repeated backaction evading measurements [J]. Physical Review Letters, 1995, 75 (19): 3422-3425.

[36] Schneider K, Lang M, Mlynek J, et al. Generation of strongly squeezed continuous-wave light at 1064 nm [J]. Optics Express, 1998, 2 (3): 59-64.

[37] Eberle T, Steinlechner S, Bauchrowitz J, et al. Quantum enhancement of the zero-area sagnac interferometer topology for gravitational wave detection [J]. Physical Review Letters, 2010, 104 (25): 251102.

[38] Stefszky M S, Mow-Lowry C M, Chua S S Y, et al. Balanced homodyne detection of optical quantum states at audio-band frequencies and below [J]. Classical and Quantum Gravity, 2012, 29 (14): 145015.

[39] Vahlbruch H, Mehmet M, Danzmann K, et al. Detection of 15dB squeezed states of light and their application for the absolute calibration of photoelectric quantum efficiency [J]. Physical Review Letters, 2016, 117 (11): 110801.

[40] Peng K C, Pan Q, Wang H, et al. Generation of two-mode quadrature-phase squeezing and intensity-difference squeezing from a cw-NOPO [J]. Applied Physics B, 1998, 66 (6): 755-758.

[41] Feng J, Tian X, Li Y, et al. Generation of a squeezing vacuum at a telecommunication wavelength with periodically poled $LiNbO_3$ [J]. Applied Physics Letters, 2008, 92 (22).

[42] Han Y, Wen X, He J, et al. Improvement of vacuum squeezing resonant on the rubidium D1 line at 795nm [J]. Optics Express, 2016, 24 (3): 2350-2359.

[43] Einstein A, Podolsky B, Rosen N. Can quantum-mechanical description of physical reality be considered complete? [J]. Physical Review, 1935, 47 (10): 777-780.

[44] Bouwmeester D, Pan J W, Mattle K, et al. Experimental quantum teleportation [J]. Nature, 1997, 390 (6660): 575-579.

[45] Braunstein S L, van L P. Quantum information with continuous variables [J]. Reviews of Modern Physics, 2005, 77 (2): 513-577.

[46] Li X, Pan Q, Jing J, et al. Quantum dense coding exploiting a bright Einstein-Podolsky-Rosen beam [J]. Physical Review Letters, 2002, 88 (4): 047904.

[47] Wang Y, Shen H, Jin X, et al. Experimental generation of 6dB continuous variable entanglement from a nondegenerate optical parametric amplifier [J]. Optics Express, 2010, 18 (6): 6149-6155.

[48] Yan Z, Jia X, Su X, et al. Cascaded entanglement enhancement [J]. Physical Review A, 2012, 85 (4): 040305.

[49] Zhou Y, Jia X, Li F, et al. Experimental generation of 8. 4dB entangled state with an optical cavity involving a wedged type-Ⅱ nonlinear crystal [J]. Optics Express, 2015, 23 (4): 4952-4959.

[50] Su X, Tan A, Jia X, et al. Experimental preparation of quadripartite cluster and greenberger-horne-zeilinger entangled states for continuous variables [J]. Physical Review Letters, 2007, 98 (7): 070502.

[51] Jia X, Yan Z, Duan Z, et al. Experimental realization of three-color entanglement at optical fiber communication and atomic storage wavelengths [J]. Physical Review Letters, 2012, 109 (25): 253604.

[52] Furusawa A, Sørensen J L, Braunstein S L, et al. Unconditional quantum teleportation [J]. Science, 1998, 282 (5389): 706-709.

[53] Ekert A K. Quantum cryptography based on Bell's theorem [J]. Physical Review Letters, 1991, 67 (6): 661-663.

[54] Su X, Hao S, Deng X, et al. Gate sequence for continuous variable one-way quantum computation [J]. Nature Communications, 2013, 4 (1): 2828.

[55] Stokes G G. On the composition and resolution of streams of polarized light from different sources [M]. Cambridge, Cambridge University Press, 2009: 233-258.

[56] Korolkova N, Leuchs G, Loudon R, et al. Polarization squeezing and continuous-variable polarization entanglement [J]. Physical Review A, 2002, 65 (5): 052306.

[57] Bowen W P, Treps N, Schnabel R, et al. Experimental demonstration of continuous variable polarization entanglement [J]. Physical Review Letters, 2002, 89 (25): 253601.

[58] Wu L, Yan Z, Liu Y, et al. Experimental generation of tripartite polarization entangled states of bright optical beams [J]. Applied Physics Letters, 2016, 108 (16).

[59] Walls D F, Gerard J M. Quantum optics [M]. 2nd ed. Berlin: Springer-Verlag, 2008: 15-18.

[60] Fan H Y, Liang X T, Chen J h. Four-mode EPR continuous-variable entangled state and its generation [J]. Modern Physics Letters B, 2002, 16: 861-869.

[61] Datta A, Zhang L, Nunn J, et al. Compact continuous-variable entanglement distillation [J]. Physical Review Letters, 2012, 108 (6): 060502.

[62] Hétet G, Glöckl O, Pilypas K A, et al. Squeezed light for bandwidth-limited atom optics experiments at the rubidium D1 line [J]. Journal of Physics B: Atomic, Molecular and Optical Physics, 2007, 40 (1): 221.

[63] Takeno Y, Yukawa M, Yonezawa H, et al. Observation of −9 dB quadrature squeezing with improvement of phase stability in homodyne measurement [J]. Optics Express, 2007, 15 (7): 4321-4327.

[64] Braunstein S L, Kimble H J. Dense coding for continuous variables [J]. Physical Review A, 2000, 61 (4): 042302.

[65] 靳晓丽，苏静，郑耀辉. 用于压缩光探测的高共模抑制比平衡零拍探测器 [J]. 量子光学学报，2016，22 (02)：108-114.

[66] Berni A A, Gehring T, Nielsen B M, et al. Ab initio quantum-enhanced optical phase estimation using real-time feedback control [J]. Nature Photonics, 2015, 9 (9): 577-581.

[67] Liu J, Liu W, Li S, et al. Enhancement of the angular rotation measurement sensitivity based on SU (2) and SU (1, 1) interferometers [J]. Photonics Research, 2017, 5: 617-622.

[68] 张宏宇，王锦荣，李庆回，等. 高品质因子共振型光电探测器的实验研制 [J]. 量子光学学报，2019，25 (04)：456-462.

[69] Kolobov M I, Fabre C. Quantum limits on optical resolution [J]. Physical Review Letters, 2000, 85 (18): 3789-3792.

[70] Treps N, Andersen U, Buchler B, et al. Surpassing the standard quantum limit for optical imaging using nonclassical multimode light [J]. Physical Review Letters, 2002, 88 (20): 203601.

[71] Brida G, Genovese M, Ruo Berchera I. Experimental realization of sub-shot-noise quantum imaging [J]. Nature Photonics, 2010, 4 (4): 227-230.

[72] 杜京师. 光通信波段 1.34μm 压缩态光场制备的实验研究 [D]. 太原: 山西大学, 2018.

[73] Han Y, Wen X, He J, et al. Improvement of vacuum squeezing resonant on the rubidium D1 line at 795nm [J]. Opt Express, 2016, 24 (3): 2350-2359.

[74] Liu Y H, Wu L, Yan Z H, et al. Deterministic quantum entanglement among multiple quantum nodes [J]. Acta Physica Sinica, 2019, 68 (3).

[75] 成健. 1550 nm 真空压缩态的制备及低频位相信号的量子增强测量 [D]. 太原: 山西大学, 2019.

[76] 苏晓龙, 贾晓军, 彭堃墀. 基于光场量子态的连续变量量子信息处理 [J]. 物理学进展, 2016, 36 (04): 101-117.

[77] 李志秀. 压缩态光场制备系统中剩余幅度调制的抑制 [D]. 太原: 山西大学, 2019.

[78] 薛佳. 低频真空量子噪声的测量 [D]. 太原: 山西大学, 2016.

[79] Chua S S Y, Slagmolen B J J, Shaddock D A, et al. Quantum squeezed light in gravitational-wave detectors [J]. Classical and Quantum Gravity, 2014, 31 (18): 183001.

[80] Zhang W H, Yang W H, Shi S P, et al. Mode matching in preparation of squeezed field with high compressibility [J]. Chinese Journal of Lasers, 2017, 44: 1112001.

[81] Wang Y J, Wang J P, Zhang W H, et al. Transmission characteristics of optical resonator [J]. Acta Physica Sinica, 2021, 70 (20): 204202.

[82] 冯飞. 1064 nm 压缩态光场制备和检测的理论和实验研究 [D]. 西安: 中国科学院研究生院(西安光学精密机械研究所), 2014.

[83] 张宏宇. 低频段压缩态光场制备中高性能探测器的研究 [D]. 太原: 山西大学, 2021.

[84] Bond C, Brown D, Freise A, et al. Interferometer techniques for gravitational-wave detection [J]. Living Reviews in Relativity, 2017, 19 (1): 3.

[85] Drever R W P, Hall J L, Kowalski F V, et al. Laser phase and frequency stabilization using an optical resonator [J]. Applied Physics B, 1983, 31 (2): 97-105.

[86] Wang H, Xu Z, Ma S, et al. Artificial modulation-free Pound-Drever-Hall method for laser frequency stabilization [J]. Optics Letters, 2019, 44: 5816.

[87] Chen Z, Ye L, Dai J, et al. Long-term measurement of high Q optical resonators based on optical vector network analysis with Pound Drever Hall technique [J]. Optics Express, 2018, 26 (21): 26888-26895.

[88] 黄治涵. 激光稳频技术简析 [J]. 现代信息科技, 2018, 2 (09): 40-42.

[89] 李超. 边带调制 PDH 激光稳频技术的研究 [D]. 杭州: 中国计量大学, 2017.

[90] Zoller P, Beth T, Binosi D, et al. Quantum information processing and communication [J]. The European Physical Journal D-Atomic, Molecular, Optical and Plasma Physics, 2005, 36 (2): 203-228.

[91] Bennett C H, Brassard G, Mermin N D. Quantum cryptography without Bell's theorem [J]. Physical Review Letters, 1992, 68 (5): 557-559.

[92] Bouwmeester D, Ekert A, Zeilinger A. The physics of quantum information [J]. Studies in

History & Philosophy of Modern Physics，2000，34：331-334.

[93] Giovannetti V，Lloyd S，Maccone L. Quantum-Enhanced Measurements：Beating the Standard Quantum Limit [J]. Science，2004，306 (5700)：1330-1336.

[94] 秦际良. 光场量子态的远程传输研究 [D]. 太原：山西大学，2019.

[95] Kimble H J. The quantum internet [J]. Nature，2008，453 (7198)：1023-1030.

[96] 刘艳红. 基于原子系综的量子网络研究 [D]. 太原：山西大学，2019.

[97] 童泉斌. 量子隐形传态的逻辑线路及其模拟实现的研究 [D]. 无锡：江南大学，2008.

[98] Briegel H J，Dür W，Cirac J I，et al. Quantum repeaters：The role of imperfect local operations in quantum communication [J]. Physical Review Letters，1998，81 (26)：5932-5935.

[99] Duan L M，Lukin M D，Cirac J I，et al. Long-distance quantum communication with atomic ensembles and linear optics [J]. Nature，2001，414 (6862)：413-418.

[100] 吴量. 三组分偏振纠缠光场的制备及原子系综之间量子纠缠的实现 [D]. 太原：山西大学，2017.

[101] Bennett C H，Brassard G. Quantum cryptography：Public key distribution and coin tossing [J]. Theoretical Computer Science，2014，560：7-11.

[102] Muller A，Breguet J，Gisin N. Experimental demonstration of quantum cryptography using polarized photons in optical fibre over more than 1km [J]. Europhysics Letters，1993，23 (6)：383.

[103] Kurtsiefer C，Zarda P，Halder M，et al. A step towards global key distribution [J]. Nature，2002，419 (6906)：450-450.

[104] Gobby C，Yuan Z L，Shields A J. Quantum key distribution over 122km of standard telecom fiber [J]. Applied Physics Letters，2004，84 (19)：3762-3764.

[105] Mo X F，Zhu B，Han Z，et al. Faraday-michelson system for quantum cryptography [J]. Optics letters，2005，30 19：2632-2634.

[106] Peng C Z，Zhang J，Yang D，et al. Experimental long-distance decoy-state quantum key distribution based on polarization encoding [J]. Physical Review Letters，2007，98 (1)：010505.

[107] Żukowski M，Zeilinger A，Horne M. et al. Quest for GHZ states [J]. Acta Physica Polonica A，1998，93：187-195.

[108] Chen Y A，Zhang A N，Zhao Z，et al. Experimental quantum secret sharing and third-man quantum cryptography [J]. Physical Review Letters，2005，95 (20)：200502.

[109] Amiri R，Wallden P，Kent A，et al. Secure quantum signatures using insecure quantum channels [J]. Physical Review A，2016，93 (3)：032325.

[110] Ralph T C. Continuous variable quantum cryptography [J]. Physical Review A，1999，61 (1)：010303.

[111] Hillery M. Quantum cryptography with squeezed states [J]. Physical Review A，2000，61 (2)：022309.

[112] Grosshans F，Van Assche G，Wenger J，et al. Quantum key distribution using gaussian-modulated coherent states [J]. Nature，2003，421 (6920)：238-241.

[113] Lodewyck J, Bloch M, García-Patrón R, et al. Quantum key distribution over 25km with an all-fiber continuous-variable system [J]. Physical Review A, 2007, 76 (4): 042305.

[114] Wang X Y, Bai Z L, Wang S F, et al. Four-state modulation continuous variable quantum key distribution over a 30km fiber and analysis of excess noise [J]. Chinese Physics Letters, 2013, 30 (1): 010305.

[115] 王旭阳. 全光纤四态分离调制连续变量量子密钥分发 [D]. 太原：山西大学，2013.

[116] Li Y M, Wang X Y, Bai Z L, et al. Continuous variable quantum key distribution [J]. Chin. Phys. B, 2017, 26 (4): 40303-040303.

[117] Reid M D. Quantum cryptography with a predetermined key, using continuous-variable Einstein-Podolsky-Rosen correlations [J]. Physical Review A, 2000, 62 (6): 062308.

[118] Su X, Wang W, Wang Y, et al. Continuous variable quantum key distribution based on optical entangled states without signal modulation [J]. Europhysics Letters, 2009, 87 (2): 20005.

[119] Gehring T, Händchen V, Duhme J, et al. Implementation of continuous-variable quantum key distribution with composable and one-sided-device-independent security against coherent attacks [J]. Nature Communications, 2015, 6 (1): 8795.

[120] Elliott C. Building the quantum network * [J]. New Journal of Physics, 2002, 4 (1): 46.

[121] Peev M, Pacher C, Alléaume R, et al. The SECOQC quantum key distribution network in Vienna [J]. New Journal of Physics, 2009, 11 (7): 075001.

[122] Zukowski M, Zeilinger A, Horne M A, et al. "Event-ready-detectors" Bell experiment via entanglement swapping [J]. Physical Review Letters, 1993, 71 (26): 4287-4290.

[123] Nicolas A, Veissier L, Giner L, et al. A quantum memory for orbital angular momentum photonic qubits [J]. Nature Photonics, 2014, 8 (3): 234-238.

[124] Giovannetti V, Lloyd S, Maccone L. Advances in quantum metrology [J]. Nature Photonics, 2011, 5 (4): 222-229.

[125] Zhang T C, Goh K W, Chou C W, et al. Quantum teleportation of light beams [J]. Physical Review A, 2003, 67 (3): 033802.

[126] Takei N, Aoki T, Koike S, et al. Experimental demonstration of quantum teleportation of a squeezed state [J]. Physical Review A, 2005, 72 (4): 042304.

[127] Chanelière T, Matsukevich D N, Jenkins S D, et al. Storage and retrieval of single photons transmitted between remote quantum memories [J]. Nature, 2005, 438 (7069): 833-836.

[128] Reim K F, Nunn J, Lorenz V O, et al. Towards high-speed optical quantum memories [J]. Nature Photonics, 2010, 4 (4): 218-221.

[129] Saglamyurek E, Sinclair N, Jin J, et al. Broadband waveguide quantum memory for entangled photons [J]. Nature, 2011, 469 (7331): 512-515.

[130] Harris S E, Field J E, Imamoğlu A. Nonlinear optical processes using electromagnetically induced transparency [J]. Physical Review Letters, 1990, 64 (10): 1107-1110.

[131] Xu Z, Wu Y, Tian L, et al. Long lifetime and high-fidelity quantum memory of photonic po-

larization qubit by lifting zeeman degeneracy [J]. Physical Review Letters, 2013, 111 (24): 240503.

[132] Bustard P J, Lausten R, England D G, et al. Toward quantum processing in molecules: A THz-bandwidth coherent memory for light [J]. Physical Review Letters, 2013, 111 (8): 083901.

[133] England D G, Bustard P J, Nunn J, et al. From photons to phonons and back: A THz optical memory in diamond [J]. Physical Review Letters, 2013, 111 (24): 243601.

[134] Buchler B C, Hosseini M, Hétet G, et al. Precision spectral manipulation of optical pulses using a coherent photon echo memory [J]. Optics Letters, 2010, 35 (7): 1091-1093.

[135] Ast S, Nia R M, Schönbeck A, et al. High-efficiency frequency doubling of continuous-wave laser light [J]. Optics Letters, 2011, 36 (17): 3467-3469.

[136] Julsgaard B, Sherson J, Cirac J I, et al. Experimental demonstration of quantum memory for light [J]. Nature, 2004, 432 (7016): 482-486.

[137] Julsgaard B, Kozhekin A, Polzik E S. Experimental long-lived entanglement of two macroscopic objects [J]. Nature, 2001, 413 (6854): 400-403.

[138] Afzelius M, Simon C, de Riedmatten H, et al. Multimode quantum memory based on atomic frequency combs [J]. Physical Review A, 2009, 79 (5): 052329.

[139] Tittel W, Afzelius M, Chaneliére T, et al. Photon-echo quantum memory in solid state systems [J]. Laser & Photonics Reviews, 2010, 4 (2): 244-267.

[140] Moiseev S A, Kröll S. Complete reconstruction of the quantum state of a single-photon wave packet absorbed by a doppler-broadened transition [J]. Physical Review Letters, 2001, 87 (17): 173601.

[141] Ou Z Y. Efficient conversion between photons and between photon and atom by stimulated emission [J]. Physical Review A, 2008, 78 (2): 023819.

[142] Ashkin A, Boyd G D, Dziedzic J M, et al. Optically-induced refractive index inhomogeneities in $LiNbO_3$ and $LiTaO_3$ [J]. Applied Physics Letters, 1966, 9 (1): 72-74.

[143] Tanimura T, Akamatsu D, Yokoi Y, et al. Generation of a squeezed vacuum resonant on a rubidium Dl line with periodically poled KTiOPO4 [J]. Optics Letters, 2006, 31 (15): 2344-2346.

[144] Predojević A, Zhai Z, Caballero J M, et al. Rubidium resonant squeezed light from a diode-pumped optical-parametric oscillator [J]. Physical Review A, 2008, 78 (6): 063820.

[145] Wen X, Han Y, Bai J, et al. Cavity-enhanced frequency doubling from 795nm to 397.5nm ultra-violet coherent radiation with PPKTP crystals in the low pump power regime [J]. Optics Express, 2014, 22 26: 32293-32300.

[146] Han Y, Wen X, Bai J, et al. Generation of 130mW of 397.5nm tunable laser via ring-cavity-enhanced frequency doubling [J]. Journal of the Optical Society of America B, 2014, 31 (8): 1942-1947.

[147] Klappauf B G, Bidel Y, Wilkowski D, et al. Detailed study of an efficient blue laser source by second-harmonic generation in a semimonolithic cavity for the cooling of strontium atoms [J]. Applied Optics, 2004, 43 (12): 2510-2527.

[148] Arie A, Rosenman G, Mahal V, et al. Green and ultraviolet quasi-phase-matched second harmonic generation in bulk periodically-poled $KTiOPO_4$ [J]. Optics Communications, 1997, 142 (4): 265-268.

[149] Le Targat R, Zondy J J, Lemonde P. 75%-Efficiency blue generation from an intracavity PP-KTP frequency doubler [J]. Optics Communications, 2005, 247 (4): 471-481.

[150] Villa F, Chiummo A, Giacobino E, et al. High-efficiency blue-light generation with a ring cavity with periodically poled KTP [J]. Journal of the Optical Society of America B, 2007, 24 (3): 576-580.

[151] Hansson G, Karlsson H, Wang S, et al. Transmission measurements in KTP and isomorphic compounds [J]. Applied Optics, 2000, 39 (27): 5058-5069.

[152] Douillet A, Zondy J J, Yelisseyev A, et al. Stability and frequency tuning of thermally loaded continuous-wave $AgGaS_2$ optical parametric oscillators [J]. Journal of the Optical Society of America B, 1999, 16 (9): 1481-1498.

[153] Bierlein J D, Vanherzeele H A. Potassium titanyl phosphate: properties and new applications [J]. Journal of The Optical Society of America B-Optical Physics, 1989, 6: 622-633.

[154] Kato K, Takaoka E. Sellmeier and thermo-optic dispersion formulas for KTP [J]. Applied Optics, 2002, 41 (24): 5040-5044.

[155] Torabi-Goudarzi F, Riis E. Efficient cw high-power frequency doubling in periodically poled KTP [J]. Optics Communications, 2003, 227 (4): 389-403.

[156] Hald J, Sørensen J L, Schori C, et al. Spin squeezed atoms: A macroscopic entangled ensemble created by light [J]. Physical Review Letters, 1999, 83 (7): 1319-1322.

[157] Peng K C, Wu L A, Kimble H J. Frequency-stabilized Nd: YAG laser with high output power [J]. Applied Optics, 1985, 24 (7): 938-940.

[158] Shelby R M, Levenson M D, Perlmutter S H, et al. Broad-band parametric deamplification of quantum noise in an optical fiber [J]. Physical Review Letters, 1986, 57 (6): 691-694.

[159] Mehmet M, Vahlbruch H, Lastzka N, et al. Observation of squeezed states with strong photon-number oscillations [J]. Physical Review A, 2010, 81 (1): 013814.

[160] Grangier P, Slusher R E, Yurke B, et al. Squeezed-light-enhanced polarization interferometer [J]. Physical Review Letters, 1987, 59 (19): 2153-2156.

[161] Polzik E S, Carri J, Kimble H J. Spectroscopy with squeezed light [J]. Physical Review Letters, 1992, 68 (20): 3020-3023.

[162] Vahlbruch H, Chelkowski S, Hage B, et al. Coherent control of vacuum squeezing in the gravitational-wave detection band [J]. Physical Review Letters, 2006, 97 (1): 011101.

[163] Cai X D, Wu D, Su Z E, et al. Entanglement-based machine learning on a quantum computer [J]. Physical Review Letters, 2015, 114 (11): 110504.

[164] Lance A M, Symul T, Bowen W P, et al. Tripartite quantum state sharing [J]. Physical Review Letters, 2004, 92 (17): 177903.

[165] Eisaman M D, André A, Massou F, et al. Electromagnetically induced transparency with tunable single-photon pulses [J]. Nature, 2005, 438 (7069): 837-841.

[166] Appel J, Figueroa E, Korystov D, et al. Quantum memory for squeezed light [J]. Physical Review Letters, 2008, 100 (9): 093602.

[167] Turchette Q A, Georgiades N P, Hood C J, et al. Squeezed excitation in cavity QED: Experiment and theory [J]. Physical Review A, 1998, 58 (5): 4056-4077.

[168] Honda K, Akamatsu D, Arikawa M, et al. Storage and retrieval of a squeezed vacuum [J]. Physical Review Letters, 2008, 100 (9): 093601.

[169] Bowen W P, Schnabel R, Bachor H A, et al. Polarization squeezing of continuous variable Stokes parameters [J]. Physical Review Letters, 2002, 88 (9): 093601.

[170] Peuntinger C, Heim B, Müller C R, et al. Distribution of squeezed states through an atmospheric channel [J]. Physical Review Letters, 2014, 113 (6): 060502.

[171] Josse V, Dantan A, Vernac L, et al. Polarization squeezing with cold atoms [J]. Physical Review Letters, 2003, 91 (10): 103601.

[172] 苏晓龙. 连续变量四组分纠缠光场产生和量子保密通信研究 [D]. 太原：山西大学, 2007.

[173] Pan J W, Chen Z B, Lu C Y, et al. Multiphoton entanglement and interferometry [J]. Reviews of Modern Physics, 2012, 84 (2): 777-838.

[174] Scarani V, Bechmann Pasquinucci H, Cerf N J, et al. The security of practical quantum key distribution [J]. Reviews of Modern Physics, 2009, 81 (3): 1301-1350.

[175] Ou Z Y, Pereira S F, Kimble H J. Realization of the Einstein-Podolsky-Rosen paradox for continuous variables in nondegenerate parametric amplification [J]. Applied Physics B: Photophysics and Laser Chemistry, 1992, 55 (3): 265-278.

[176] Oliver G, Joel H, Natalia K, et al. A pulsed source of continuous variable polarization entanglement [J]. Journal of Optics B: Quantum and Semiclassical Optics, 2003, 5 (4): S492.

[177] Josse V, Dantan A, Bramati A, et al. Continuous variable entanglement using cold atoms [J]. Physical Review Letters, 2004, 92 (12): 123601.

[178] Mehmet M, Ast S, Eberle T, et al. Squeezed light at 1550nm with a quantum noise reduction of 12.3 dB [J]. Optics Express, 2011, 19 (25): 25763-25772.

[179] Jing J, Zhang J, Yan Y, et al. Experimental demonstration of tripartite entanglement and controlled dense coding for continuous variables [J]. Physical Review Letters, 2003, 90 (16): 167903.

[180] Duan L M, Giedke G, Cirac J I, et al. Inseparability criterion for continuous variable systems [J]. Physical Review Letters, 2000, 84 (12): 2722-2725.

[181] van Loock P, Furusawa A. Detecting genuine multipartite continuous-variable entanglement [J]. Physical Review A, 2003, 67 (5): 052315.

[182] Yan Z, Jia X. Direct production of three-color polarization entanglement for continuous variable [J]. Journal of the Optical Society of America B, 2015, 32 (10): 2139-2145.

[183] Teh R Y, Reid M D. Criteria for genuine $ N $-partite continuous-variable entanglement and Einstein-Podolsky-Rosen steering [J]. Physical Review A, 2014, 90 (6): 062337.

[184] Hofmann H F, Takeuchi S. Violation of local uncertainty relations as a signature of entangle-

ment [J]. Physical Review A, 2003, 68 (3): 032103.

[185] Simon C, Afzelius M, Appel J, et al. A Review based on the European Integrated Project "Qubit Applications (QAP) " [J]. Eur. Phys. J. D, 2010, 58 (1).

[186] Sangouard N, Simon C, de Riedmatten H, et al. Quantum repeaters based on atomic ensembles and linear optics [J]. Reviews of Modern Physics, 2011, 83 (1): 33-80.

[187] Chou C W, de Riedmatten H, Felinto D, et al. Measurement-induced entanglement for excitation stored in remote atomic ensembles [J]. Nature, 2005, 438 (7069): 828-832.

[188] Phillips D F, Fleischhauer A, Mair A, et al. Storage of light in atomic vapor [J]. Physical Review Letters, 2001, 86 (5): 783-786.

[189] Reim K F, Michelberger P, Lee K C, et al. Single-photon-level quantum memory at room temperature [J]. Physical Review Letters, 2011, 107 (5): 053603.

[190] Marino A M, Pooser R C, Boyer V, et al. Tunable delay of Einstein-Podolsky-Rosen entanglement [J]. Nature, 2009, 457 (7231): 859-862.

[191] Jensen K, Wasilewski W, Krauter H, et al. Quantum memory for entangled continuous-variable states [J]. Nature Physics, 2011, 7 (1): 13-16.

[192] Roslund J, de Araújo R M, Jiang S, et al. Wavelength-multiplexed quantum networks with ultrafast frequency combs [J]. Nature Photonics, 2014, 8 (2): 109-112.

[193] Aoki T, Takei N, Yonezawa H, et al. Experimental creation of a fully inseparable tripartite continuous-variable state [J]. Physical Review Letters, 2003, 91 (8): 080404.

[194] Krauter H, Muschik C A, Jensen K, et al. Entanglement generated by dissipation and steady state entanglement of two macroscopic objects [J]. Physical Review Letters, 2011, 107 (8): 080503.

[195] Fleischhauer M, Imamoglu A, Marangos J P. Electromagnetically induced transparency: Optics in coherent media [J]. Reviews of Modern Physics, 2005, 77 (2): 633-673.

[196] Fleischhauer M, Lukin M D. Dark-state polaritons in electromagnetically induced transparency [J]. Physical Review Letters, 2000, 84 (22): 5094-5097.

[197] He Q Y, Reid M D, Giacobino E, et al. Dynamical oscillator-cavity model for quantum memories [J]. Physical Review A, 2009, 79 (2): 022310.

[198] Yang S J, Wang X J, Bao X H, et al. An efficient quantum light-matter interface with sub-second lifetime [J]. Nature Photonics, 2016, 10 (6): 381-384.

[199] Saunders D J, Munns J H D, Champion T F M, et al. Cavity-enhanced room-temperature broadband Raman memory [J]. Physical Review Letters, 2016, 116 (9): 090501.

[200] Hey T, Walters P. The new quantum universe [M]. 2nd ed., Cambridge: Cambridge University Press, 2003.

[201] Verh P M. A few remarks about the history of quantum mechanics [J]. Deutsch. Phys. Ges, 1900, 2: 202-207.

[202] Einstein A. Über einen die Erzeugung und Verwandlung des Lichtes betreffenden heuristischen Gesichtspunkt [J]. Annalen der Physik, 1905, 322 (6): 132-148.

[203] Smith D P E. Limits of force microscopy [J]. Review of Scientific Instruments, 1995, 66

(5): 3191-3195.

[204] Compton A H. A quantum theory of the scattering of X-rays by light elements [J]. Physical Review, 1923, 21 (5): 483-502.

[205] 曾谨言. 量子力学、卷 I [M]. 北京: 高等教育出版社, 2001.

[206] 庞小峰. 宏观量子效应 [J]. 自然杂志, 1982, (04): 254-260+320.

[207] 杨伯君. 量子光学基础 [M]. 北京: 北京邮电大学出版社, 1996.

[208] Stoler D. Photon antibunching and possible ways to observe it [J]. Physical Review Letters, 1974, 33: 1397-1400.

[209] Kimble H J, Dagenais M, Mandel L. Photon antibunching in resonance fluorescence [J]. Physical Review Letters, 1977, 39 (11): 691-695.

[210] Mandel L. Sub-Poissonian photon statistics in resonance fluorescence [J]. Optics Letters, 1979, 4 (7): 205-207.

[211] Short R, Mandel L. Observation of sub-poissonian photon statistics [J]. Physical Review Letters, 1983, 51 (5): 384-387.

[212] Quiroga L, Johnson N F. Entangled Bell and Greenberger-Horne-Zeilinger states of excitons in coupled quantum dots [J]. Physical Review Letters, 1999, 83 (11): 2270-2273.

[213] Yang X X, Wu Y. Achieving an ultra-slowly propagating maximally entangled state of two light beams via four-wave mixing in a double-Λ system [J]. Journal of Optics B-Quantum and Semiclassical Optics, 2005, 7: 54-56.

[214] Salter C L, Stevenson R M, Farrer I, et al. An entangled-light-emitting diode [J]. Nature, 2010, 465 (7298): 594-597.

[215] Walls D F. Squeezed states of light [J]. Nature, 1983, 306 (5939): 141-146.

[216] Vasilakis G, Shen H, Jensen K, et al. Generation of a squeezed state of an oscillator by stroboscopic back-action-evading measurement [J]. Nature Physics, 2015, 11 (5): 389-392.

[217] Grote H. High power, low-noise, and multiply resonant photodetector for interferometric gravitational wave detectors [J]. Review of Scientific Instruments, 2007, 78 (5).

[218] 李玉琼, 王璐钰, 王晨昱. 面向空间引力波探测的弱光探测器性能检测与分析 [J]. 光学精密工程, 2019, 27 (8): 1710.

[219] Yu J, Qin Y, Qin J L, et al. Quantum phase estimation with a stable squeezed state [J]. The European Physical Journal D, 2020, 74 (4): 76.

[220] Yu J, Qin Y, Qin J, et al. Quantum enhanced optical phase estimation with a squeezed thermal state [J]. Physical Review Applied, 2020, 13 (2): 024037.

[221] Danilin S, Lebedev A V, Vepsäläinen A, et al. Quantum-enhanced magnetometry by phase estimation algorithms with a single artificial atom [J]. npj Quantum Information, 2018, 4 (1): 29.

[222] Zuo X, Yan Z, Feng Y, et al. Quantum interferometer combining squeezing and parametric amplification [J]. Physical Review Letters, 2020, 124 (17): 173602.

[223] Mason D, Chen J, Rossi M, et al. Continuous force and displacement measurement below

the standard quantum limit [J]. Nature Physics, 2019, 15 (8): 745-749.

[224] Su X, Jia X, Xie C, et al. Generation of GHZ-like and cluster-like quadripartite entangled states for continuous variable using a set of quadrature squeezed states [J]. Science in China Series G: Physics, Mechanics and Astronomy, 2008, 51 (1): 1-13.

[225] Wang N, Du S, Li Y. Compact 6dB two-color continuous variable entangled source based on a single ring optical resonator [J]. Applied Sciences, 2018, 8 (3): 330.

[226] Wang Y, Shen H, Jin X, et al. Experimental generation of 6dB continuous variable entanglement from a nondegenerate optical parametric amplifier [J]. Optics Express, 2010, 18: 6149.

[227] Tang X, Kumar R, Ren S, et al. Performance of continuous variable quantum key distribution system at different detector bandwidth [J]. Optics Communications, 2020, 471: 126034.

[228] Li Y M, Wang X Y, Bai Z L, et al. Continuous variable quantum key distribution [J]. Chinese Physics B, 2017, 26 (4): 040303.

[229] Zhang X, Zhang Y, Li Z, et al. 1. 2-GHz balanced homodyne detector for continuous-variable quantum information technology [J]. IEEE Photonics Journal, 2018, 10 (5): 1-10.

[230] Wang N, Du S, Liu W, et al. Generation of Gaussian-modulated entangled states for continuous variable quantum communication [J]. Optics Letters, 2019, 44 (15): 3613-3616.

[231] Qi R, Sun Z, Lin Z, et al. Implementation and security analysis of practical quantum secure direct communication [J]. Light: Science & Applications, 2019, 8 (1): 22.

[232] Takanashi N, Inokuchi W, Serikawa T, et al. Generation and measurement of a squeezed vacuum up to 100 MHz at 1550 nm with a semi-monolithic optical parametric oscillator designed towards direct coupling with waveguide modules [J]. Optics Express, 2019, 27 (13): 18900-18909.

[233] Sun X, Wang Y, Tian L, et al. Detection of 13. 8dB squeezed vacuum states by optimizing the interference efficiency and gain of balanced homodyne detection [J]. Chinese Optics Letters, 2019, 17 (7): 072701.

[234] 刘志强 刘建丽，翟泽辉. 激光稳频技术的研究及进展 [J]. 量子光学学报，2018，24 (2): 228-236.

[235] 李婵，王浩宇，缪海星，等. 一种拓宽 PDH 稳频系统动态范围的新方法研究 [J]. 光学仪器，2021，43: 1005-5630.

[236] Chen C, Shi S, Zheng Y. Low-noise, transformer-coupled resonant photodetector for squeezed state generation [J]. Review of Scientific Instruments, 2017, 88 (10).

[237] Su J, Jiao M X, Xing J H. et al. Design of pound-drever-hall laser frequency stabilization system using the quadrature demodulation [J]. Chinese Journal of Lasers, 2016, 43: 0316001.

[238] 许夏飞，万敏，鲁燕华，等. 基于 PDH (pound-drever-hall) 技术谐振腔腔长反馈锁定研究 [J]. 激光杂志，2015，36: 10-13.

[239] Li Z, Sun X, Wang Y, et al. Investigation of residual amplitude modulation in squeezed state generation system [J]. Optics Express, 2018, 26 (15): 18957-18968.

[240] Qu W Y，Song J Z，Feng F，et al. Stabilizing the optical parametric oscillator cavity by fringe-locking technique in preparation of squeezed state of light [J]. Acta Photonica Sinica，2014，43：914004.

[241] Chen C，Li Z，Jin X，et al. Resonant photodetector for cavity- and phase-locking of squeezed state generation [J]. Review of Scientific Instruments，2016，87 (10)：103114.

[242] Feng F，Zhang T，Qu W，et al. Experimental study on mode matching for preparation of squeezed light at 1064 nm [J]. Optical Engineering，2013，52：086102.

[243] 范夏雷，金尚忠，张枢，等. 多频率合成主动抑制激光稳频的剩余幅度调制 [J]. 中国激光，2016，43 (4)：6.

[244] Chi Y M，Qi B，Zhu W，et al. A balanced homodyne detector for high-rate Gaussian-modulated coherent-state quantum key distribution [J]. New Journal of Physics，2011，13 (1)：013003.

[245] Qin J，Yan Z，Huo M，et al. Design of low-noise photodetector with a bandwidth of 130 MHz based on transimpedance amplification circuit [J]. Chinese Optics Letters，2016，14 (12)：122701.

[246] 苏娟，焦明星，马源源，等. 正交解调 Pound-Drever-Hall 激光稳频系统设计 [J]. 中国激光，2016，43：0316001.

[247] Maiman T H. Stimulated Optical Radiation in Ruby [J]. Nature，1960，187 (4736)：493-494.

[248] 曲文艳. 用于压缩光产生和探测实验的锁定技术研究 [D]. 北京：中国科学院大学，2014.

[249] 周倩倩. 用于量子光学实验的宽带低噪声探测器研制及应用 [D]. 太原：山西大学，2010.

[250] 秦际良. 光场量子态的远程传输研究 [D]. 太原：山西大学，2019.

[251] Yurke B. Use of cavities in squeezed-state generation [J]. Physical Review A，1984，29 (1)：408-410.

[252] Jia X J，Su X L，Pan Q，et al. Experimental demonstration of unconditional entanglement swapping for continuous variables [J]. Physical Review Letters，2004，93 (25)：250503.

[253] Gao J，Cui F，Xue C，et al. Generation and application of twin beams from an optical parametric oscillator including an alpha-cut KTP crystal [J]. Optics Letters，1998，23 (11)：870-872.

[254] 杨文海. 高压缩度压缩光源的实验研究与仪器化 [D]. 太原：山西大学，2018.

[255] Qin Z，Jing J，Zhou J，et al. Compact diode-laser-pumped quantum light source based on four-wave mixing in hot rubidium vapor [J]. Optics Letters，2012，37 (15)：3141-3143.

[256] Zhang W，Wang J，Zheng Y，et al. Optimization of the squeezing factor by temperature-dependent phase shift compensation in a doubly resonant optical parametric oscillator [J]. Applied Physics Letters，2019，115 (17).

[257] 周海军. 用于量子光学实验的 Bell 态探测器的设计调试 [D]. 太原：山西大学，2014.

[258] Yuen H P，Chan V W S. Noise in homodyne and heterodyne detection [J]. Optics Letters，1983，8 (3)：177-179.

[259] Appel J，Hoffman D，Figueroa E，et al. Electronic noise in optical homodyne tomography

[J]. Physical Review A, 2007, 75 (3): 035802.

[260] Huang D, Fang J, Wang C, et al. A 300-MHz bandwidth balanced homodyne detector for continuous variable quantum key distribution [J]. Chinese Physics Letters, 2013, 30 (11): 114209.

[261] Zhen G J, Dai D P, Fang Y F, et al. Balanced homodyne detector based on two-stage amplification [J]. Laser & Optoelectronics Progress, 2014, 51: 040401.

[262] Zhou H, Wang W, Chen C, et al. A low-noise, large-dynamic-range-enhanced amplifier based on JFET buffering input and JFET bootstrap structure [J]. IEEE Sensors Journal, 2015, 15 (4): 2101-2105.

[263] Serikawa T, Furusawa A. 500MHz resonant photodetector for high-quantum-efficiency, low-noise homodyne measurement [J]. Review of Scientific Instruments, 2018, 89 (6).

[264] 周德. 大带宽、高功率硅基锗光电探测器及其应用 [D]. 武汉：华中科技大学，2020.

[265] 薄永军. 三极管工作原理的歧义与破解 [J]. 天津职业院校联合学报，2012，14 (11)：57-59.

[266] 陈思帆. InGaAs 光电探测器的研究与优化 [D]. 苏州：苏州大学，2021.

[267] Wang J R, Wang Q W, Tian L, et al. A low-noise, high-SNR balanced homodyne detector for the bright squeezed state measurement in 1-100 kHz range [J]. Chinese Physics B, 2020, 29 (3): 034205.

[268] Masalov A V, Kuzhamuratov A, Lvovsky A I. Noise spectra in balanced optical detectors based on transimpedance amplifiers [J]. Review of Scientific Instruments, 2017, 88 (11).

[269] 刘章文. 微波 BJT/FET 器件噪声特性测量的研究 [D]. 成都：电子科技大学，2005.

[270] 张维承. CMOS 低噪声放大器与混频器中的噪声和非线性分析 [D]. 杭州：浙江大学，2003.

[271] Van Der Ziel A, Chenette E R. Noise in solid state devices [M]. Advances in Electronics and Electron Physics, Academic Press1978: 313-383.

[272] 高稚允，高岳. 光电检测技术 [M]. 北京：国防工业出版社，1991.

[273] 滕德成，许海峰，牛晓飞，等. 浅析光电检测电路的噪声与降噪处理 [J]. 电脑知识与技术，2010，6 (34)：9874-9875+9878.

[274] 李若斓. 光电检测电路噪声分析与噪声处理研究 [J]. 产业与科技论坛，2016，15 (13)：43-44.

[275] 张现乾. 高精度光电检测系统的研制 [D]. 合肥：合肥工业大学，2017.

[276] Huo M, Qin J, Sun Y, et al. Generation of intensity difference squeezed state at a wavelength of 1.34 μm [J]. Chinese Optics Letters, 2018, 16 (5): 052701.

[277] 李涛. 原子与腔复合系统中增强的真空拉比分裂和双暗态 [M]：太原：山西大学，2009.

[278] Zhang W, Ding D S, Sheng Y B, et al. Quantum secure direct communication with quantum memory [J]. Physical Review Letters, 2017, 118 (22): 220501.

[279] He G, Zhu J, Zeng G. Quantum secure communication using continuous variable Einstein-Podolsky-Rosen correlations [J]. Physical Review A, 2006, 73 (1): 012314.

[280] Tóth G, Apellaniz I. Quantum metrology from a quantum information science perspective

[J]. Journal of Physics A: Mathematical and Theoretical, 2014, 47 (42): 424006.

[281] Hudelist F, Kong J, Liu C, et al. Quantum metrology with parametric amplifier-based photon correlation interferometers [J]. Nature Communications, 2014, 5 (1): 3049.

[282] Zhong H S, Wang H, Deng Y H, et al. Quantum computational advantage using photons [J]. Science, 2020, 370 (6523): 1460-1463.

[283] Okoth C, Cavanna A, Santiago-Cruz T, et al. Microscale generation of entangled photons without momentum conservation [J]. Physical Review Letters, 2019, 123 (26): 263602.

[284] Frascella G, Agne S, Khalili F Y, et al. Overcoming detection loss and noise in squeezing-based optical sensing [J]. npj Quantum Information, 2021, 7 (1): 72.

[285] Madsen L S, Usenko V C, Lassen M, et al. Continuous variable quantum key distribution with modulated entangled states [J]. Nature Communications, 2012, 3 (1): 1083.

[286] Huo M, Qin J, Cheng J, et al. Deterministic quantum teleportation through fiber channels [J]. Science Advances, 2018, 4 (10): eaas9401.

[287] Zhou Y, Yu J, Yan Z, et al. Quantum secret sharing among four players using multipartite bound entanglement of an optical field [J]. Physical Review Letters, 2018, 121 (15): 150502.

[288] 苏晓龙，谢常德，彭堃墀. 用正交压缩态光场产生连续变量类 GHz 和类 Cluster 四组分纠缠态 [J]. 中国科学，2007，37 (6)：689-699.

[289] Menicucci N C, Ma X, Ralph T C. Arbitrarily large continuous-variable cluster states from a single quantum nondemolition gate [J]. Physical Review Letters, 2010, 104 (25): 250503.

[290] Zhong H S, Li Y, Li W, et al. 12-Photon entanglement and scalable scattershot boson sampling with optimal entangled-photon pairs from parametric down-conversion [J]. Physical Review Letters, 2018, 121 (25): 250505.

[291] Wang X L, Luo Y H, Huang H L, et al. 18-qubit entanglement with six photons' three degrees of freedom [J]. Physical Review Letters, 2018, 120 (26): 260502.

[292] van Loock P, Braunstein S L. Multipartite entanglement for continuous variables: A quantum teleportation network [J]. Physical Review Letters, 2000, 84 (15): 3482-3485.

[293] Zhang J, Braunstein S L. Continuous-variable Gaussian analog of cluster states [J]. Physical Review A, 2006, 73 (3): 032318.

[294] Grover L K. Synthesis of quantum superpositions by quantum computation [J]. Physical Review Letters, 2000, 85 (6): 1334-1337.

[295] Duan L M, Kimble H J. Scalable photonic quantum computation through cavity-assisted interactions [J]. Physical Review Letters, 2004, 92 (12): 127902.

[296] Kuzmich A, Bowen W P, Boozer A D, et al. Generation of nonclassical photon pairs for scalable quantum communication with atomic ensembles [J]. Nature, 2003, 423 (6941): 731-734.

[297] Liao S K, Cai W Q, Handsteiner J, et al. Satellite-relayed intercontinental quantum network [J]. Physical Review Letters, 2018, 120 (3): 030501.

[298] 董明新. 基于冷原子系综的非经典光源制备和量子存储 [D]. 合肥：中国科学技术大

学，2020.

[299] Bouwmeester D, Pan J W, Daniell M, et al. Observation of three-photon Greenberger-Horne-Zeilinger entanglement [J]. Physical Review Letters, 1999, 82 (7): 1345-1349.

[300] Leibfried D, Barrett M D, Schaetz T, et al. Toward Heisenberg-limited spectroscopy with multiparticle entangled states [J]. Science, 2004, 304 (5676): 1476-1478.

[301] Monz T, Schindler P, Barreiro J T, et al. 14-qubit entanglement: Creation and coherence [J]. Physical Review Letters, 2011, 106 (13): 130506.

[302] Wei K X, Lauer I, Srinivasan S, et al. Verifying multipartite entangled Greenberger-Horne-Zeilinger states via multiple quantum coherences [J]. Physical Review A, 2020, 101 (3): 032343.

[303] Song C, Xu K, Li H, et al. Generation of multicomponent atomic Schrödinger cat states of up to 20 qubits [J]. Science, 2019, 365 (6453): 574-577.

[304] 赵亚平. 光学场星型 Cluster 态和束缚纠缠态的制备 [D]. 太原：山西大学，2012.

[305] 田彩星. 多组分高斯纠缠态的量子纠缠交换 [D]. 太原：山西大学，2019.

[306] Iskhakov T S, Agafonov I N, Chekhova M V, et al. Polarization-entangled light pulses of 10 (5) photons [J]. Physical Review Letters, 2012, 109 (15): 150502.

[307] Dong R, Heersink J, Yoshikawa J I, et al. An efficient source of continuous variable polarization entanglement [J]. New Journal of Physics, 2007, 9 (11): 410.

[308] Su X, Zhao Y, Hao S, et al. Experimental preparation of eight-partite cluster state for photonic qumodes [J]. Optics Letters, 2012, 37 (24): 5178-5180.

[309] Yonezawa H, Aoki T, Furusawa A. Demonstration of a quantum teleportation network for continuous variables [J]. Nature, 2004, 431 (7007): 430-433.

[310] Ukai R, Iwata N, Shimokawa Y, et al. Demonstration of unconditional one-way quantum computations for continuous variables [J]. Physical Review Letters, 2011, 106 (24): 240504.

[311] Chou C-W, Laurat J, Deng H, et al. Functional quantum nodes for entanglement distribution over scalable quantum networks [J]. Science, 2007, 316 (5829): 1316-1320.

[312] Ren J G, Xu P, Yong H L, et al. Ground-to-satellite quantum teleportation [J]. Nature, 2017, 549 (7670): 70-73.

[313] Marcikic I, de Riedmatten H, Tittel W, et al. Long-distance teleportation of qubits at telecommunication wavelengths [J]. Nature, 2003, 421 (6922): 509-513.

[314] Feng J, Wan Z, Li Y, et al. Distribution of continuous variable quantum entanglement at a telecommunication wavelength over 20km of optical fiber [J]. Optics letters, 2017, 42 17: 3399-3402.